“十三五”职业教育国家规划教材

1+X证书制度试点培训用书

Web前端开发

实训案例教程 初级

北京新奥时代科技有限责任公司 主编

電子工業出版社
Publishing House of Electronics Industry
北京•BEIJING

内容简介

本书是按照《Web 前端开发职业技能等级标准》编写的配套实践教程，其中涉及的应用技术专题和项目代码均在主流浏览器中运行通过。

本书结合大学计算机相关专业 Web 前端开发方向课程体系、企业 Web 前端开发岗位能力模型和《Web 前端开发职业技能等级标准》，形成 Web 前端开发三位一体知识地图，以实践能力为导向，以企业真实应用为目标，遵循企业软件工程标准和技术，以任务为驱动，针对 HTML5、CSS3、JavaScript、jQuery 等重要 Web 前端开发中的知识单元，结合实际案例和应用环境进行分析与设计，并对每个重要知识单元进行详细的实现，使读者能够真正掌握这些知识在实际场景中的应用。

本书分为两大部分：第一部分为实验，采用技术专题进行知识单元训练，可以对应课程练习或实验，针对不同的知识单元设计了实验项目，重点训练每个知识单元的内容；第二部分为综合实践，可以对应课程设计或综合实践，运用一个电商网站项目贯穿 Web 前端开发核心知识，完整训练核心知识单元在企业真实项目中的应用。

本书适合作为《Web 前端开发职业技能等级标准》实践教学的参考用书，也可作为对 Web 前端开发感兴趣的学习者的指导用书。

图书在版编目（CIP）数据

Web 前端开发实训案例教程：初级 / 北京新奥时代科技有限责任公司主编. —北京：电子工业出版社，2019.11

ISBN 978-7-121-35766-4

Ⅰ. ①W… Ⅱ. ①北… Ⅲ. ①网页制作工具－高等学校－教材 Ⅳ. ①TP393.092.2

中国版本图书馆 CIP 数据核字（2019）第 243778 号

责任编辑：胡辛征　　　特约编辑：田学清
印　　刷：三河市华成印务有限公司
装　　订：三河市华成印务有限公司
出版发行：电子工业出版社
　　　　　北京市海淀区万寿路 173 信箱　　　邮编：100036
开　　本：787×1092　1/16　　印张：16　　字数：429 千字
版　　次：2019 年 11 月第 1 版
印　　次：2023 年 5 月第 12 次印刷
定　　价：55.00 元

凡所购买电子工业出版社图书有缺损问题，请向购买书店调换。若书店售缺，请与本社发行部联系，联系及邮购电话：（010）88254888，88258888。

质量投诉请发邮件至 zlts@phei.com.cn，盗版侵权举报请发邮件至 dbqq@phei.com.cn。

本书咨询联系方式：（010）88254361，hxz@phei.com.cn。

前 言

为了帮助读者学习和掌握《Web 前端开发职业技能等级标准》（初级）中涵盖的实践技能，工业和信息化部教育与考试中心 1+X 项目组组织企业工程技术人员编写了本书。本书按照标准涉及的核心技能要求精心设计了技术专题，这些技术专题全部按照企业项目开发思路进行分析和设计。

除此之外，本书还包括 1 个电商网站案例，以提高读者的 Web 前端开发应用实践能力。在编写过程中，我们以引导读者理解 Web 前端开发中的知识单元与项目需求和技术对接为目标，采用迭代开发思路进行开发。

本书分为实验（技术专题）和综合实践（“跳蚤市场”项目）两大部分，每个部分都设定实践目标，以任务为驱动，采用迭代开发思路进行开发。全书共 17 章。

第 1 章是实践概述，主要描述本书的实践目标、实践知识地图和实施安排。

第 2 章至第 16 章是实验（技术专题）部分，针对网页设计与制作、开发工具、Apache 服务器、HTML5、CSS3、JavaScript、jQuery、移动端静态网页等核心知识单元设计了技术专题，每一个技术专题针对一次实验项目进行训练，内容包括实验目标、实验任务、设计思路和实验实施（跟我做），最大限度地覆盖 Web 前端开发初级实践内容。

第 17 章是综合实践部分，设计“跳蚤市场”实践案例，完整实践 Web 前端开发核心知识，阐释如何在真实企业项目中应用 Web 前端开发核心知识，并通过迭代开发详细讲解实践项目开发过程。根据技术选型和功能模块，将整个项目分为四大阶段，分别为“第一阶段 HTML5 基础”、“第二阶段 HTML5+CSS3+JS”、“第三阶段 CSS 样式进阶+jQuery”和“第四阶段移动端页面 HTML5+CSS3”，层层递进，完整训练 Web 前端开发核心知识。通过技术专题和案例综合训练，读者可以达到初级 Web 前端工程师水平。

参与本书编写工作的有张晋华、马庆槐、王博宜、郑婕、吴奇飞、李文、黄俊丹、赵俊、姜宜池、杜慧情、成菲、江涛、彭险等。谭志彬、龚玉涵依据《Web 前端开发职业技能等级标准》（初级）为本书做了整体策划和内容统筹。

由于编者水平和时间有限，书中难免存在不足之处，敬请广大读者批评指正。

编 者

目录

第1章 实践概述

1.1 实践目标

本书围绕工业和信息化部教育与考试中心发布的《Web前端开发职业技能等级标准》（初级）设计内容，通过安排“1套技术专题+1个项目案例”，综合训练读者的Web前端开发应用能力。通过学习与实践本书提供的技术专题和案例，读者可以达到以下几个实践目标。

（1）了解网页设计与制作以及网站服务器部署，掌握HBuilder的安装和使用。

（2）掌握HTML页面结构，掌握头部标记、表单、文本标签、超链接、图像、表格、列表、iframe框架、布局和盒子模型等的功能与应用。

（3）了解HTML5页面结构和移动端应用，熟悉HTML5语义化元素、新增全局属性、页面增强元素、表单标签和属性、多媒体元素的使用方法。

（4）掌握CSS的选择器、字体样式、文本样式、颜色、背景、区块、网页布局属性、单位的功能和使用。

（5）了解CSS3特性，熟悉CSS3新增选择器、边框新特性、新增颜色、字体的功能、动画效果、多列布局及弹性布局的使用方法。

（6）了解BOM对象和DOM对象，掌握JavaScript编程技术，重点包括基础语法、语句、函数、数组、面向对象、原型链、事件、DOM操作、常用设计模式等。

（7）掌握jQuery库编程应用，重点掌握典型选择器、DOM操作、事件、动画、jQuery UI等。

（8）具备静态网页的设计、开发、调试、维护等能力，综合应用上述Web前端技术，开发“跳蚤市场”静态网站。

（9）遵循企业Web标准设计和开发过程，培养良好的工程能力，提高PC端静态网页开发和移动端静态网页开发实践能力，达到初级Web前端开发工程师水平。

1.2 实践知识地图

根据工业和信息化部教育与考试中心发布的《Web前端开发职业技能等级标准》（初级）

中的要求，设计 HTML、HTML5、CSS、CSS3、JavaScript、jQuery 相关知识点，并绘制如下知识地图。

1．HTML 知识地图

HTML 的主要内容包括 HTML 基本结构、排版标签、文本格式化标签、图像标签、列表标签、超链接标签、表格标签、表单标签、全局属性、内联框架 iframe 等，如图 1-1 所示。

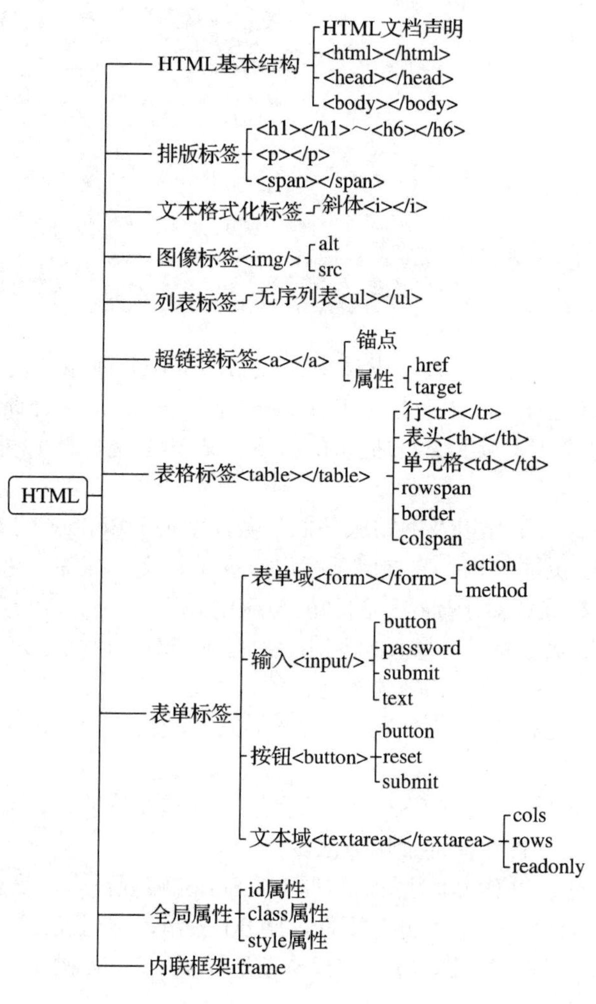

图 1-1

2．HTML5 知识地图

在 HTML 基础上，HTML5 的主要内容包括文档声明、HTML5 页面结构、页面视区、新的语义和结构元素、全局属性、多媒体标签、表单等，如图 1-2 所示。

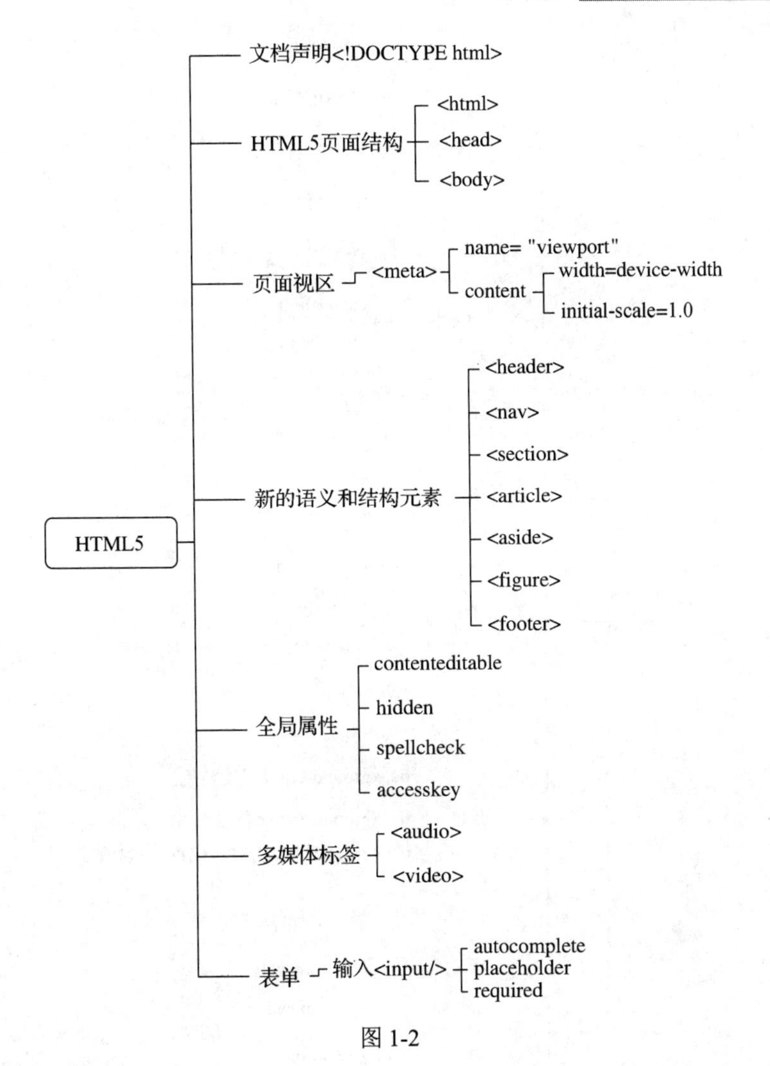

图 1-2

3．CSS 知识地图

CSS 的主要内容包括选择器、文本样式、单位、尺寸、字体、颜色、背景、浮动和定位布局、盒子模型等，如图 1-3 所示。

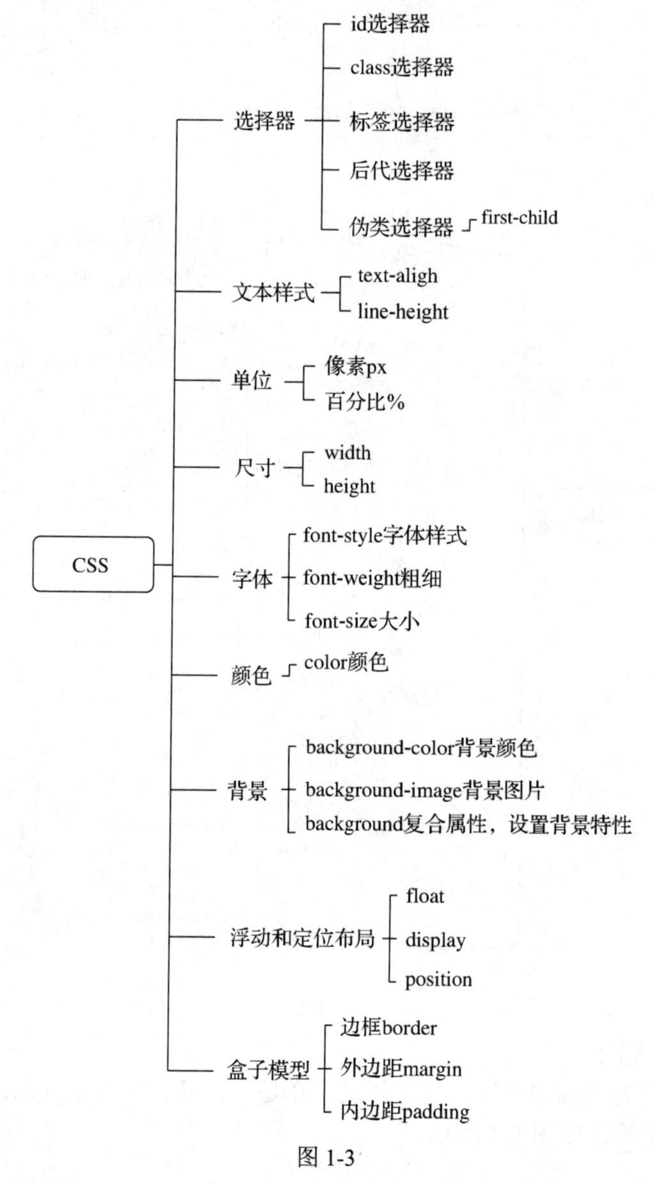

图 1-3

4．CSS3 知识地图

在 CSS 基础上，CSS3 的主要内容包括 CSS3 新增选择器、字体、颜色、动画、过渡效果、新增边框属性、弹性布局、多列布局、渐变效果等，如图 1-4 所示。

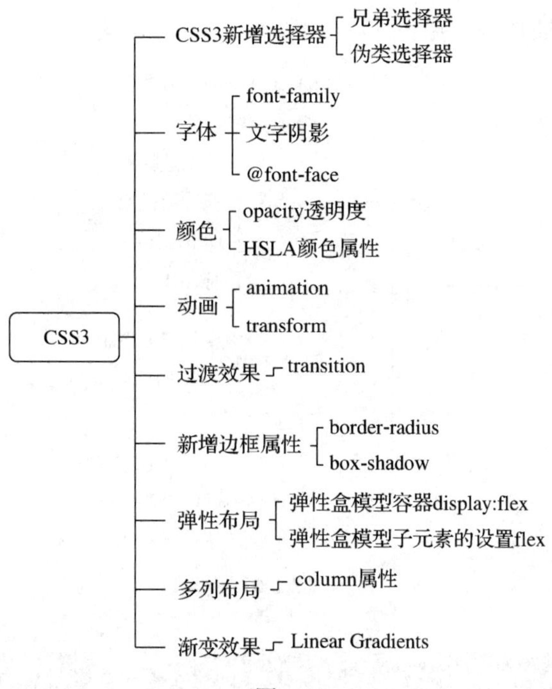

图 1-4

5．JavaScript 知识地图

JavaScript 的主要内容包括变量、运算符、语句、函数、数组、事件、对象、DOM 操作、BOM 操作、设计模式、正则表达式等，如图 1-5 所示。

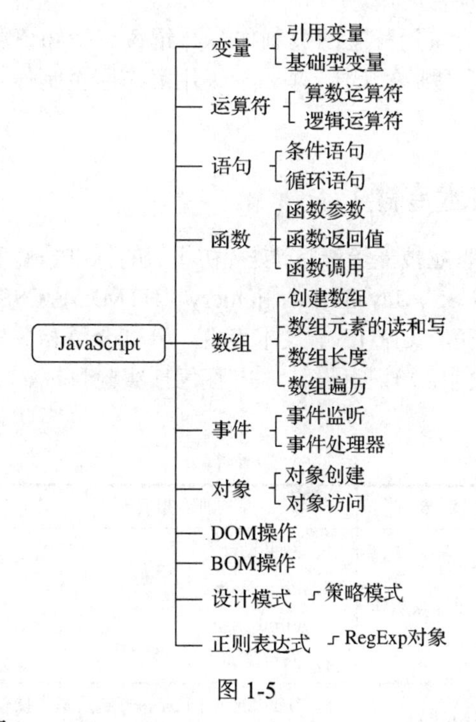

图 1-5

6．jQuery 知识地图

jQuery 的主要内容包括 jQuery 的下载和使用、jQuery 事件、选择器、事件、DOM 操作、动画、jQuery UI 插件等，如图 1-6 所示。

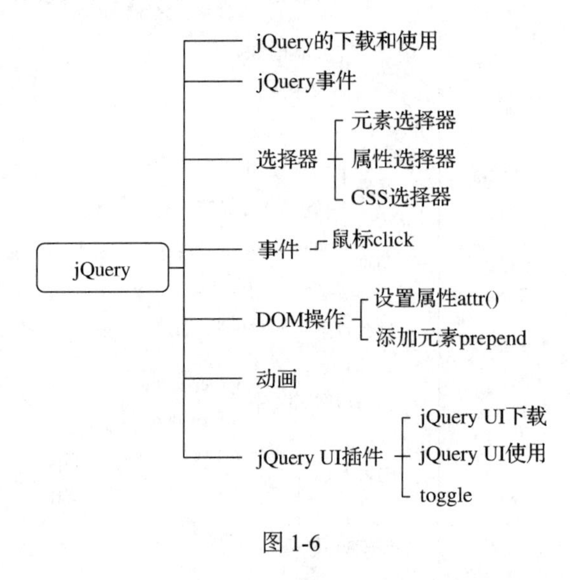

图 1-6

1.3 实施安排

本书主要分为实验（技术专题）和综合实践两大部分，围绕《Web 前端开发职业技能等级标准》（初级），先通过技术专题训练 Web 前端开发各知识单元内容，再通过“跳蚤市场”项目，综合解决企业项目应用。

实验部分（技术专题）采用静态网页制作，介绍每一章知识单元内容，并为实践项目储备技术；综合实践部分（“跳蚤市场”项目）采用静态网页制作，综合训练整个课程的核心知识。

1.3.1 实验部分（技术专题）

参照《Web 前端开发职业技能等级标准》（初级）的标准技能和知识点，结合企业实际岗位情况，选取 HTML、CSS、JavaScript、jQuery、HTML5、CSS3、HBuilder、Apache 服务器部署、网页设计等内容，安排 15 个技术专题，分别介绍相关知识（见表 1-1）。每个技术专题为 1 个小型项目，围绕知识点设计，内容包括实验目标、实验任务、设计思路和实验实施（跟我做）。

表 1-1

编号	职业技能	技术专题	训练知识点	对应标准
1	网页设计与制作	网页设计与制作	1．网页设计 2．Photoshop 3．Fireworks 4．网页编辑	/
2	开发工具	HBuilder	1．HBuilder 的下载、安装及基本操作 2．Web 项目工程结构	/

续表

编号	职 业 技 能	技 术 专 题	训练知识点	对 应 标 准
3	网站服务器部署	Apache 服务器	1．Apache 服务器的下载、安装及基本操作 2．Web 项目部署	/
4	1-1-1 HTML 制作 静态网页	新闻网站	1．HTML 基本结构 （1）文档声明 （2）标签：<html>、<head>、<body> （3）头部标记：<meta>标签，如 charset 属性（字符集编码）；<title>标签 2．文本标签 标题标签：<h1></h1>～<h6></h6> 段落标签：<p></p> 行内元素标签：<span></span> 3．超链接 （1）超链接标签：<a></a> （2）属性：href （3）锚点 4．图片标签<img/> 5．表格<table></table> 表格结构：行<tr></tr>、单元格<td></td> 6．表单 （1）表单域<form></form> 属性：action、name、method （2）输入<input/> type 属性：text、password （3）按钮<button></button>	1-1-1-K1 掌握 HTML 文本标签、头部标记功能 1-1-1-K2 掌握页面创建超链接、创建表格和表单功能
5	1-1-2 CSS 设计页面样式	购物网站	1．选择器 class 选择器、id 选择器、标签选择器 2．单位 像素 px、百分比% 3．字体 font-size、font-weight、font-style 4．文本样式 （1）水平对齐 text-align （2）文本修饰 text-decoration 5．颜色表示方法 十六进制的颜色值 6．背景色 background	1-1-2-K3 掌握 CSS 的选择器、单位、字体样式、文本样式、颜色、背景功能 1-1-2-K4 掌握 CSS 的区块、网页布局属性的功能

续表

编号	职 业 技 能	技 术 专 题	训练知识点	对 应 标 准
5	1-1-2 CSS 设计页面样式	购物网站	7．布局 （1）浮动 float：left、right （2）定位 position：relative、absolute （3）display：display:inline-block 8．盒子模型 边框 border、外边距 margin、内边距 padding	1-1-2-K3 掌握 CSS 的选择器、单位、字体样式、文本样式、颜色、背景功能 1-1-2-K4 掌握 CSS 的区块、网页布局属性的功能
6	1-1-3 JavaScript 开发交互效果页面	网页计算器	1．JS 文件的创建和引用 （1）<script>标签 （2）引入外部“.js”文件 2．变量 引用变量、基础型变量 3．运算符 算数运算符、逻辑运算符 4．函数 函数参数、函数返回值、函数调用 5．数组 创建数组、数组元素的读和写、数组长度、数组遍历 6．面向对象 对象创建、对象访问 7．事件 事件监听、事件处理函数、设置 HTML 标签属性为事件处理程序 onclick 8．DOM 操作 （1）选取文档元素：getElementById() （2）元素内容：value 9．正则表达式 RegExp 对象	1-1-3-K5 掌握 JavaScript 基础语言、函数、面向对象的功能
7	1-1-4 jQuery 开发交互效果页面	手机号抽奖	1．jQuery 的下载和引用 2．基本选择器 元素选择器、属性选择器、CSS 选择器、:eq()选择器 3．事件 鼠标 click 事件 绑定事件处理函数：$().on() 4．UI 插件 （1）下载和使用 （2）toggle("fade")隐藏或显示一个元素 5．动画 自定义动画	1-1-4-K6 掌握 jQuery 中选择、插件、事件和动画的功能

续表

编号	职业技能	技术专题	训练知识点	对应标准
7	1-1-4 jQuery 开发交互效果页面	手机号抽奖	（1）动画属性对象 （2）动画选项对象 （3）回调函数 6．BOM 对象 location 对象、window 对象 7．DOM 操作 设置属性 attr()、添加元素 prepend()、获取和设置 CSS 属性 css() 8．定时器 setTimeout	1-1-4-K6 掌握 jQuery 中选择、插件、事件和动画的功能
8	1-2-1 CSS3 新特性开发页面样式	微博网站	1．伪类选择器 nth-child()、last-child 2．边框特性 border-radius 3．HSLA 颜色属性 4．font-family 字体 5．阴影：box-shadow	1-2-1-K1 了解 CSS3 新增选择器边框新特性、新增颜色、字体的功能
9	1-2-2 HTML 标签美化页面	课程信息管理系统	1．HTML 结构 （1）HTML 文档声明 （2）标签：<html>、<head>、<body> （3）头部标签 <meta>标签：charset 属性 <title>标签 2．文本标签 <p></p>、<h2></h2> 3．超链接 （1）超链接标签：<a></a> （2）href 属性、target 4．表格<table></table> 表格结构： 行<tr></tr> 表头<th></th> 单元格<td></td> 表格属性：rowspan、colspan、border 5．表单 （1）表单域 <form></form> （2）输入<input/> 6．图像标签<img/> 7．iframe 标签	1-2-2-K2 理解并掌握 HTML 文本标签、头部标记、页面创建超链接、创建表格和表单等功能的使用方法
10	1-3-1 CSS3 新特性开发动态页面样式	天气网	1．弹性布局 display:flex、flex	1-3-1-K1 了解 CSS3 特性、CSS3 动画效果、多列布局及弹性布局的使用方法

续表

编号	职 业 技 能	技 术 专 题	训练知识点	对 应 标 准
10	1-3-1 CSS3 新特性开发动态页面样式	天气网	2．CSS3 动画 animation、@keyframes 3．多列布局 columns 属性：column-count、column-gap 4．盒子模型 内边距、外边距 5．变形 transform: rotate 6．边框 border-radius 7．颜色半透明 8．字体 font-family、@font-face	1-3-1-K1 了解 CSS3 特性、CSS3 动画效果、多列布局及弹性布局的使用方法
11	1-4-1 HTML5 制作移动端静态网页	房屋装饰网站	1．文档声明<!DOCTYPE html> 2．HTML5 页面结构 <html>、<head>、<body> 3．页面视区 <meta>标签 name 属性：viewport content 属性：width=device-width initial-scale=1.0 4．语义和结构元素 <header>、<nav>、<article>、<section>、<footer> 5．页面增强元素 <figure>、<figcaption> 6．多媒体标签 <audio></audio> 7．全局属性 hidden、contenteditable、spellcheck 8．表单标签 type 属性：date、number <input/>属性：placeholder、required <input type="file">属性：accept、multiple	1-4-1-K1 了解 HTML5 新增全局属性、结构化与页面增强、表单标签、多媒体元素的使用方法
12	1-4-2 CSS3 新特性开发移动端页面样式	电商平台网站	1．边框特性 border-radius、box-shadow 2．伪类选择器 nth-child()、last-child 3．opacity 透明度 4．自定义字体@font-face	1-4-1-K2 了解 CSS3 选择器、边框特性、颜色、字体的功能

续表

编号	职 业 技 能	技 术 专 题	训练知识点	对 应 标 准
12	1-4-2 CSS3 新特性开发移动端页面样式	电商平台网站	5．flex 布局属性 display:flex 6．对齐方式 justify-content、align-items	1-4-1-K2 了解 CSS3 选择器、边框特性、颜色、字体的功能
13	1-4-3 JavaScript 开发移动端交互效果页面	项目提成计算器	1．面向对象 对象创建、对象访问、对象原型、原型链、prototype 属性 2．设计模式 策略模式	1-4-1-K3 了解 JavaScript OOP、原型链、常用设计模式等原生方式开发网页的功能
14	1-5-1 HTML5 美化移动端静态网页	视频网站	1．语义和结构元素 <header>、<nav>、<article>、<section>、<footer> 2．页面增强元素 <mark>、<small> 3．多媒体标签 <video></video> 4．全局属性 accesskey 5．表单标签 <input/>属性：placeholder、spellcheck、autocompleted	1-5-1-K1 了解 HTML5 新增全局属性、结构化与页面增强、表单标签、多媒体元素的使用方法
15	1-5-2 CSS3 新特性美化移动端静态页面	学院门户网站	1．边框特性 border-radius 2．伪类选择器 active、link、visited 3．渐变 linear-gradient 4．文字阴影 text-shadow	1-5-1-K2 了解 CSS3 选择器、边框特性、颜色、字体的功能

1.3.2 综合实践部分

1．案例组织结构

课程对应案例是按企业标准构建的，并结合瀑布模型、RUP 模型、增量开发思想，主要内容包括需求、设计、实现（每个功能迭代实现）、工作任务等。

2．案例介绍

项目选取“跳蚤市场”，为 Web 静态网页程序，采用 HBuilder 开发，技术选型为“界面原型 + HTML5 + CSS3 + JavaScript + jQuery+ 移动端（跨屏融合）+ Web UI 设计”。

“跳蚤市场”电商平台是一款基于 HTML5 的非常实用的在线交易平台，当人们手上有闲置不用的物品时，就可以通过该平台发布交易信息，其他用户便可通过该平台浏览和购买相对便宜又实用的商品。

3．案例阶段划分

根据训练知识点划分，项目可分为四个阶段：第一阶段主要训练 HTML 基础和 HTML5 新特性相关应用；第二阶段主要训练 CSS 样式基础、CSS3 新特性及 JavaScript 的相关应用；第三阶段主要训练 CSS 样式美化页面的进阶训练及 jQuery 的相关应用；第四阶段主要训练使用 HTML5+CSS3 制作移动端页面。

“跳蚤市场”迭代内容如表 1-2 所示。

表 1-2

编号	阶　段	模　块	功能/迭代	实 践 内 容	训练知识点
1		创建工程	创建工程	1．配置开发工具 2．创建“跳蚤市场”项目 3．创建项目文件结构	1．安装开发工具 2．网站项目目录结构 3．创建 HTML 文件 4．HTML 文件基本结构标签 <head>、<body> 5．页面标题标签<title> 6．设置页面编码格式
2		首页	首页	制作网站首页，包括以下几点： 1．页头，可以进入分类商品页面 2．商品列表，可以看到最新发布的商品信息 3．登录/注册链接 4．页脚	1．HTML 页面结构 <html>、<head>、<body> 2．HTML5 语义元素 <header>、<article>、<nav>、<section>、<footer> 3．HTML 文本元素 <p>、<h1>、<hr>
3	第一阶段：HTML5	注册/登录	注册/登录	用户注册成为系统用户 1．创建表单 2．添加表单项（账号、密码、确认密码、寝室、电话、头像、“注册”按钮、“取消”按钮） 用户登录系统 3．创建表单 4．添加表单项（用户名、密码、“登录”按钮、“取消”按钮），密码为必填项 5．提交表单后跳转到首页	HTML 1．<form>表单属性 action、method 2．<input>标签属性 name、value 3．<input>输入类型 text、password、submit、reset、file HTML5 1．<input>标签属性 placeholder、required 2．<input>输入类型 tel 3．
4		用户中心	用户中心Ⅰ	1．用户中心：登录成功后，从首页跳转到“用户中心”，显示“用户中心”各功能页面的菜单栏 2．修改密码：用户修改自己的密码，创建表单（用户名、旧密码、新密码、确认密码、“修改”按钮、“取消”按钮）	HTML 1．<a>超链接：href 属性 2．<ul>、<li>列表 3．<form>表单属性 action、method 4．<input>标签属性 name、value

续表

编号	阶　段	模　块	功能/迭代	实 践 内 容	训练知识点
4	第一阶段：HTML5	用户中心	用户中心 I	3．修改联系方式：用户修改自己的联系方式，创建表单（电话、寝室、头像、“修改”按钮、“取消”按钮）	5．<input>输入类型 text、password、file、submit、reset HTML5 1．<aside>侧边栏 2．<input>输入类型 tel
5			用户中心 II	我的商品：用户查看自己发布的商品列表（序号、商品、交易金额、时间、状态、操作） 我的订单：用户查看自己的订单，了解有哪些人想购买自己的商品 消费记录：用户查看自己的消费情况，包括收入和支出	HTML 1．表格元素 <table>、<th>、<tr>、<td> 2．合并单元格：colspan 属性 3．边框属性：border 4．图片元素<img>：src 属性 5．文字对齐：align 属性
6	第二阶段：HTML5+CSS3+JS	商品管理	发布商品	用户选择分类，输入商品名称、价格、照片等信息，发布商品	1．<form>表单属性 action、method 2．<input>标签属性 name、value 3．<input>输入类型 text、file、submit、reset 4．CSS 文件格式 5．引用 CSS 文件 6．在 CSS 中定义颜色 7．<textarea>标签属性 cols、rows 8．颜色 十六进制：#F1F1F1 RGB 指定：RGB（红，绿，蓝），0～255
7			修改商品信息	用户修改自己发布的商品信息	1．<form>表单属性 action、method 2．<input>标签属性 name、value 3．<input>输入类型 text、file、submit、reset 4．CSS 字体：字体、字形、字号 5．CSS 单位：px 6．<textarea>标签属性 cols、rows
8			删除商品	用户删除自己发布的商品信息	1．表格元素 <table>、<th>、<tr>、<td> 2．合并单元格：colspan 属性 3．边框属性：border 4．图片元素<img>：src 属性 5．文字对齐：align 属性

续表

<table>
<tr><th>编号</th><th>阶　段</th><th>模　块</th><th>功能/迭代</th><th>实 践 内 容</th><th>训练知识点</th></tr>
<tr><td>8</td><td rowspan="4">第二阶段：
HTML5+
CSS3+JS</td><td rowspan="3">商品管理</td><td>删除商品</td><td>用户删除自己发布的商品信息</td><td>6．<form>表单属性
action、method
7．<input>输入类型
checkbox
8．<button>
9．CSS 元素选择器
10．CSS3 伪类：link、visited、hover、active
11．超链接样式：颜色、下画线</td></tr>
<tr><td>9</td><td>商品分类列表</td><td>根据商品分类，显示对应商品的列表</td><td>1．<ul>、<li>列表
2．CSS 定义 ul、li 列表样式
3．列表符号
实心圆、空心圆、方块、隐藏
4．列表方向
横向、纵向显示
5．<select>选择框、<option>选项
6．JavaScript
变量、运算符、函数、DOM 操作
7．鼠标经过事件、鼠标离开事件</td></tr>
<tr><td>10</td><td>搜索商品</td><td>搜索商品：用户在首页顶部输入商品名称，并提交服务器，进行模糊搜索，显示商品列表
查看商品详情：单击商品名称，显示对应的商品名称、价格、图片、视频等信息</td><td>1．<form>表单属性
action、method
2．<input>标签属性
name、value
3．<input>输入类型
search、button
4．CSS margin（外边距）
5．CSS padding（填充）
6．CSS 盒子模型
7．多媒体元素
8．CSS border（边框）：实线、虚线、宽度、圆角、颜色
9．CSS id 选择器</td></tr>
<tr><td>11</td><td>订单管理</td><td>下订单</td><td>用户单击“下订单”按钮，计算订单总价，弹出对话框进行确认，然后进入支付页面</td><td>1．CSS 元素选择器
2．<form>表单属性
action、method
3．<input>标签属性
name、value
4．CSS 长度单位：px
5．<input>输入类型 text、submit</td></tr>
</table>

续表

编号	阶　段	模　块	功能/迭代	实 践 内 容	训练知识点
11	第二阶段：HTML5+CSS3+JS	订单管理	下订单	用户单击“下订单”按钮，计算订单总价，弹出对话框进行确认，然后进入支付页面	6．CSS 盒子模型 margin、padding 7．居中：margin: 0 auto 8．最大宽度：max-width
12			支付	显示商品订单，由用户选择支付方式	1．CSS id 选择器 2．CSS 浮动布局 （1）float：left、right （2）clear：left、right、both 3．<input>输入类型 text、password、submit、radio 4．<form>表单属性：action、method 5．<input>标签属性：name、value
13			查询订单	1．查询订单列表：查询用户所下的所有订单列表 2．查看订单详情：单击对应订单可显示订单详情	1．<table>表格元素 th、tr、td 2．合并单元格 colspan 3．超链接 onclick 事件 4．CSS 类选择器 5．CSS 样式 字体、颜色、背景、边框、文字对齐
14		留言管理	留言管理	1．发送留言：用户看到感兴趣的商品时，可以给卖家留言 2．收件箱：用户可以查看自己收件箱中的留言列表，以及已读/未读状态 3．查看留言：用户可以查看留言的具体内容 4．回复留言：用户可以回复他人发给自己的留言 5．删除留言：用户可以删除收件箱中的留言	1．<form>表单 属性：action、method 2．<input>标签 属性：name、value、 输入类型：text、submit、reset、checkbox 3．<textarea>标签属性 placeholder、required、maxlength 4．<table>表格元素 标签：<th>、<tr>、<td> 属性：colspan、align 5．CSS 样式 圆角边框、背景、字体、颜色 6．CSS3 盒子模型 margin、padding、border 7．JavaScript 变量、运算符、函数、DOM 操作、循环遍历、属性赋值

续表

编号	阶　段	模　块	功能/迭代	实践内容	训练知识点
15	第二阶段：HTML5+CSS3+JS	系统管理	系统管理	1．审核用户：系统管理员可以审核用户的注册信息 2．审核商品：系统管理员可以审核用户发布的商品信息 3．分类管理：系统管理员可以对分类进行增、删、查、改 4．配置管理：系统管理员可以对页头、页脚、日志等参数进行配置管理	1．<table>表格元素 th 表头、tr 行、td 单元格 2．checkbox 元素 3．<form>表单 属性：action、method 4．<input>标签 属性：name、value 5．<input>输入类型 text、submit、reset、checkbox、file、 6．文本域<textarea>、选项<option>
16	第三阶段：CSS 样式进阶+jQuery	网站样式优化	页头页脚样式	优化公共 header、footer 等元素的布局 1．将整个页面从上自下划分为页头、正文、页脚 2．将页头的 Logo、banner、nav 等元素水平对齐 3．将正文部分的商品列表对齐，并整齐码放 4．将页脚沉底、居中布局 5．导航栏添加动画效果	1．CSS 选择器：派生选择器、id 选择器、类选择器 2．CSS 常用样式：背景、文本、字体、颜色、链接、图片 3．CSS 尺寸：像素、百分比、单位（如 px） 4．创建、应用 CSS 文件 5．定位 6．jQuery jQuery 选择器、事件 $(document).ready() animate 动画、each 循环遍历
17			首页优化	1．在原有首页的基础上，丰富首页中的元素内容 2．制作页头广告板样式，添加广告图片轮播效果 3．制作商品列表样式	1．HTML 页面结构：<html>、<head>、<body> 2．HTML5 语义元素：<header>、<nav>、<article>、<section>、<footer> 3．网页结构 4．CSS 选择器：派生选择器、id 选择器、类选择器 5．CSS 常用样式：背景、文本、字体、颜色、边框、定位、左内边距、浮动 6．CSS 尺寸：像素、百分比、单位（如 px） 7．创建、应用 CSS 文件
18			表单样式优化	优化注册、登录等页面的表单样式 1．在注册、登录等页面应用首页的页头、页脚、布局样式	1．CSS 选择器：类选择器、元素选择器 2．CSS 样式：字体、颜色

续表

编号	阶段	模块	功能/迭代	实践内容	训练知识点
18			表单样式优化	2．制作表单文本框样式，重新定义尺寸、字体、边框等 3．制作表单提示信息样式，使用不同的图标、颜色提示用户 4．重新定义按钮样式，使其与网站配色匹配 （将此样式同样应用于“发布商品”和“添加分类”等功能页面）	3．CSS 盒子模型：外边距、边框
19	第三阶段：CSS 样式进阶+jQuery	网站样式优化	菜单样式优化	优化“用户中心”的菜单 1．为菜单添加背景、颜色 2．使用不同的字体和尺寸区分一级菜单和二级菜单 3．使用不同的背景和颜色，突出菜单中被选中的项 （将此样式同样应用于“系统管理”等应用菜单的模块）	1．CSS 选择器：伪类选择器、派生选择器、元素选择器 2．CSS 样式：背景、字体、链接、颜色、边框 3．CSS 布局：相对布局
20			表格样式优化	优化“我的商品”和“我的订单”等页面中使用的表格样式 1．优化表格的字体、颜色，且在表头和表身分别使用不同的字体 2．优化表格的边框、间距 3．表格中的文字对齐：靠左、居中、靠右 4．表格的奇数行和偶数行使用不同的底色	1．CSS 选择器：元素选择器 2．CSS 样式：背景、字体、颜色、取消下画线 3．CSS 盒子模型：内边距、边框（圆角）
21	第四阶段：移动端页面 HTML5+CSS3	移动端页面设计	移动端首页设计	1．修改首页元素，适应移动端 2．修改首页样式，适应移动端	1．HTML5 （1）<meta>标签 （2）结构化与页面增强：<header>、<section>、<figure>、<footer> （3）全局属性：<hidden>、<accesskey> （4）表单属性：<placeholder>、<autocomplete> 2．CSS3 （1）选择器：伪类选择器 （2）边框特性：圆角边框 （3）文本特性：文本阴影、@font-face 字体 （4）CSS3 盒子模型

续表

编号	阶段	模块	功能/迭代	实践内容	训练知识点
21	第四阶段：移动端页面 HTML5+CSS3	移动端页面设计	移动端表单设计	1．修改首页元素，适应移动端 2．修改首页样式，适应移动端	（5）单位：rem 3．display:block
22				修改“添加商品”页面，使之适应移动端	1．HTML5 （1）全局属性：<hidden>、<contenteditable>、<spellcheck> （2）结构化与页面增强：<header>、<article>、<footer> （3）表单属性：<placeholder>、<autocomplete>、<accesskey>、<spellcheck>、<required> 2．CSS3 （1）选择器：伪类选择器、属性选择器 （2）边框特性：圆角边框 （3）颜色：渐变背景色 3．JavaScript DOM 操作、条件语句、对象属性重新赋值
23				修改“商品列表”页面，使之适应移动端	1．HTML5 （1）结构化与页面增强：<header>、<article>、<nav>、<footer> （2）视频标签 2．CSS3 （1）选择器：类选择器、后代选择器 （2）边框特性：底部边框
24			自适应页面设计	修改“商品列表”页面，使之可同时适应 PC 端和移动端	1．HTML5：结构化与页面增强 2．表单：checkbox、label 3．定位：position:sticky 4．CSS3 （1）选择器：伪类选择器、兄弟选择器、元素选择器、类选择器、not 选择器 （2）2D 转换 transform （3）弹性布局 （4）@media 媒体查询

第2章 网页设计与制作

2.1 实验目标

了解一个网站从设计到制作的过程，以及最后如何使用 HBuilder 将网站的各个页面编辑出来。

本章的知识地图如图 2-1 所示。

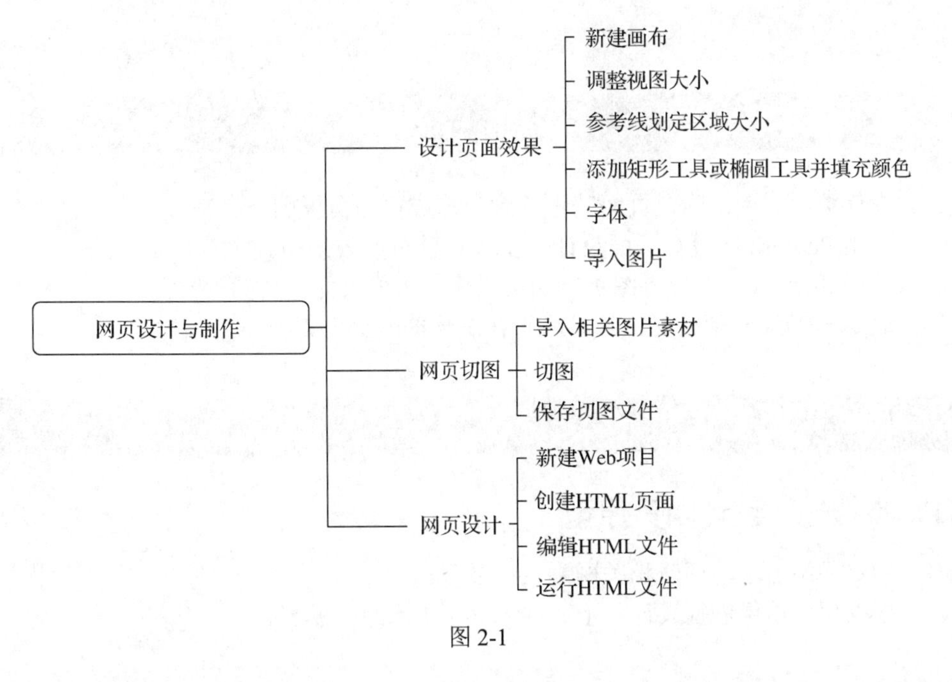

图 2-1

2.2 实验任务

设计与制作一个产品介绍网站的首页，包括原型设计、效果图和切图，以及将切图导入网站中，并进行编辑。最终页面效果如图 2-2 所示。

图 2-2

2.3 设计思路

（1）设计页面原型，确定页面基本轮廓，形成页面白板图。
（2）使用 Photoshop 进行页面设计，生成设计页面效果图。
（3）使用 Fireworks 对效果图进行切图操作，生成页面素材图片。
（4）运用 HBuilder 把素材图片导入正在制作的网页上。

2.4 实验实施（跟我做）

2.4.1 步骤一：设计网页原型

（1）确定网站需求，调研相关网站设计效果。
（2）根据调研结果进行设计，形成如图 2-3 所示的白板图。

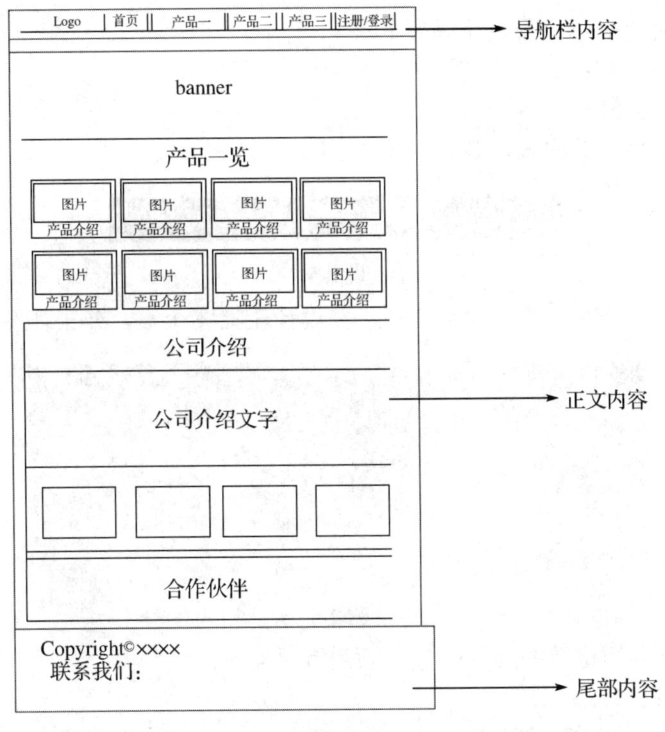

图 2-3

2.4.2　步骤二：设计页面效果

（1）根据白板图，利用图片设计工具设计页面效果，这里的图片设计工具使用 Photoshop。

（2）打开 Photoshop，打开如图 2-4 所示的对话框，并设置画布大小为 1920 像素×4400 像素，“新建画布”的快捷键为 Ctrl+N。

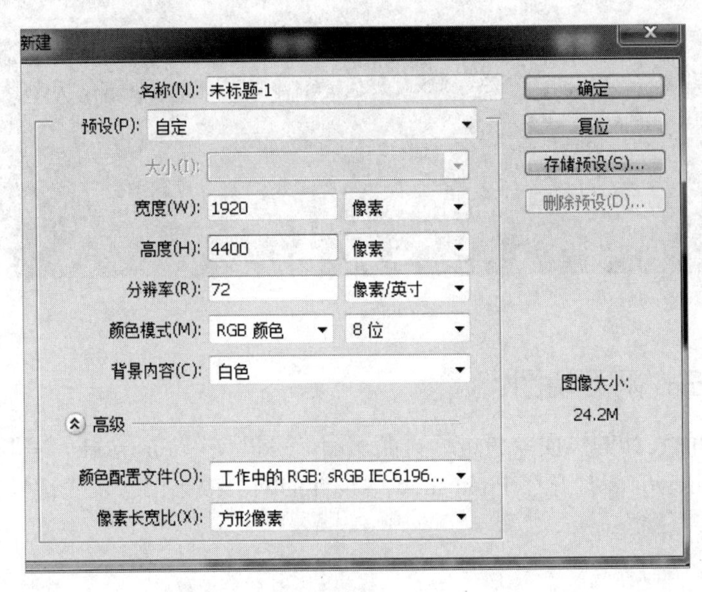

图 2-4

（3）确定导航栏颜色，颜色编码如下。

RGB：22、21、37；

颜色色号：#161525。

（4）填充导航栏相关内容，效果如图 2-5 所示。

图 2-5

（5）banner 位置填充相关的轮播图片，并设计轮播图个数，效果如图 2-6 所示。

图 2-6

（6）设计产品介绍位置的底纹颜色，颜色编码如下。

RGB：22、21、37；

颜色色号：#161525。

（7）填充产品介绍内容，效果如图 2-7 所示。

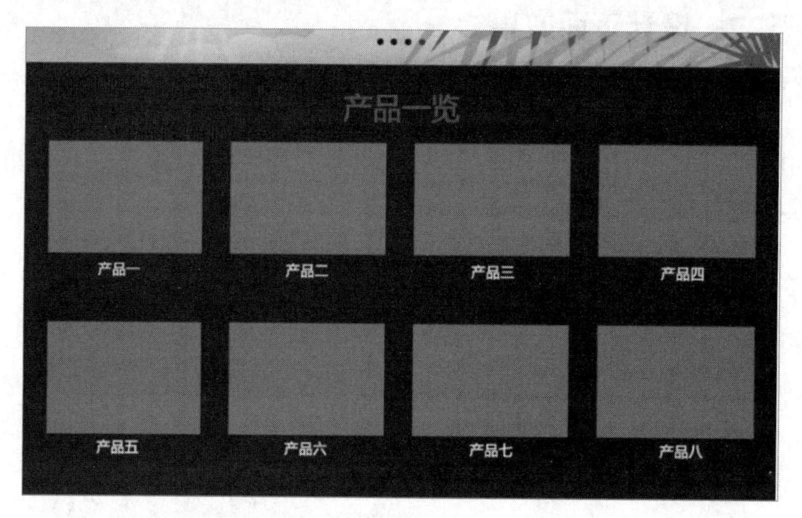

图 2-7

2.4.3 步骤三：网页切图

（1）根据上面设计的页面效果进行页面切图，可以使用 Fireworks 等进行切图。

（2）使用 Fireworks 打开在 Photoshop 中设计的网页效果图（快捷键为 Ctrl+O），出现如图 2-8 所示的对话框。

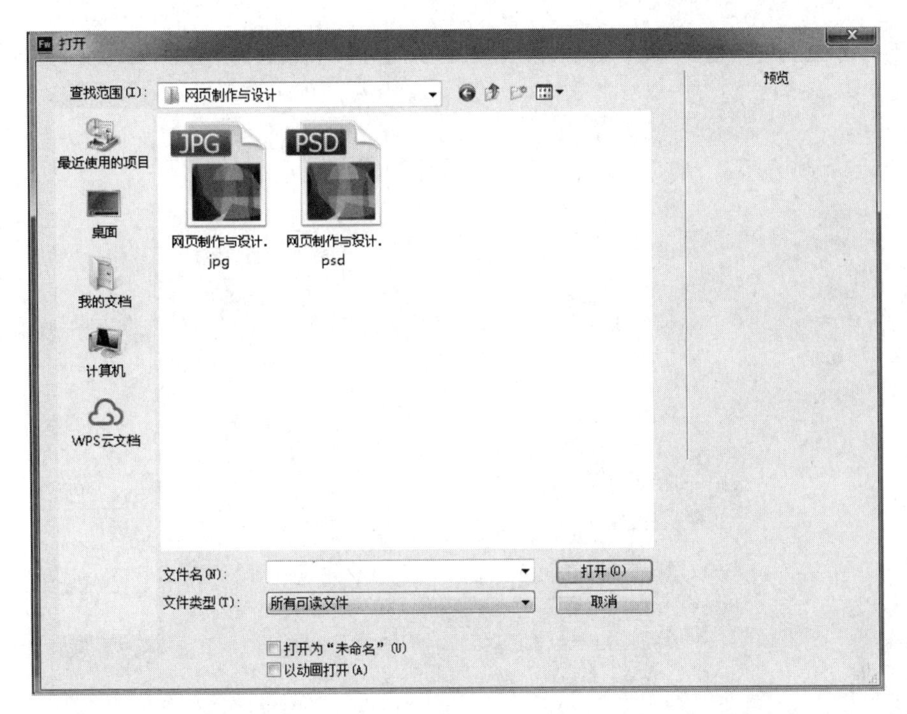

图 2-8

（3）调整设计网页图像的大小：按住 Ctrl++组合键就可以放大打开的图像，按住 Ctrl+−组合键就可以缩小打开的图像。

（4）利用切片工具进行切图。切片区域和切片工具的位置如图 2-9 所示。

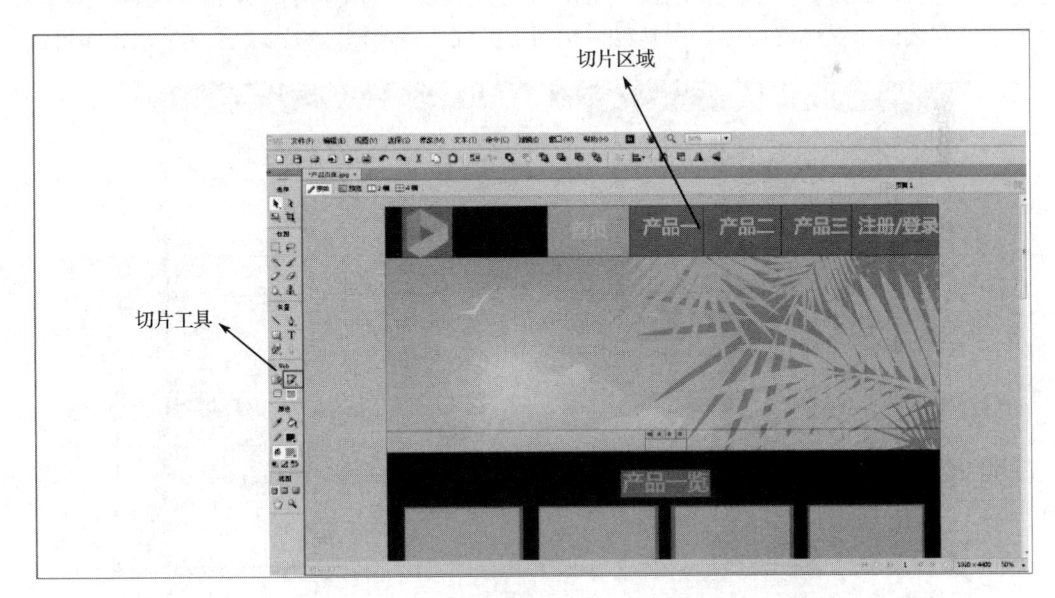

图 2-9

（5）生成切片图片。按住 Shift+Ctrl+R 组合键可以打开如图 2-10 所示的“导出”对话框，在这个对话框中进行切片保存。

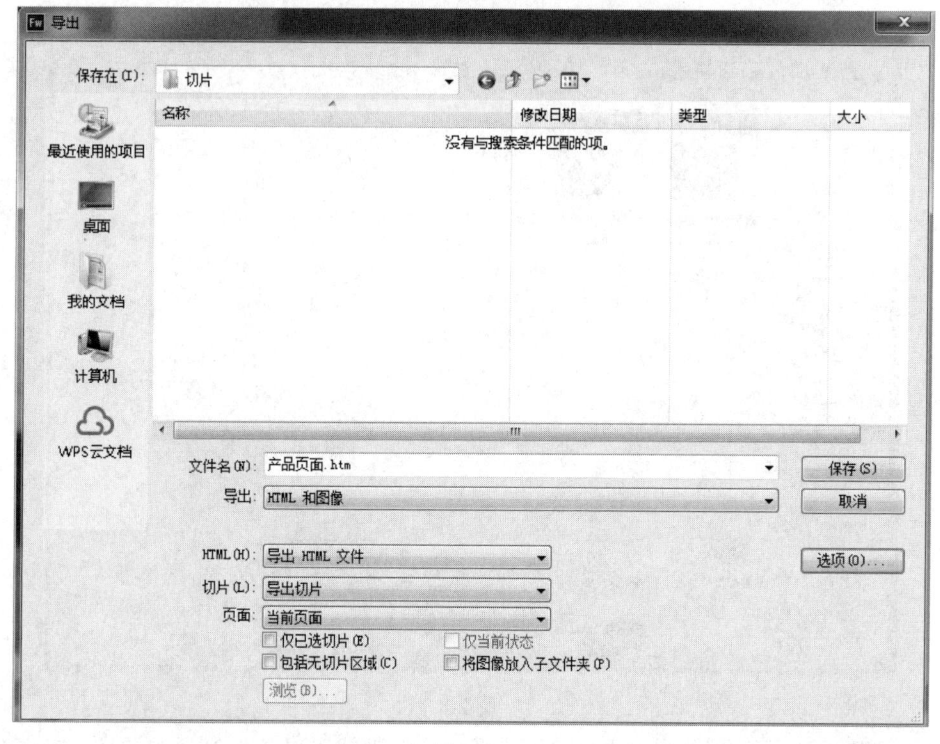

图 2-10

（6）更改切片保存设置。单击“选项”按钮进入“HTML 设置”对话框，选择“文档特定信息”标签，出现如图 2-11 所示的界面，更改切片保存的文件名，单击“确定”按钮后，取消下方勾选的“仅已选切片”和“包括无切片区域”复选框，单击“保存”按钮即可。

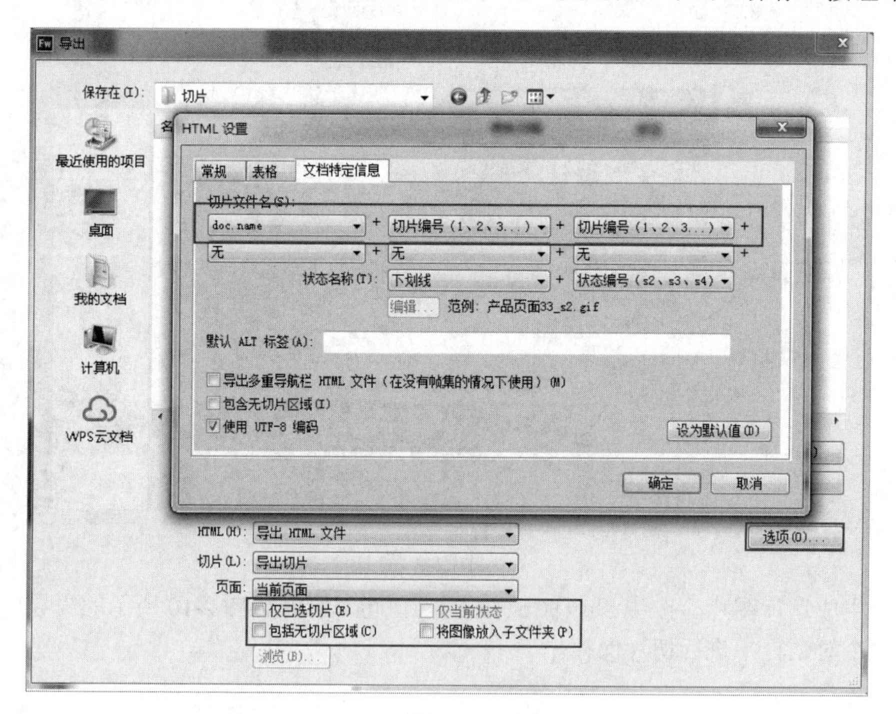

图 2-11

（7）找到保存到本地的文件夹，查看保存的切片文件，生成的文件如图 2-12 所示。

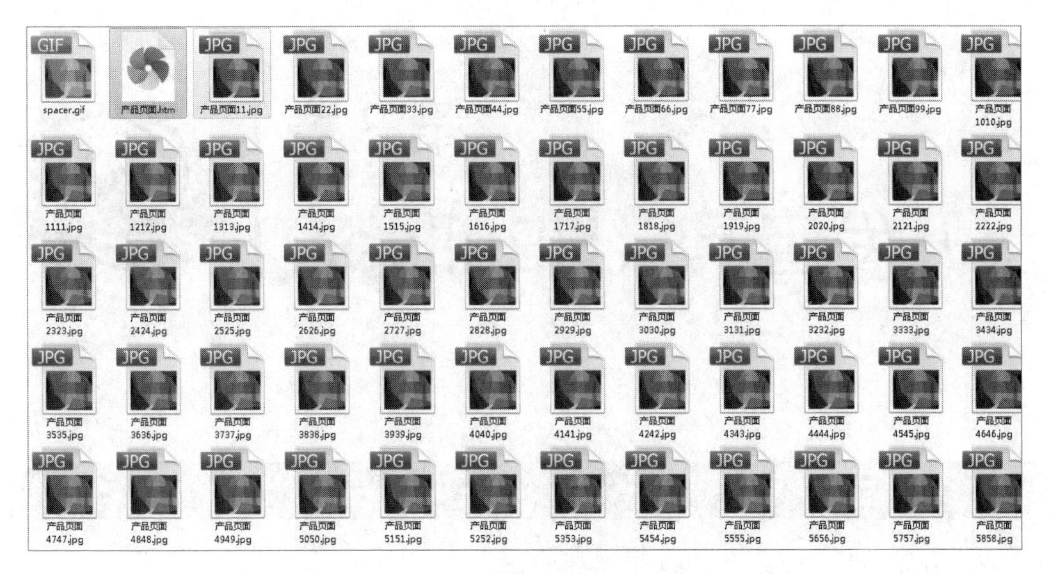

图 2-12

2.4.4 步骤四：网页设计

（1）在 HBuilder 中编辑一个网页，在设计的网页的合适位置利用标签编辑已经切好的图片。

（2）编辑完成后，单击“网页制作与设计.html”文件就可以在浏览器中查看导入图片后的网页效果，如图 2-13 所示。

图 2-13

第3章 开发工具（HBuilder）

3.1 实验目标

掌握 HBuilder 的下载、安装和基本操作。

3.2 实验任务

（1）下载并安装 HBuilder。

（2）使用 HBuilder 创建一个 Web 项目工程。

（3）使用 HBuilder 在项目工程中创建一个 HTML 页面，使页面能够在浏览器中正确显示，效果如图 3-1 所示。

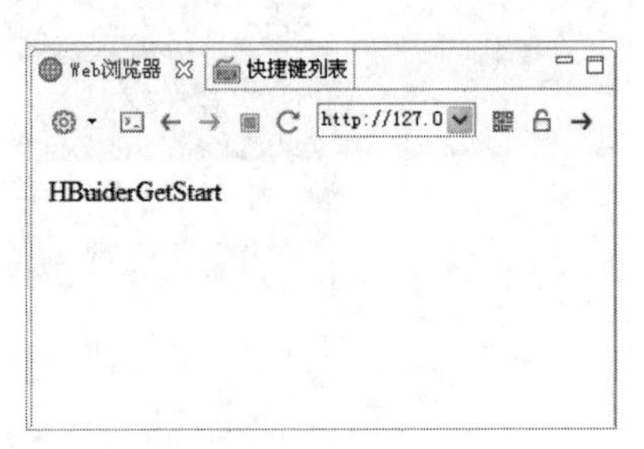

图 3-1

3.3 设计思路

（1）在 HBuilder 官网下载并安装 HBuilder。

（2）双击 HBuilder.exe 启动 HBuilder。

（3）创建一个项目工程。

（4）创建 HTML 页面并编辑。

（5）在浏览器中运行文件，并查看页面效果。

3.4　实验实施（跟我做）

3.3.1　步骤一：下载并安装 HBuilder

1．下载 HBuilder

（1）进入如图 3-2 所示的 HBuilder 官方网站首页，下载 HBuilder。

图 3-2

（2）下载得到压缩文件（HBuilder.9.1.29.windows.zip）。

2．安装

将 HBuilder.9.1.29.windows.zip 解压到一个目录下（如解压到 E 盘根目录下，解压后将生成 E:\HBuilder），即 HBuilder 的文件夹，文件目录如图 3-3 所示。

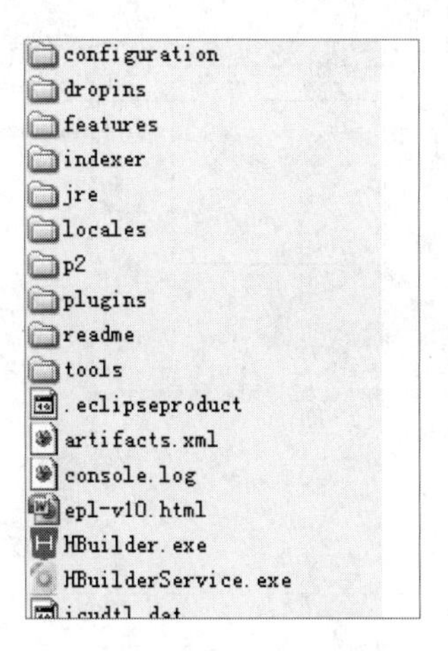

图 3-3

3．启动

运行 E:\ HBuilder \ HBuilder.exe 即可启动 HBuilder。

3.3.2　步骤二：启动 HBuilder

（1）双击 HBuilder.exe 启动 HBuilder，出现如图 3-4 所示的主界面。

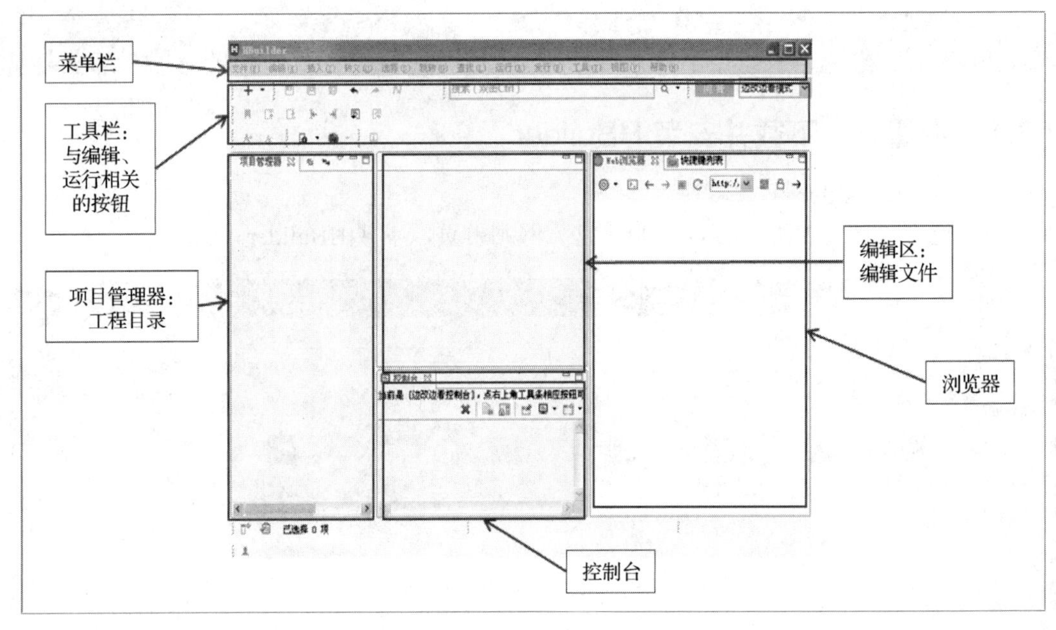

图 3-4

（2）创建页面包括如图 3-5 所示的 3 个步骤。

- 创建项目和 HTML 文件。
- 编辑 HTML 文件。
- 在浏览器中运行 HTML 文件。

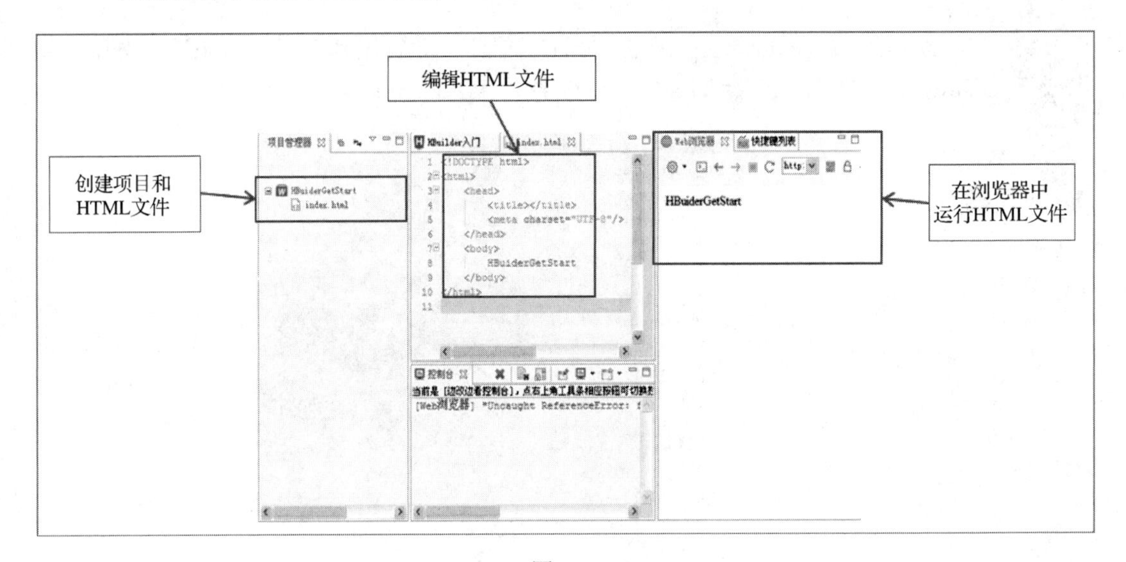

图 3-5

3.3.3 步骤三：创建工程

（1）单击打开“文件”菜单，再选择“新建”命令，最后选择“Web 项目”命令（也可按下 Ctrl+N 组合键，然后选择“Web 项目”命令），如图 3-6 所示。

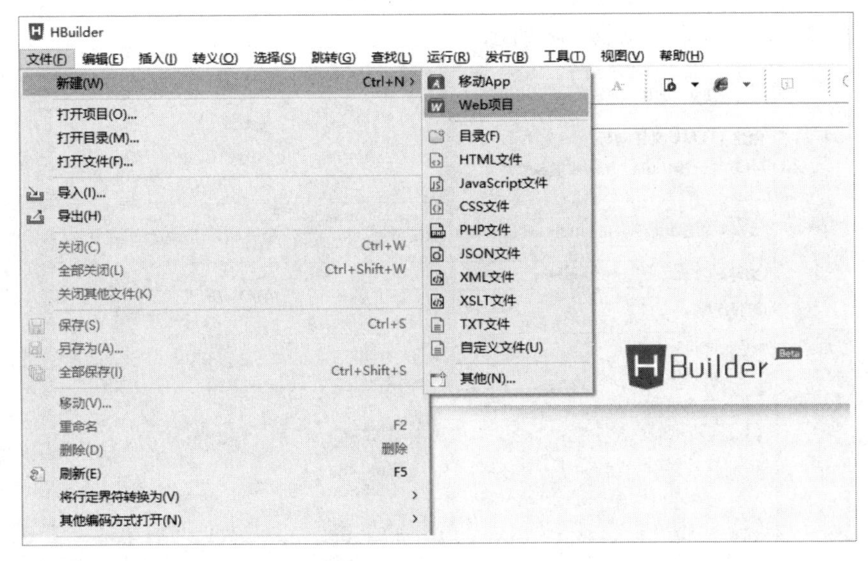

图 3-6

HBuilder 会为项目建立索引，工程间文件的链接引用关系都可以管理。这样在跨文件引用提示、转到定义、重构、移动图片路径等很多操作中 HBuilder 都能智能处理。

（2）在如图 3-7 所示的“创建 Web 项目”对话框中，A 处填写新建项目的名称，B 处填写项目保存路径（更改此路径 HBuilder 会记录，下次默认使用更改后的路径），C 处可选择使用的模板（也可单击“自定义模板”）。

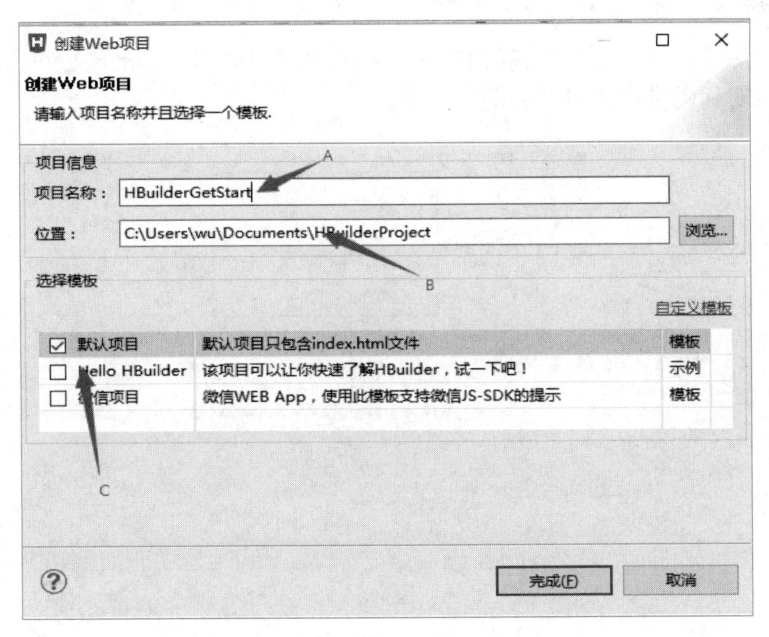

图 3-7

3.3.4 步骤四：创建 HTML 页面

在项目资源管理器中选择上面新建的项目，单击打开“文件”菜单，再选择“新建”命令，最后选择“HTML 文件”命令（或按下 Ctrl+N 组合键，选择“HTML 文件”命令），并选择“空白文件”模板，如图 3-8 所示。

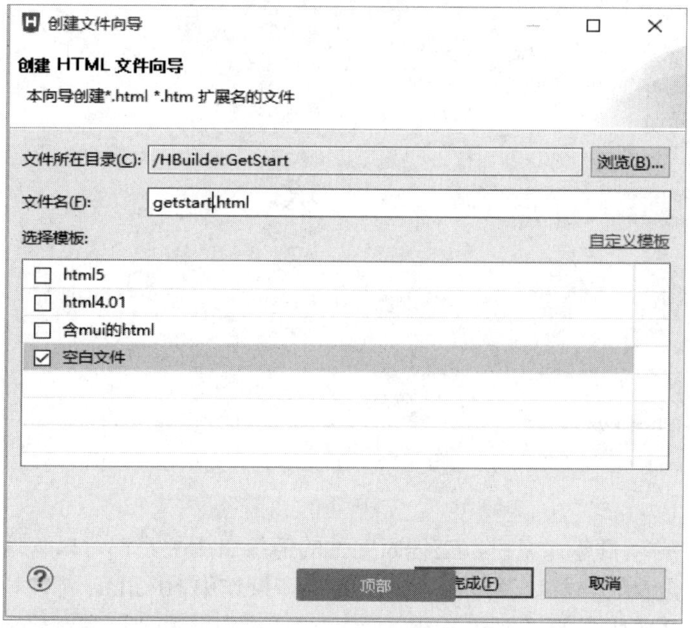

创建文件向导

创建 HTML 文件向导

本向导创建*.html *.htm 扩展名的文件

文件所在目录(C): /HBuilderGetStart 浏览(B)...

文件名(F): getstart.html

选择模板: 自定义模板

☐ html5

☐ html4.01

☐ 含mui的html

☑ 空白文件

完成(F) 取消

图 3-8

3.3.5 步骤五：编辑 HTML 文件

在项目资源管理器中选中新建的 HTML 文件，编辑区域则显示该文件中的代码，此时可在编辑区域对代码进行编辑，如图 3-9 所示。

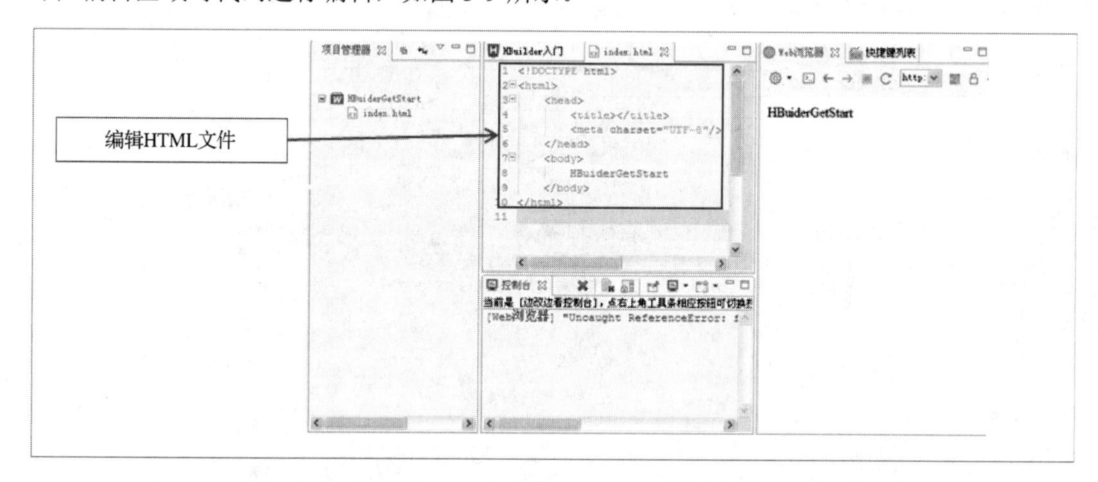

图 3-9

3.3.6 步骤六：运行

按下 Ctrl+P 组合键进入边改边看模式，在此模式下，如果当前打开的是 HTML 文件，则每次保存均会自动刷新以显示当前页面效果，如图 3-10 所示。

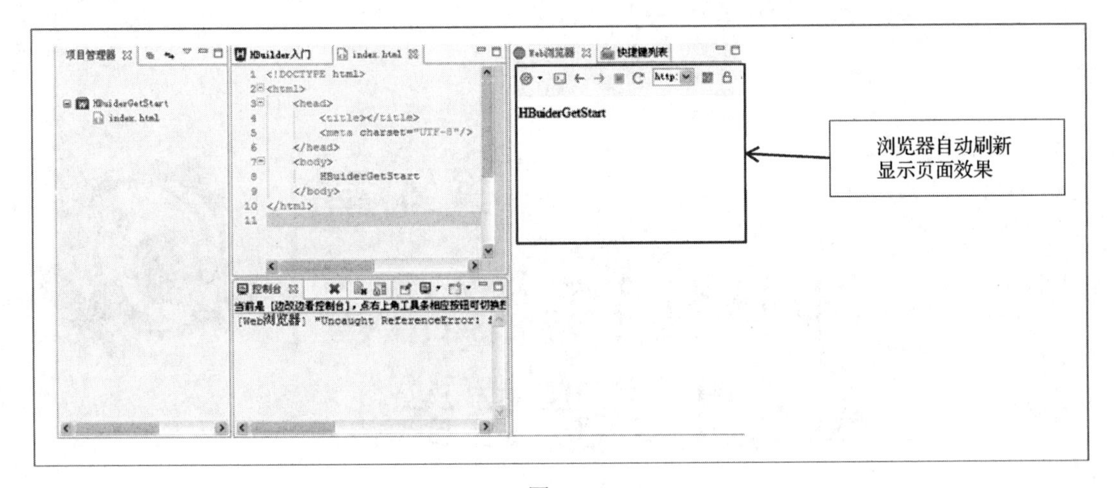
项目管理器
HBuiderGetStart
index.html
HBuilder入门
index.html
1 <!DOCTYPE html>
2 <html>
3 <head>
4 <title></title>
5 <meta charset="UTF-8"/>
6 </head>
7 <body>
8 HBuiderGetStart
9 </body>
10 </html>
11
控制台
[Web浏览器] "Uncaught ReferenceError:
Web浏览器
快捷键列表
http:
HBuiderGetStart
浏览器自动刷新
显示页面效果

图 3-10

第 4 章 网站服务器部署（Apache 服务器）

4.1 实验目标

将静态页面部署到 Apache 服务器，并能通过浏览器访问部署静态页面。

4.2 实验任务

（1）下载 Apache 服务器。
（2）安装 Apache 服务器。
（3）测试 Apache 服务器的安装是否成功。

4.3 设计思路

（1）下载和安装 Apache 服务器。
（2）启动服务器，并将网站部署到服务器。
（3）在浏览器输入网址查看网页。

4.4 实验实施（跟我做）

4.3.1 步骤一：下载 Apache

（1）进入 Apache 官网，进入下载页面找到所需版本，如图 4-1 所示。
（2）单击所需版本，选择 Windows 文件格式，如图 4-2 所示。
（3）找到“Downloading Apache for Windows”栏，进入下载页，如图 4-3 所示。

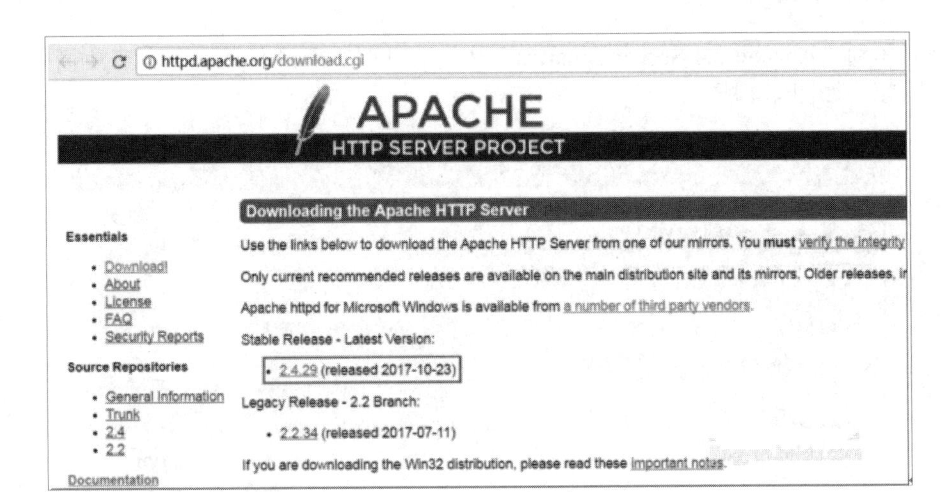
httpd.apache.org/download.cgi
APACHE
HTTP SERVER PROJECT
Downloading the Apache HTTP Server
Essentials
Download!
About
License
FAQ
Security Reports
Source Repositories
General Information
Trunk
2.4
2.2
Documentation
Use the links below to download the Apache HTTP Server from one of our mirrors. You must verify the integrity
Only current recommended releases are available on the main distribution site and its mirrors. Older releases, in
Apache httpd for Microsoft Windows is available from a number of third party vendors.
Stable Release - Latest Version:
2.4.29 (released 2017-10-23)
Legacy Release - 2.2 Branch:
2.2.34 (released 2017-07-11)
If you are downloading the Win32 distribution, please read these important notes.

图 4-1

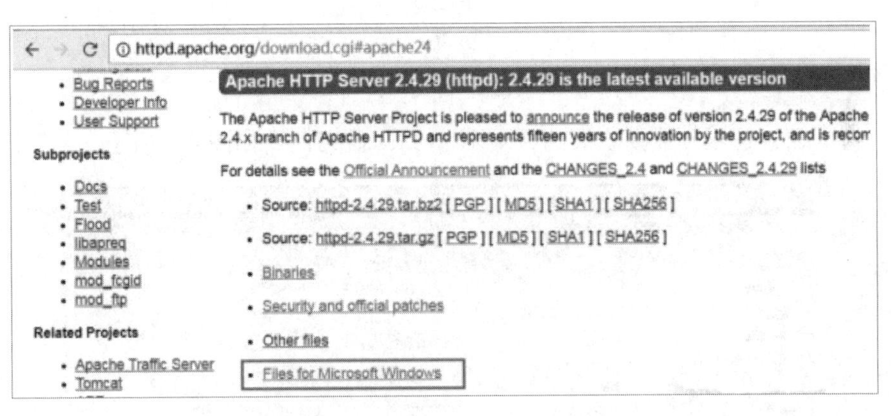
httpd.apache.org/download.cgi#apache24
Bug Reports
Developer Info
User Support
Subprojects
Docs
Test
Flood
libapreq
Modules
mod_fcgid
mod_ftp
Related Projects
Apache Traffic Server
Tomcat
Apache HTTP Server 2.4.29 (httpd): 2.4.29 is the latest available version
The Apache HTTP Server Project is pleased to announce the release of version 2.4.29 of the Apache
2.4.x branch of Apache HTTPD and represents fifteen years of innovation by the project, and is recom
For details see the Official Announcement and the CHANGES_2.4 and CHANGES_2.4.29 lists
Source: httpd-2.4.29.tar.bz2 [PGP] [MD5] [SHA1] [SHA256]
Source: httpd-2.4.29.tar.gz [PGP] [MD5] [SHA1] [SHA256]
Binaries
Security and official patches
Other files
Files for Microsoft Windows

图 4-2

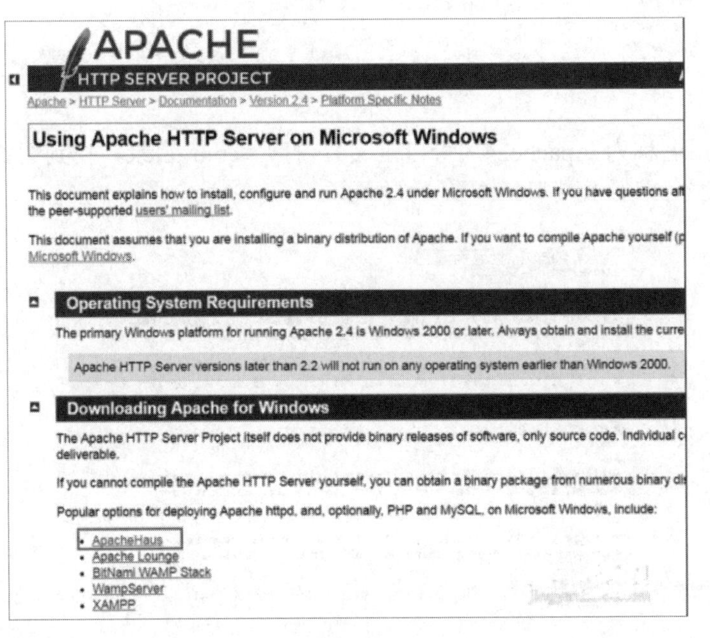
APACHE
HTTP SERVER PROJECT
Apache > HTTP Server > Documentation > Version 2.4 > Platform Specific Notes
Using Apache HTTP Server on Microsoft Windows
This document explains how to install, configure and run Apache 2.4 under Microsoft Windows. If you have questions af
the peer-supported users' mailing list.
This document assumes that you are installing a binary distribution of Apache. If you want to compile Apache yourself (p
Microsoft Windows.
Operating System Requirements
The primary Windows platform for running Apache 2.4 is Windows 2000 or later. Always obtain and install the curre
Apache HTTP Server versions later than 2.2 will not run on any operating system earlier than Windows 2000.
Downloading Apache for Windows
The Apache HTTP Server Project itself does not provide binary releases of software, only source code. Individual c
deliverable.
If you cannot compile the Apache HTTP Server yourself, you can obtain a binary package from numerous binary di
Popular options for deploying Apache httpd, and, optionally, PHP and MySQL, on Microsoft Windows, include:
ApacheHaus
Apache Lounge
BitNami WAMP Stack
WampServer
XAMPP

图 4-3

（4）找到“Apache 2.4 Server Binaries”栏，有 32 位和 64 位版本，单击所需版本的图标进行下载，如图 4-4 所示。

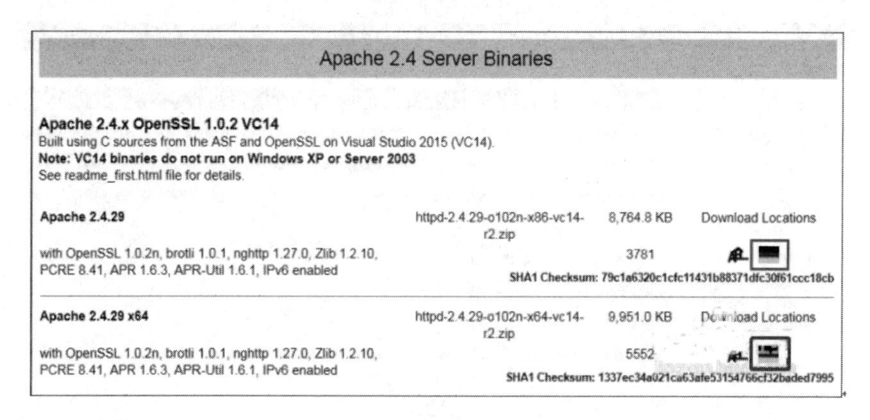

图 4-4

4.3.2 步骤二：安装 Apache

（1）将压缩包解压到需要安装的目录下，以 D 盘为例，如图 4-5 所示。

图 4-5

（2）解压后名称为 Apache24（可自定义），打开 conf 目录，找到配置文件 httpd.conf 并打开，更改服务路径及端口，如图 4-6 所示。

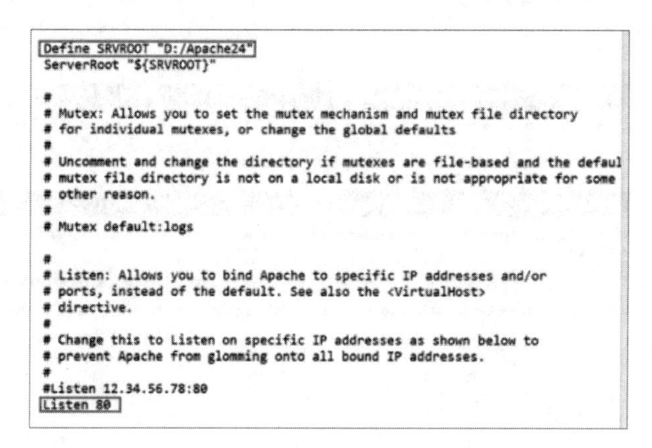

图 4-6

4.3.3　步骤三：测试 Apache

（1）保存配置，打开 CMD 窗口，进入服务 bin 目录，输入安装命令（httpd -k install）开始安装服务。正常安装完毕后的效果如图 4-7 所示。

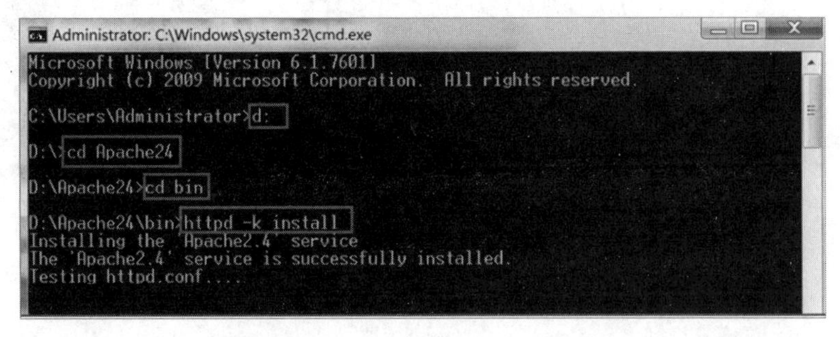

图 4-7

（2）输入启动命令（net start apache2.4）启动服务，启动成功的效果如图 4-8 所示。

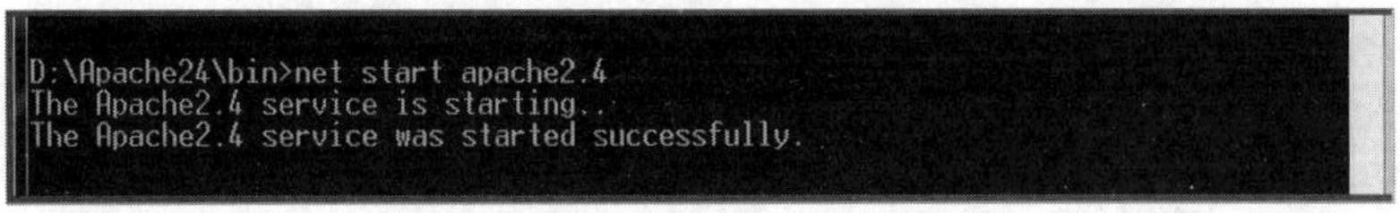

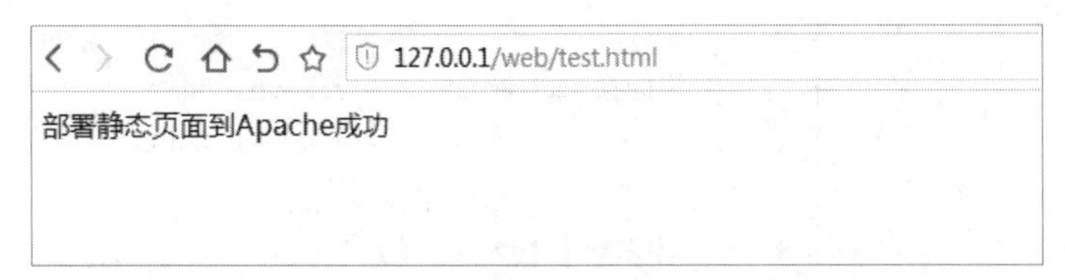

图 4-8

（3）将静态页面放入 htdocs 文件夹下，如图 4-9 所示。

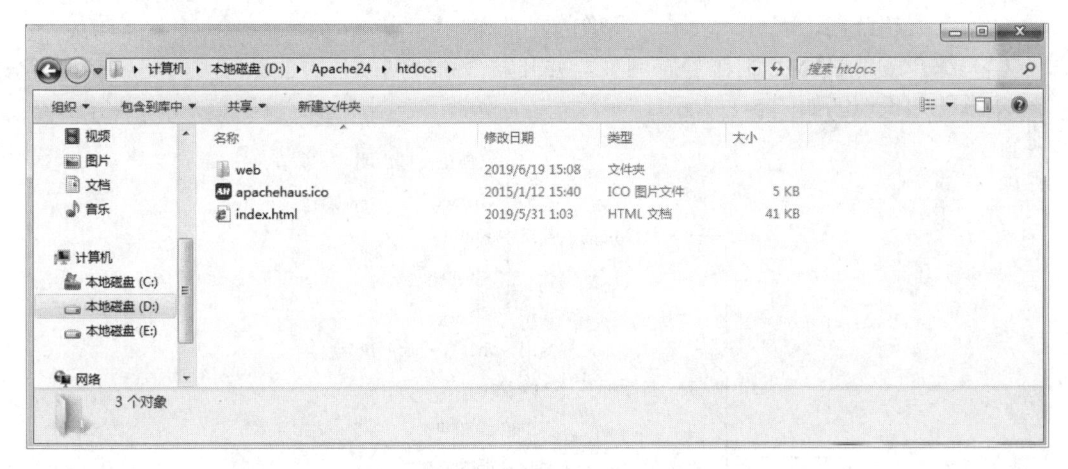

图 4-9

（4）打开浏览器，输入静态页面地址（http://localhost/web/test.html）进行访问，效果如图 4-10 所示。

图 4-10

第5章 HTML制作静态网页（新闻网站）

5.1 实验目标

（1）掌握 HTML 基本结构。

（2）掌握 HTML 文本标签、头部标记的定义和功能。

（3）掌握超链接、表格、表单、图像的定义和功能。

（4）综合应用 HTML 制作静态网页，并开发“新闻网站”页面。

本章的知识地图如图 5-1 所示。

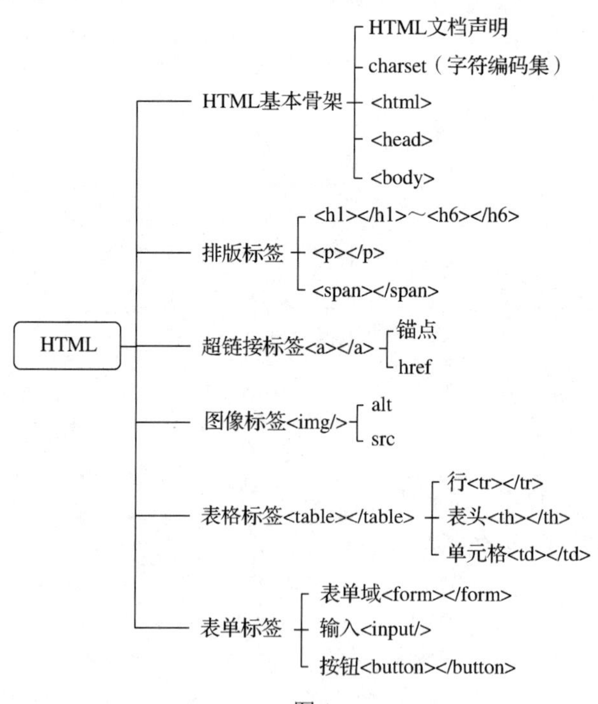

图 5-1

5.2　实验任务

（1）制作“登录”页面，在“登录”页面中输入信息后，单击“登录”按钮跳转至新闻首页。

（2）制作新闻首页，新闻首页中包含若干新闻分类列表，每个新闻分类列表中包含若干条新闻内容。

页面关系示意图如图 5-2 所示。

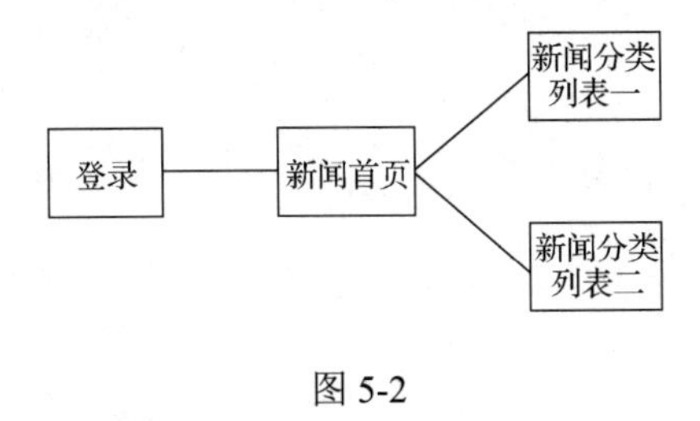

图 5-2

5.3　设计思路

（1）“登录”页面，分为页头、正文两个部分，页头为页面标题，正文为登录表单，页面结构如图 5-3 所示。

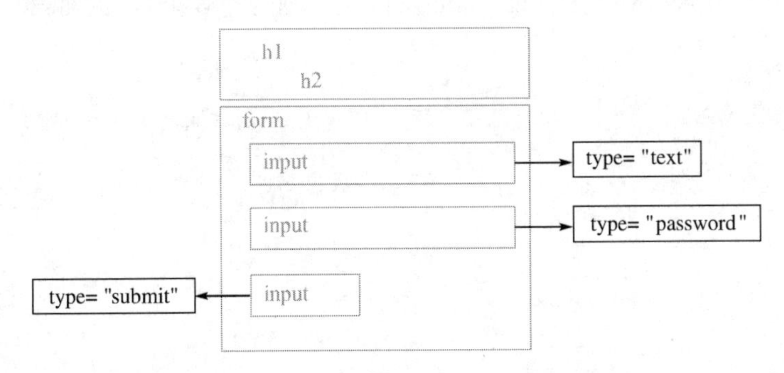

图 5-3

（2）新闻首页，也分为页头、正文两个部分，页头为页面标题，正文为新闻分类表格，页面结构如图 5-4 所示。

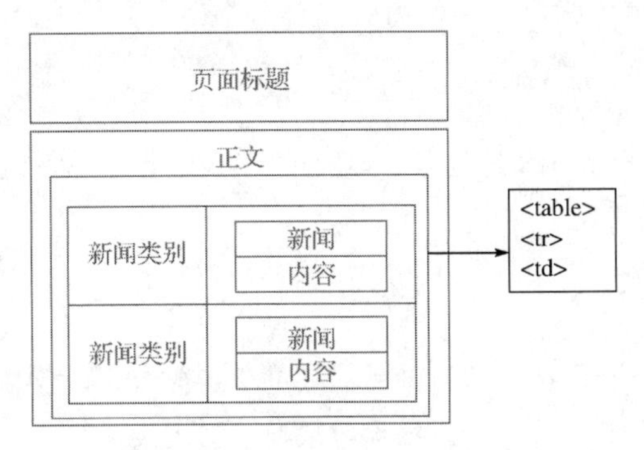

图 5-4

（3）二级页面，也分为页头、正文两个部分，页头为页面标题，正文包括新闻锚点链接、新闻内容和回到顶部锚点链接，页面结构如图 5-5 所示。

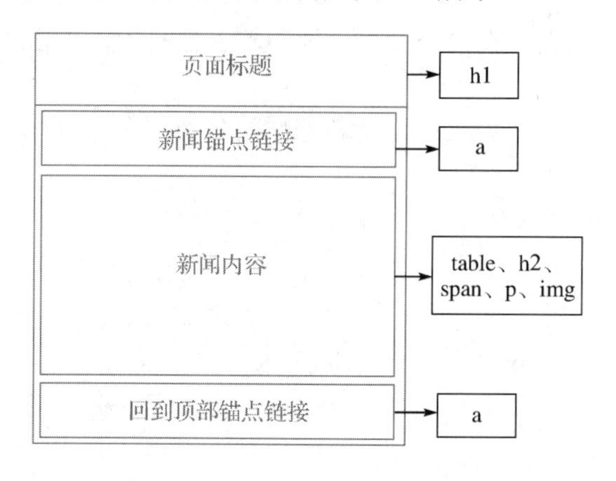

图 5-5

5.4 实验实施（跟我做）

5.4.1 步骤一：创建“登录”页面

创建“登录”页面，命名为 login.html，修改标题为“登录”，页面第一行代码是普通的 HTML 文档的文档声明。

```
<!--HTML 文档的文档声明-->
<!DOCTYPE HTML PUBLIC "-//W3C//DTD HTML 4.01 Transitional//EN">
<html>
<head>
    <meta charset="utf-8">
    <title>登录</title><!--网页标题-->
</head>
<body>
</body>
</html>
```

5.4.2 步骤二：添加“登录”页面内容

（1）内容标题：使用标题标签设置内容的标题。

```
<h1>这是一个新闻网站</h1>
<h2>登录页面</h2>
```

（2）表单内容：用<form>标签创建一个表单，在 form 表单中创建 input 文本框、input 密码文本框和“登录”按钮。

```
<form>
    账号：<input type="text" name="user" /><!--文本框-->
    <br />
    密码：<input type="password" name="password" /><!--密码文本框-->
    <br />
    <input type="submit" value="登录" /><!--登录按钮-->
</form>
```

（3）页面效果如图 5-6 所示。

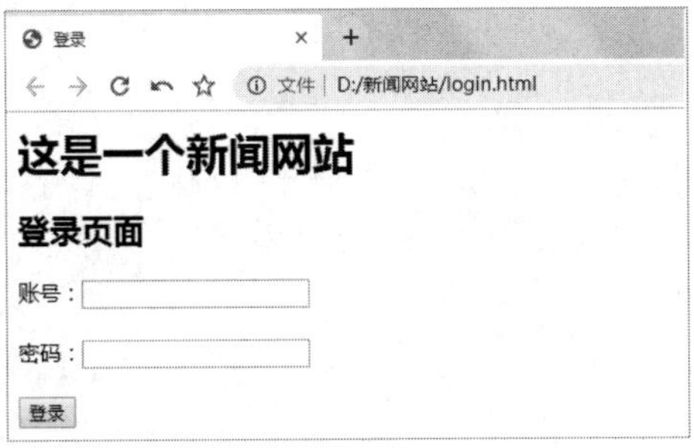

图 5-6

5.4.3　步骤三：创建新闻首页和二级页面

（1）创建新闻首页 news.html，以及两个新闻分类列表页面 china.html 和 world.html。

（2）将 news.html 文件中<title>标签的内容修改为“新闻”，添加网站标题。

```
<!DOCTYPE HTML PUBLIC "-//W3C//DTD HTML 4.01 Transitional//EN">
<html>
<head>
    <meta charset="utf-8">
    <title>新闻</title><!--网页标题-->
</head>
<body>
    <h1>这是一个新闻网站</h1><!--内容标题-->
</body>
</html>
```

5.4.4　步骤四：添加新闻页面内容

（1）创建 news.html 主体表格。

```
<table border="1">
    <tr><!--表格的一行-->
        <td><!---一行中的单元格-->
            <h3>国内：</h3>
        </td>
        <td >
            <h3>热点要闻:</h3>
        </td>
    </tr>
    <tr>
        <td><h3><a href="world.html">国际：</a></h3></td>
        <td>
            <h3>焦点新闻:</h3>
        </td>
    </tr>
</table>
```

（2）创建 news.html 嵌套表格：在<td>标签中嵌套另一个表格。

```
<td ><!---一行中的单元格-->
    <h3>热点要闻:</h3>
    <table border="1"><!--嵌套的表格-->
```

```
        <tr>
            <td> 中国特色社会主义：民族复兴的必由之路</td>
        </tr>
        <tr>
            <td> 习近平离京访俄并出席圣彼得堡国际经济论坛</td>
        </tr>
    </table>
</td>
```

（3）页面效果如图 5-7 所示。

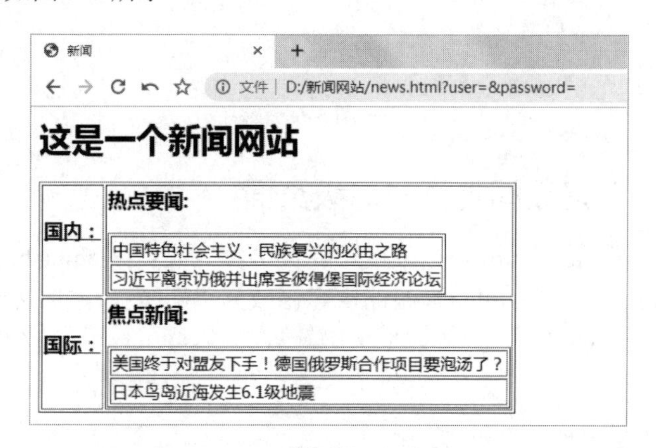

图 5-7

（4）二级页面内容表格，以 china.html 为例，页面分为 4 个部分：上面是标题；中间是锚点链接，可以定位到新闻的不同板块；下面是新闻详细内容；底部是一个“回到顶部”的锚点。

```
<!DOCTYPE html>
<html>
<head>
    <meta charset="UTF-8">
    <title>新闻</title>
</head>
<body>
    <h1 id="top">这是一个新闻网站</h1>
    <!--中间的锚点链接，利用 a 链接的 href 属性定位到 id=hubei 的元素-->
    <table border="1">
        <tr>
            <td><a href="#hubei">湖北新闻</a></td>
            <td><a href="#wuhan">武汉新闻</a></td>
        </tr>
    </table>
    <!--新闻内容使用 table 表格布局，使用文本标签 h2 显示新闻的标题，span 标签显示时间，p 标签展示正文部分，img 展示图像-->
    <table border="1" id="hubei">
        <tr>
            <td><h2>湖北新闻</h2></td>
        </tr>
        <tr>
            <td><span>2019/07/25</span></td>
        </tr>
        <tr>
            <td>
```

```
                <p>湖北日报讯<br/>一边因强雨水引发洪涝灾害,另一边降水不足导致干旱,湖北出现少见旱涝两极并存局面。7 月 25 日晚间以来,湖北出现短时强降雨。</p>
                <img src="img1.png" alt=""><br/>
                <img src="img2.png" alt="">
            </td>
        </tr>
    </table>
    <table border="1" id="wuhan">
        <tr>
            <td><h2>武汉新闻</h2></td>
        </tr>
        <tr>
            <td><span>2019/07/25</span>
        </tr>
        <tr>
            <td>
                <p>武汉日报讯<br/>一边因强雨水引发洪涝灾害,另一边降水不足导致干旱,湖北出现少见旱涝两极并存局面。7 月 25 日晚间以来,湖北出现短时强降雨。</p>
                <img src="img1.png" alt=""><br/>
                <img src="img2.png" alt="">
            </td>
        </tr>
    </table>
<!--回到顶部的锚点链接-->
    <a href="#top">回到顶部</a>
</body>
</html>
```

新闻锚点链接如图 5-8 所示。

图 5-8

新闻图文内容如图 5-9 所示。

图 5-9

“回到顶部”锚点链接如图 5-10 所示。

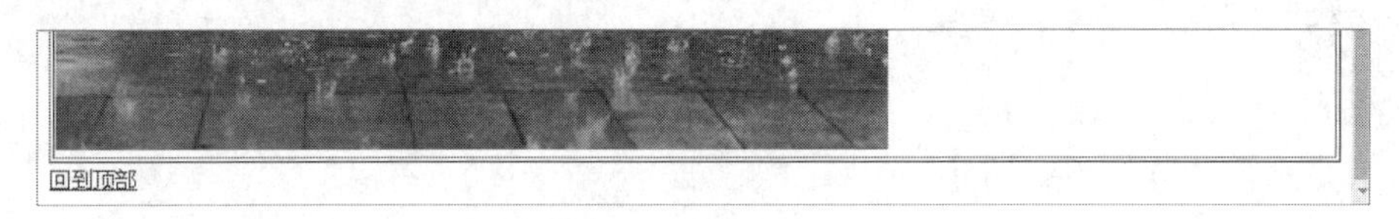

图 5-10

5.4.5 步骤五：实现页面跳转

（1）“登录”页面（login.html）跳转到新闻页面（news.html）：action 属性中写新闻页面的地址，method 属性中写表单提交的方式。

```
<form action="news.html" method="get">
```

（2）新闻首页（news.html）跳转到新闻子页面（china.html、world.html）：利用<a>标签的 href 属性跳转到新闻子页面。

- 由 news.html 跳转到 china.html，代码如下：

```
<h3><a href="china.html">国内：</a></h3>
```

- 由 news.html 跳转到 world.html，代码如下：

```
<h3><a href="world.html">国际：</a></h3>
```

第 6 章 CSS 设计页面样式（购物网站）

6.1 实验目标

（1）掌握 CSS 选择器的定义和功能。
（2）掌握 CSS 中的单位。
（3）掌握字体样式、文本样式、颜色、背景功能。
（4）掌握 CSS 的区块、网页布局属性的功能，以及盒子模型。
（5）综合应用 CSS 设计页面样式技术，开发“购物网站”的首页。
本章的知识地图如图 6-1 所示。

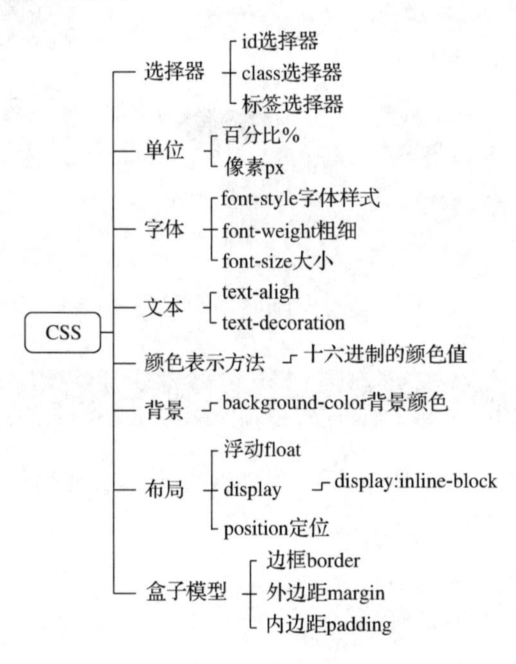

图 6-1

6.2 实验任务

使用 HTML 制作购物网站首页，页面包括页头、正文、侧边栏和页脚 4 个部分。页面各部分包括如下内容。

（1）页头：包括一个商品分类导航栏。

（2）正文：包括广告大图和新品列表。

（3）侧边栏：包括商品销量排行列表和促销商品列表。

（4）页脚：包括版权声明信息和“返回顶部”链接。

页面最终效果如图 6-2 所示。

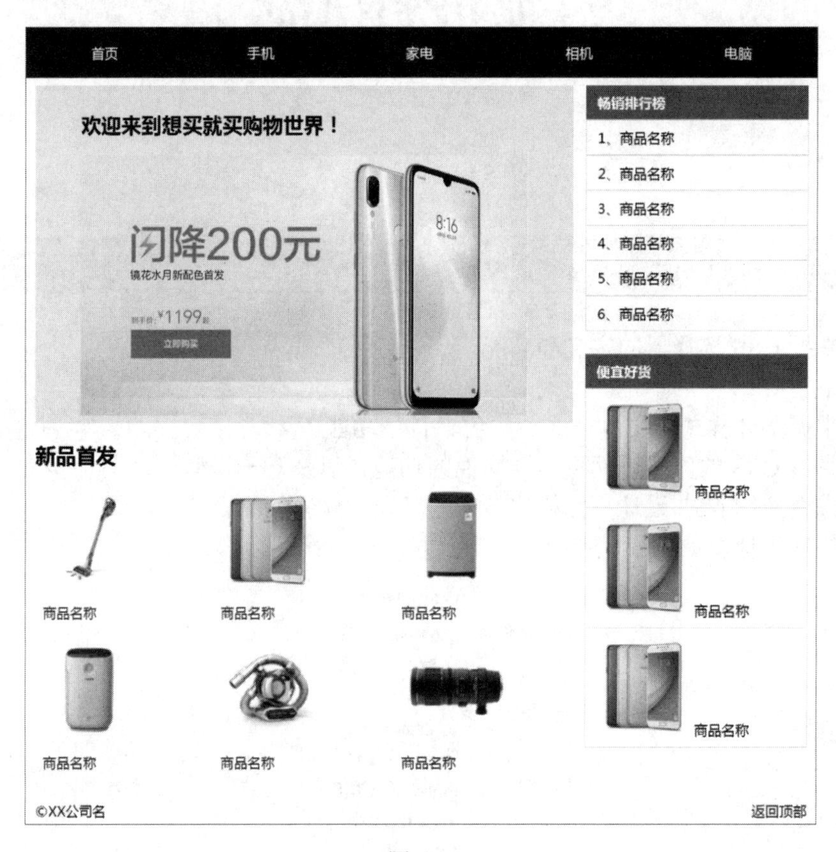

图 6-2

6.3 设计思路

（1）页面基础结构如图 6-3 所示，包括导航栏、正文、底边栏，其中，正文分为左边栏和右边栏。

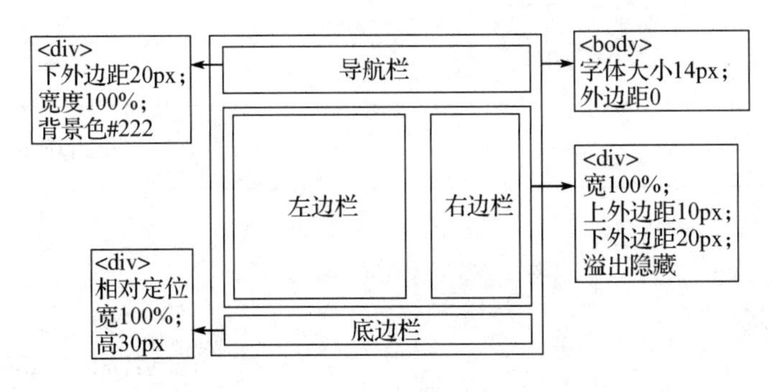

图 6-3

（2）板块详细结构。

- 导航栏结构设计如图 6-4 所示。

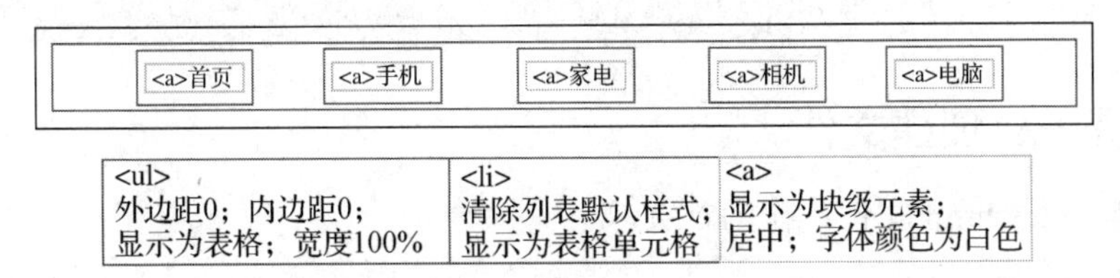

图 6-4

- 正文左边栏设计如图 6-5 所示，包括广告大图和商品列表两个部分。

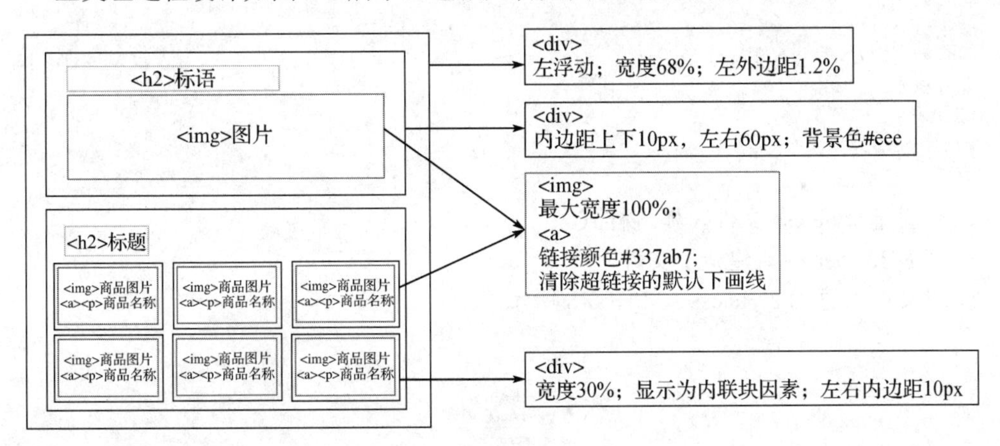

图 6-5

- 右边栏结构设计如图 6-6 所示。

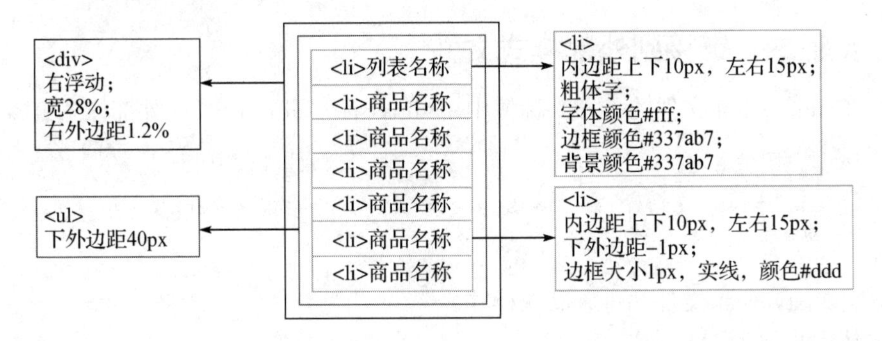

图 6-6

- 底边栏结构设计如图 6-7 所示。

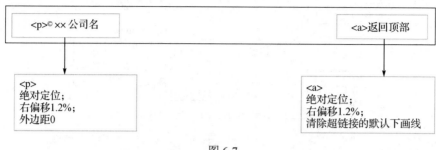

图 6-7

6.4 实验实施（跟我做）

6.4.1 步骤一：创建文件

（1）创建 index.html 文件，作为首页。

```
<!--HTML 文档的文档声明-->
<!DOCTYPE HTML PUBLIC "-//W3C//DTD HTML 4.01 Transitional//EN">
<html>
    <head>
        <meta charset="utf-8">
        <title>购物世界</title>
    </head>
    <body>
    </body>
</html>
```

（2）创建 style.css 文件，作为样式表。

- 在 HBuilder 中新建一个文件。
- 将文件另存为 style.css，如图 6-8 所示。

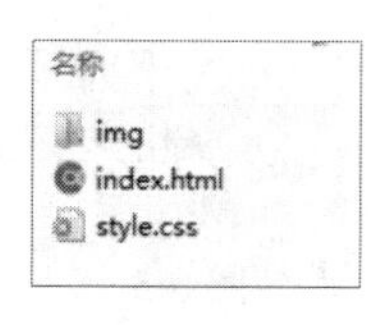

图 6-8

6.4.2 步骤二：链接到外部样式文件

（1）在 index.html 文件的<head>标签中用<link>标签引入 CSS 的外部样式链接。

```
<head>
    <meta charset="utf-8">
    <link rel="stylesheet" href="style.css" type="text/css" />
    <title>购物世界</title>
</head>
```

（2）编辑 style.css 文件，重置默认样式。

- 字体大小设为 18px。

- 内边距和外边距的默认值设为 0。
- 去除文本装饰。

```
body{
   font-size: 18px;
   margin: 0;
   padding: 0;
   text-decoration: none;
}
```

6.4.3　步骤三：导航栏样式

（1）用<div>标签和<ul>标签搭建导航栏结构。

（2）为需要独立样式的标签添加 class 属性。

```
<div id="top"><!--导航栏最外围盒子-->
   <ul class="topList"><!--导航项外部 ul 标签-->
      <li><a href="">首页</a></li><!--每一个导航项-->
      <li><a href="">手机</a></li>
      <li><a href="">家电</a></li>
      <li><a href="">相机</a></li>
      <li><a href="">电脑</a></li>
   </ul>
</div>
```

（3）CSS 布局。

- 全局 CSS 样式，用元素选择器对基础标签进行初始化定义。

```
li{ list-style: none;}        /*清除 li 标签默认样式*/
a{ text-decoration: none;}   /*清除超链接的默认下画线*/
img{ max-width: 100%;}        /*设置图片的最大宽度*/
```

- 导航栏 CSS 样式，用 id 选择器、类选择器、后代选择器和子选择器指定元素样式。

```
/*使用 id 选择器设置导航栏最外围盒子样式*/
#top{
   padding: 20px 0;
   width: 100%;
   background-color: #222;
}
/*使用类选择器设置导航项外部的 ul 标签的样式*/
.topList{
   display: table;
   width: 100%;
}
/*使用后代选择器，li 标签清除列表默认样式；显示为表格单元格*/
.topList li { display: table-cell;}
/*使用子选择器设置每个导航项的 a 标签的样式*/
.topList li > a {
   display: block;
   text-align: center;
   color: white;
}
```

- 样式效果如图 6-9 所示。

图 6-9

6.4.4 步骤四：左边栏

（1）正文中上半部分添加广告大图。

- HTML 内容，用一个<h2>标签设置图片的标题，<img>标签展示图片。

```
<div id="content"><!--正文部分盒子-->
    <div class="left_side"><!--左边栏盒子-->
        <div class="top_pic"><!--海报图盒子-->
            <h2>欢迎来到想买就买购物世界! </h2><!--图片标题-->
            <img src="img/banner1.jpg"><!--图片-->
        </div>
    </div>
</div>
```

- CSS 布局，设置整个正文盒子、左边栏和海报图盒子样式。

```
/*正文——商品内容*/
#content{
    width: 100%;
    margin: 10px 0 20px 0;
    overflow: hidden;
}
/*左边栏整体盒子样式: 左浮动; 宽度 68%; 左外边距 1.2%*/
.left_side{
    float: left;
    width: 68%;
    margin-left: 1.2%;
}
/*海报图盒子样式*/
.top_pic{
    padding: 10px 60px;
    background-color: #eee;
}
```

- 样式效果如图 6-10 所示。

图 6-10

（2）添加正文中下半部分的“新品首发”列表。

- HTML 内容，为图片外层<div>标签添加 id 属性。

```
<div id="products"><!--新品内容的盒子-->
  <h2>新品首发</h2><!--新品内容的标题-->
    <div><!--新品内容的产品项-->
      <img src="img/goods2.png" alt="商品名称" ><!--产品的图片-->
      <a href="#"><p>商品名称</p></a><!--产品的标题-->
    </div>
```

```
    <div><!--新品内容的产品项-->
      <img src="img/goods3.png" alt="商品名称" >
      <a href="#"><p>商品名称</p></a>
    </div>
    <div><!--新品内容的产品项-->
      <img src="img/goods4.png" alt="商品名称" >
      <a href="#"><p>商品名称</p></a>
    </div>
    <div><!--新品内容的产品项-->
      <img src="img/goods5.png" alt="商品名称" >
      <a href="#"><p>商品名称</p></a>
    </div>
    <div><!--新品内容的产品项-->
      <img src="img/goods6.png" alt="商品名称" >
      <a href="#"><p>商品名称</p></a>
    </div>
    <div><!--新品内容的产品项-->
      <img src="img/goods7.png" alt="商品名称" >
      <a href="#"><p>商品名称</p></a>
    </div>
</div>
```

- CSS 样式，用后代选择器指定元素样式。

```
/*设置每个产品项的样式*/
#products div{
   width: 30%;
   display: inline-block;
   padding: 0 10px;
}
```

- 样式效果如图 6-11 所示。

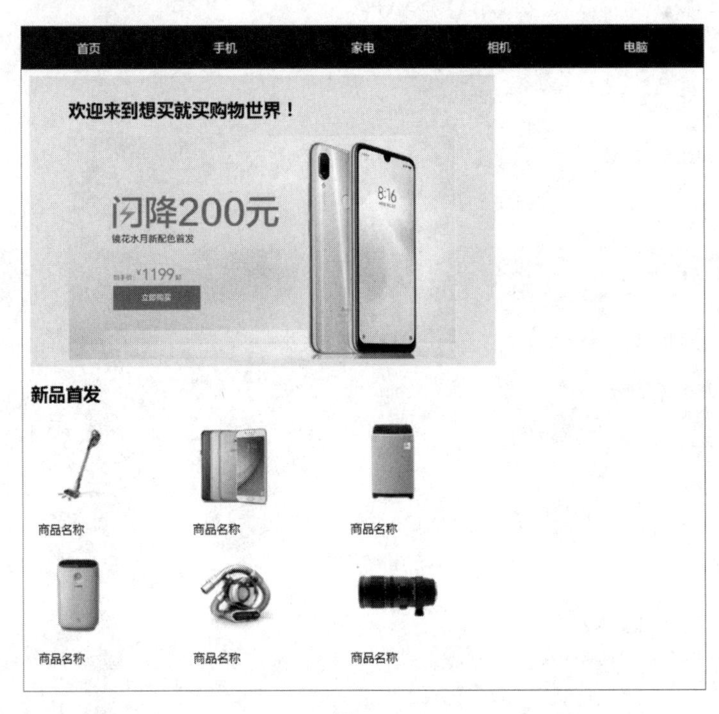

图 6-11

6.4.5 步骤五：右边栏

（1）使用<ul></ul>和<li></li>列表标签在右边栏中添加两个列表。

```
<div id="right_side"><!--右边栏的外围盒子-->
<ul class="list_group"><!--右边栏中排行榜列表-->
   <!--右边栏中排行榜列表项-->
   <li class="list_title">畅销排行榜</li>
   <li class="list_item">1、商品名称</li>
   <li class="list_item">2、商品名称</li>
   <li class="list_item">3、商品名称</li>
   <li class="list_item">4、商品名称</li>
   <li class="list_item">5、商品名称</li>
   <li class="list_item">6、商品名称</li>
</ul>
<ul class="list_group"><!--右边栏中产品列表-->
   <!--右边栏中产品列表标题-->
   <li class="list_title">便宜好货</li>
   <!--右边栏中产品列表项-->
   <li class="list_item">
   <img src="img/goods3.png">商品名称
   </li>
   <li class="list_item"><img src="img/goods3.png">
      商品名称
   </li>
   <li class="list_item"><img src="img/goods3.png">
      商品名称
   </li>
</ul>
</div>
```

（2）右边栏的外围盒子和列表的 CSS 样式。

```
/*右边栏外围盒子*/
#right_side{
   float: right;
   width: 28%;
   margin-right: 1.2%;
}
/*列表盒子样式*/
.list_group{
   margin-bottom: 30px;
}
/*列表标题样式*/
.list_title{
   padding: 10px 15px;
   font-weight: bold;
   color: #fff;
   background: #337ab7;
   border-color: #337ab7;
}
/*列表项*/
.list_item{
   padding: 10px 15px;
   margin-bottom: -1px;
   border: 1px solid #ddd;
}
```

（3）样式效果如图 6-12 所示。

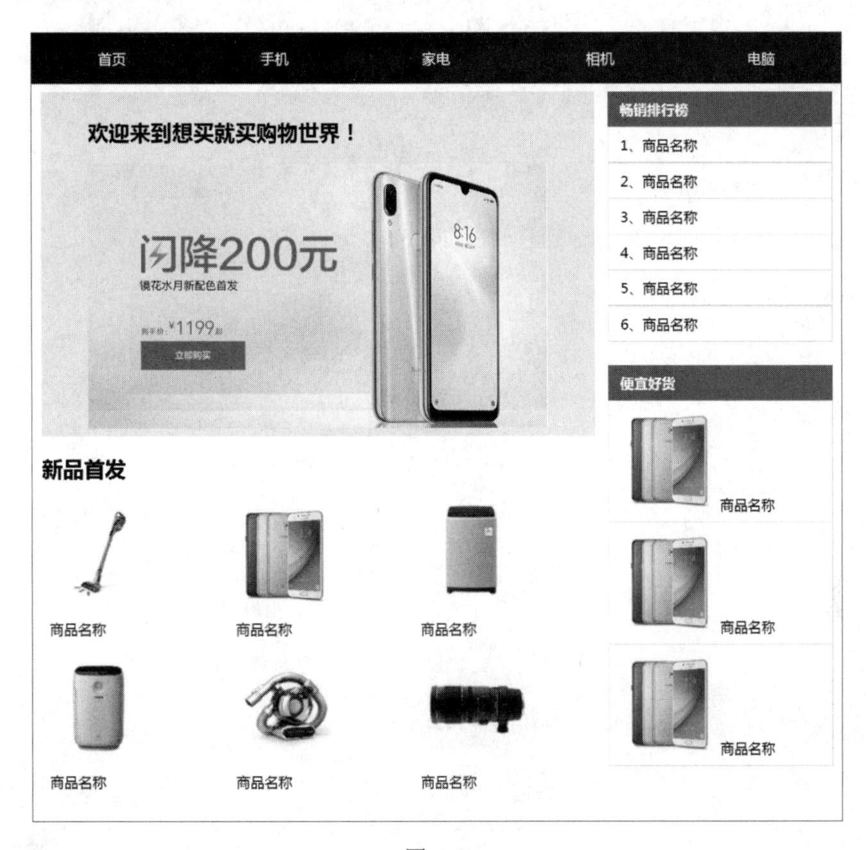

图 6-12

6.4.6　步骤六：底边栏

（1）定义正文的脚注，添加“返回顶部”链接。

```
<div id="bottom">
    <a href="#" class="toTop">返回顶部</a><!-- “返回顶部”链接-->
    <p>©XX 公司名</p>
</div>
```

（2）底边栏 CSS 样式。

```
/*尾部——底部栏*/
#bottom{
   position: relative;
   width: 100%;
   height: 30px;}
/*底边栏的 a 链接样式*/
.bottom a{
   position: absolute;
   right: 1.2%;}
/*底边栏的 p 标签样式*/
.bottom p{
   position: absolute;
```

```
    margin: 0;
    left: 1.2%;
    font-style:italic;
}
```

（3）运行效果如图 6-13 所示。

©XXX公司名 返回顶部

图 6-13

第7章 JavaScript开发交互效果页面（网页计算器）

7.1 实验目标

（1）掌握 JavaScript 基础语法和程序结构（条件、循环等）。
（2）掌握 JavaScript 函数的定义和使用。
（3）掌握 JavaScript 数组的定义和使用。
（4）掌握 JavaScript 面向对象的定义和使用。
（5）掌握 JavaScript 事件的定义和使用。
（6）熟练使用 JavaScript 进行 DOM 操作。
（7）了解正则表达式的含义和应用。
（8）综合应用 JavaScript 编程技术，开发“网页计算器”。
本章的知识地图如图 7-1 所示。

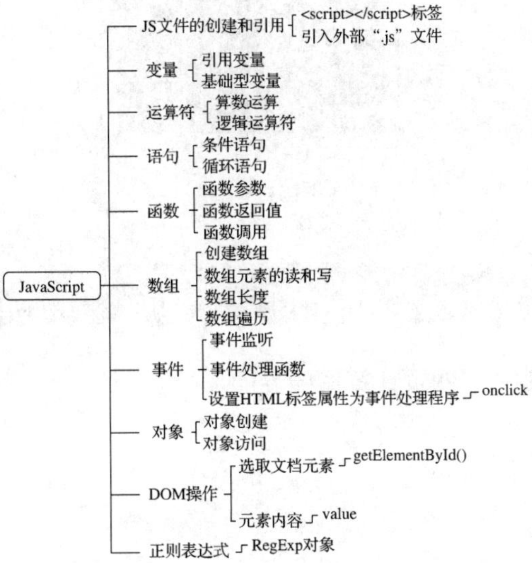

- JavaScript
  - JS文件的创建和引用
    - <script></script>标签
    - 引入外部“.js”文件
  - 变量
    - 引用变量
    - 基础型变量
  - 运算符
    - 算数运算
    - 逻辑运算符
  - 语句
    - 条件语句
    - 循环语句
  - 函数
    - 函数参数
    - 函数返回值
    - 函数调用
  - 数组
    - 创建数组
    - 数组元素的读和写
    - 数组长度
    - 数组遍历
  - 事件
    - 事件监听
    - 事件处理函数
    - 设置HTML标签属性为事件处理程序 — onclick
  - 对象
    - 对象创建
    - 对象访问
  - DOM操作
    - 选取文档元素 — getElementById()
    - 元素内容 — value
  - 正则表达式 — RegExp对象

图 7-1

7.2 实验任务

使用 JavaScript 完成一个网页计算器，页面效果如图 7-2 所示。

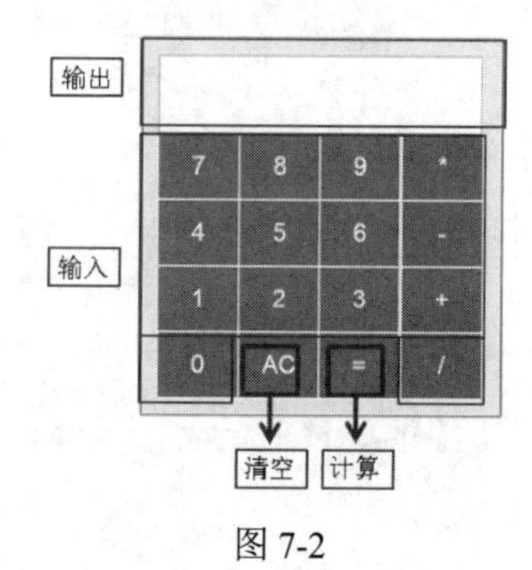

图 7-2

（1）计算器页面包括数字按键、运算符按键、计算按键和清空按键，以及计算区域输出文本框，并设置计算区域输出文本框为不可编辑。

（2）界面输入规则：输入一次数字，再输入一次运算符，然后输入一次数字，接着输入一次运算符，如此往复，形成类似“3+5×6”的形式。

（3）单击“=”按键触发 JS 函数，进行计算。

（4）计算结果显示至页面计算区域输出文本框。

（5）单击“AC”按键清空计算区域输出文本框值。

（6）扩展功能：将计算区域输出文本框改为可编辑文本框，可直接输入算式，如图 7-3 所示，单击“=”按键使用正则表达式验证文本框输入内容并进行计算。

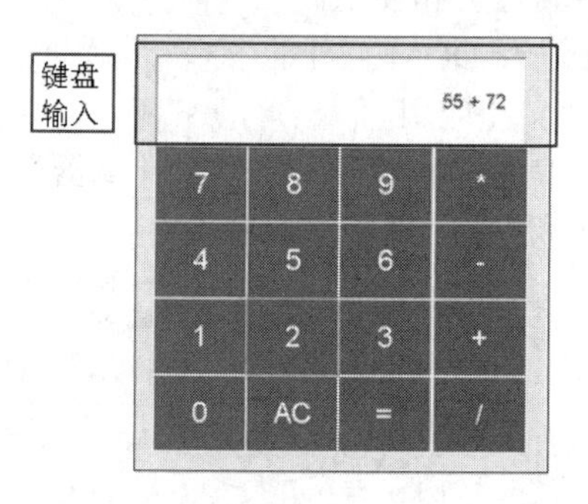

图 7-3

7.3 设计思路

（1）用 HTML 和 CSS 布局网页计算器的界面。

页面结构如图 7-4 所示。

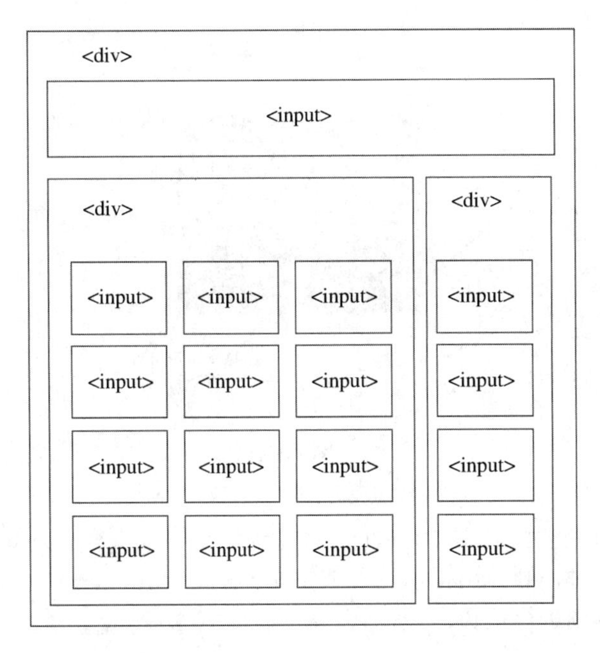

图 7-4

（2）创建 JavaScript 文件：index.js。

在 index.js 文件中创建 1 个 calculator 的对象，并定义 1 个“number 数组”和 4 个计算函数。

- number 数组：存储输入的数字和运算符。
- numberClick：输入数字函数，通过数字按键得到输入的数字，并显示到计算区域输出文本框。
- operatorClick：输入运算函数，通过运算符按键得到输入的运算符，并显示到计算区域输出文本框。
- equalClick：获取计算区域输出文本框数字和运算符，解析之后保存到“number 数组”，计算并显示结果。
- cleanClick：清空数据。

（3）为每个按键的<input>标签绑定 click 事件。

（4）输入数字和运算符，每次 click 事件，都更新计算区域输出文本框，将输入的内容添加到计算区域输出文本框中。

（5）编写 equalClick()计算函数，响应“=”click 事件，计算步骤如下。

- 获取显示框字符串。
- 将字符串分割并赋给数组，然后对数组进行计算。
- 将计算结果显示在 input 显示框上。

各个按键对应的函数如图 7-5 所示。

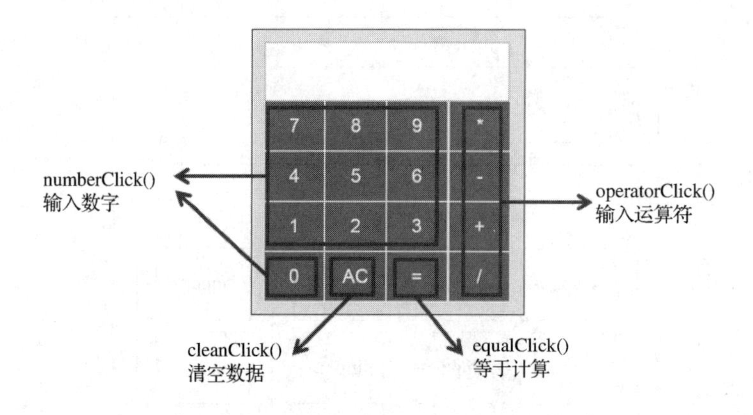

图 7-5

（6）针对扩展功能，设计 reg()函数，并进行计算。

- 当单击“=”按键时，先调用 reg()函数验证键盘输入内容的格式（见图 7-6）。
- 如果验证不通过，则弹出提示，并置空文本框。
- 如果验证通过则进行运算。

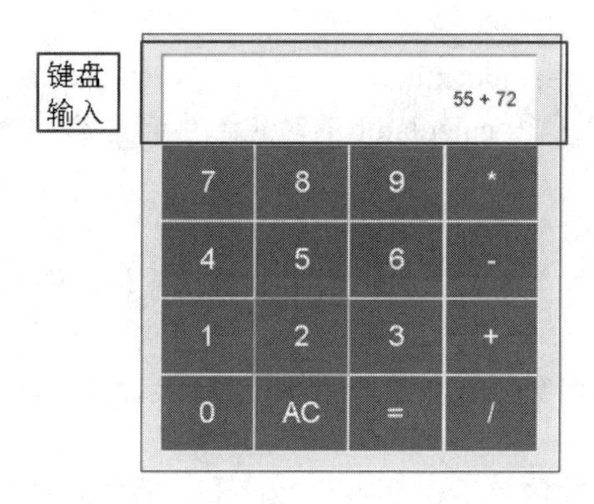

图 7-6

7.4 实验实施（跟我做）

7.4.1 步骤一：HTML 布局

（1）创建计算器页面，命名为 calculator.html。

```
<!DOCTYPE HTML PUBLIC "-//W3C//DTD HTML 4.01 Transitional//EN">
<html>
   <head>
      <meta charset="utf-8">
      <title>计算器</title>
   </head>
   <body>
   </body>
</html>
```

（2）按照计算器样式添加<input>进行按键布局。

- 添加数字输入区域和文本框，文本框 id 属性为 output，class 属性为 output，设置文本框不可编辑。

```
<div class="calculator">
      <input class="output" value="" id="output" disabled="disabled" />
 </div>
```

- 添加运算符输入区域。
- 加入数字按键、归零（AC）按键和“=”按键。

```
<div class="numbers">
   <input type="button"  value="7" >
   <input type= "button" value="8" >
   <input type="button"  value="9" >
   <input type="button"  value="4" >
   <input type= "button" value="5" >
   <input type="button"  value="6" >
   <input type="button"  value="1" >
   <input type= "button" value="2" >
   <input type="button"  value="3" >
   <input type="button"  value="0" >
   <input type= "button" value="AC" >
   <input type="button"  value="=" >
</div>
```

- 加入运算符按键。

```
<div class="operators">
   <input type="button" value="*">
   <input type="button" value="-">
   <input type="button" value="+">
   <input type="button" value="/">
</div>
```

7.4.2　步骤二：CSS 添加样式

（1）创建 calculator.css 文件。

（2）在页面中引入 calculator.css 文件。

（3）编辑 calculator.css 文件，为页面添加样式。

- 设置计算区域样式。

```
/*设置计算区域的宽度、边框、背景色、边距*/
.calculator {
   width: 405px;
   border:solid 1px white ;
   background: #ffefd5;
   margin: 50px;
   padding: 20px;
}
```

- 设置输出区域样式。

```
/*设置计算区域文本框宽度、高度、边距、字体大小、文本右对齐、背景颜色*/
.output {
   width: 356px;
   height: 50px;
   padding: 20px;
   font-size: 20px;
```

```
    text-align: right;
    background: white;
}
```

- 设置输出按键样式。

```
/*设置按键样式*/
input[type=button] {
    border: solid 1px white;/*边框*/
    width: 100px;
    height: 80px;
    background: grey;
    cursor: pointer;            /*光标形状：手型*/
    color: white;
    font-size: 30px;
}
```

- 设置输出数字样式。

```
/*数字样式*/
.numbers {
    width: 300px;
    /*弹性布局*/
    display: inline-flex;
    flex-wrap: wrap;
}
```

- 设置输出符号样式。

```
.operators {
    width: 100px;
    position: relative;
    left: -3px;
    /*弹性布局*/
    display: inline-flex;
    flex-wrap: wrap;
}
```

（4）页面效果如图 7-7 所示。

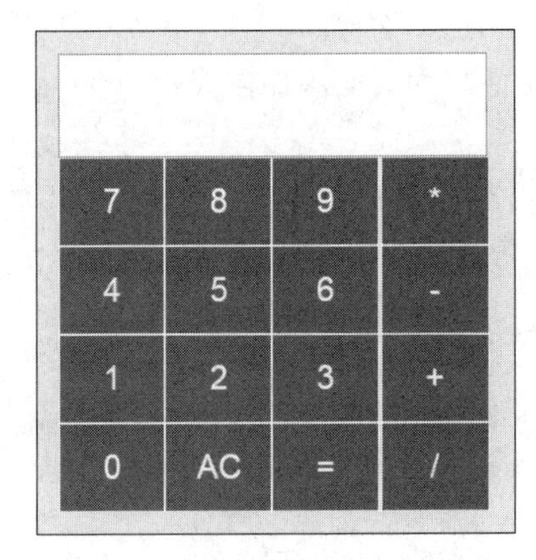

图 7-7

7.4.3　步骤三：JavaScript 计算

（1）创建 calculator.js 文件。

（2）导入 JS 文件。

```
<head>
   <script type="text/javascript" src="index.js"></script>
</head>
```

（3）编辑 calculator.js 文件，实现计算功能。

- 定义 1 个变量和 1 个对象，对象中包括 1 个计算数组和 4 个计算方法。

```
//计算对象
var calculator = {
   //用于保存输入的数字和符号数据
   number:[],
   //计算方法
   numberClick: numberClick,
   operatorClick: operatorClick,
   equalClick: equalClick,
   cleanClick: cleanClick
}
```

- 数字按键 click 事件调用方法。

```
//输入数字方法
var numberClick = function (value) {
   var val = document.getElementById("output").value;
   //显示框为 0 时，输入 0 无效
   if(value == "0" && val == "0"){
      return;
   }
   if(val == "0"){
      //如果显示框为 0，则去掉 0，只显示输入值
      document.getElementById("output").value = value;
   }else{
      //在显示框显示对应字符
      document.getElementById("output").value = val + value;
   }
}
```

- 运算符按键 click 事件调用方法。

```
//输入运算符方法
var operatorClick = function (value) {
   var val = document.getElementById("output").value;
   //判断是否连续输入了两次运算符，运算符后面输入数字，不能连续输入多个运算符
   if(val[val.length - 1] == " "){
      return;
   }
   //在显示框显示对应运算符
   document.getElementById("iputNum").value = val + " " + value + " ";
}
```

- 调用数字和运算符按键 click 事件。

```
<div class="numbers">
<!--在每个 input 标签内部注册对应的对象中的计算方法-->
   <input type="button" value="7" onclick="calculator.numberClick(7)">
```

```
    <input type="button" value="8" onclick="calculator.numberClick(8)">
    <input type="button" value="9" onclick="calculator.numberClick(9)">
    <input type="button" value="4" onclick="calculator.numberClick(4)">
    <input type="button" value="5" onclick="calculator.numberClick(5)">
    <input type="button" value="6" onclick="calculator.numberClick(6)">
    <input type="button" value="1" onclick="calculator.numberClick(1)">
    <input type="button" value="2" onclick="calculator.numberClick(2)">
    <input type="button" value="3" onclick="calculator.numberClick(3)">
    <input type="button" value="0" onclick="calculator.numberClick(0)">
</div>
<div class="operators">
    <input type="button" value="*" onclick="calculator.operatorClick(value)">
    <input type="button" value="-" onclick="calculator.operatorClick(value)">
    <input type="button" value="+" onclick="calculator.operatorClick(value)">
    <input type="button" value="/" onclick="calculator.operatorClick('/')">
</div>
```

- 输入算式，效果如图 7-8 所示。

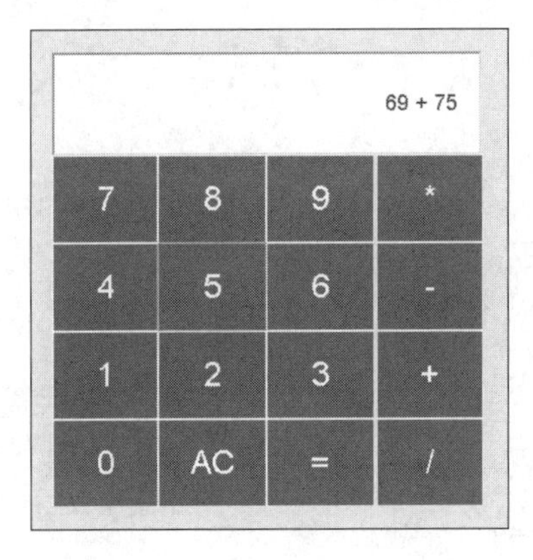

图 7-8

- 计算并显示结果。

```
var equalClick= function () {
    //分割算术数组
    number = document.getElementById("iputNum").value.split(" ");
    //计算乘除
    for(var index = 0; index < this.number.length; index++){
        if(this.number[index] == "*" || this.number[index] == "/"){
            //若输入的字符最后为“乘”或“除”运算符，则在最后面加 1
            if(this.number[index + 1] == ""){
                this.number[index + 1] = 1;
            }
            if(this.number[index] == "*"){
                //删除数组内已计算数字，并添加计算后数字
                var index_num = Number(index);
                var firstNum = Number(this.number[index_num - 1]);
                var secondNum = Number(this.number[index_num + 1])
                var result = firstNum * secondNum
                this.number.splice(index_num - 1, 3, result);
            }else if(this.number[index] == "/"){
                //删除数组内已计算数字，并添加计算后数字
```

```
                var index_num = Number(index);
                var firstNum = Number(this.number[index_num - 1]);
                var secondNum = Number(this.number[index_num + 1])
                var result = firstNum / secondNum
                this.number.splice(index_num - 1, 3, result)
            }
            index--;
        }
    }
//计算加减
for(var index = 0; index < this.number.length; index++){
        if(this.number[index] == "+" || this.number[index] == "-"){
            if(this.number[index] == "+"){
                //删除数组内已计算数字，并添加计算后数字
                var index_num = Number(index);
                var firstNum = Number(this.number[index_num - 1]);
                var secondNum = Number(this.number[index_num + 1])
                var result = firstNum + secondNum
                this.number.splice(index_num - 1, 3, result)
            }else if(this.number[index] == "-"){
                //删除数组内已计算数字，并添加计算后数字
                var index_num = Number(index);
                var firstNum = Number(this.number[index_num - 1]);
                var secondNum = Number(this.number[index_num + 1])
                var result = firstNum - secondNum
                this.number.splice(index_num - 1, 3, result)
            }
            index--;
        }
    } document.getElementById("iputNum").value = number[0];
}
```

- 清空计算。

```
//清空数据
var cleanClick= function () {
   document.getElementById("iputNum").value = "";
}
```

- “=”按键和清空按键注册 click 事件。

```
<div class="numbers">
    ......
    <input type="button" value="AC" onclick="calculator.cleanClick(value)">
    <input type="button" value="=" onclick="calculator.equalClick(value)">
</div>
```

（4）运行效果如图 7-9 所示。

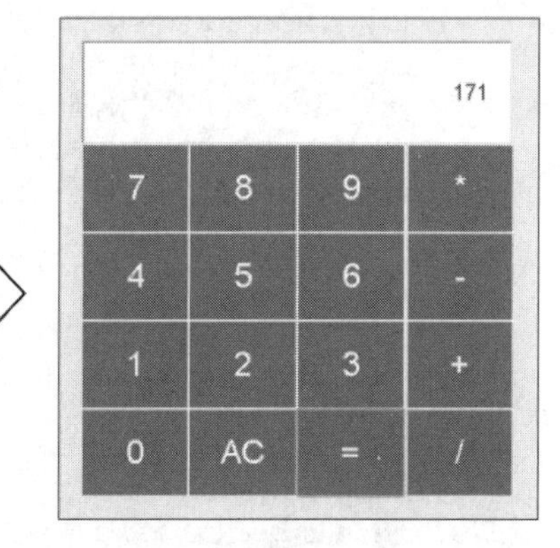

图 7-9

7.4.4 步骤四：扩展功能（验证正则表达式）

（1）计算器的文本框可以手动输入运算表达式，根据表达式进行计算。

把<input>标签的禁用属性去掉，绑定一个失去焦点事件。

```
<input class="output" id="iputNum" onblur="fn()"></input>
```

（2）编写正则表达式。

计算区域输入格式的要求主要包括以下几点。

- 开头为数字（数字至少为一位），对应的正则表达式为“\\d+”。
- 接下来为一个运算符（“+”或“-”或“*”或“/”）和一个数字（数字至少为一位），对应的正则表达式为“[+*/-]\\d+”。
- 上一条要求中的符号和数字组合可以出现多次，因此对应的正则表达式为“([+*/-]\\d+)+”。
- 正则表达式以“^”开头，以“$”结尾，结合第一点要求和第三点要求中的表达式，最终的正则表达式为“^\\d+([+*/-]\\d+)+$”。

（3）应用正则表达式进行验证。

在 fn()函数中使用正则表达式验证文本框输入内容是否为运算表达式格式：如果是，则单击“=”按键计算结果；反之，则重新输入。

```
//验证文本框的内容
var fn = function () {
var val = document.getElementById("iputNum").value;
var reg = new RegExp("^\\d+([+*/-]\\d+)+$");
if (!reg.test(val)) {//如果验证不通过，则弹出提示，并置空文本框
      alert("请输入正确的计算表达式");
      document.getElementById("iputNum").value = "";
      return false;
}else {//如果验证通过，则进行计算
      //获取运算符
      var reg1 = /[+*/-]/g;
      var str  =(val.match(reg1));
      //获取数字
      var reg2 = /\d+/g;
      var str2 = (val.match(reg2));
      var str1 = [];
      var res ="";
```

```
        //在运算符和数字之间加入一个空格符号
        for (var i = 0; i < str.length; i++) {
          str1[i] = " " + str[i] + " ";
          res += str2[i] + str1[i]
        }
        var res1 = res + str2[str2.length-1]
        document.getElementById("iputNum").value = res1;
    }
}
```

（4）正则表达式验证不通过的运行效果如图 7-10 所示。

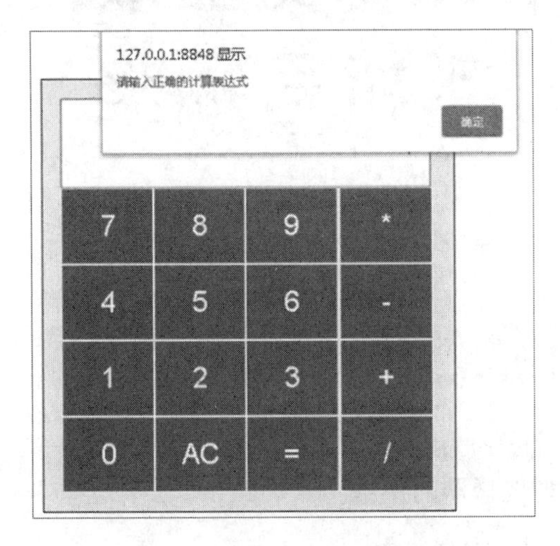

图 7-10

正则表达式验证通过后进行计算的运行效果如图 7-9 所示。

第 8 章 jQuery 开发交互效果页面（手机号抽奖）

8.1 实验目标

（1）掌握 jQuery 和 jQuery UI 的下载和引入。
（2）掌握 jQuery 典型选择器的使用。
（3）掌握 jQuery DOM 操作。
（4）熟悉 jQuery UI 的使用。
（5）掌握 jQuery 事件、动画，并能正确使用。
（6）熟悉浏览器对象模型 BOM 和常见对象，如 location 对象等。
（7）综合应用 jQuery 编程技术，开发“手机号抽奖”。
本章的知识地图如图 8-1 所示。

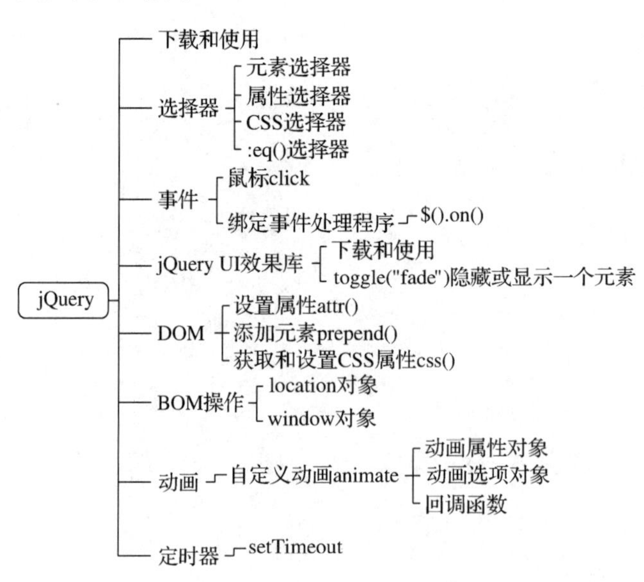

图 8-1

8.2　实验任务

制作一个手机号码抽奖页面，页面中随机生成 10 个手机号码，单击“开始抽奖”按钮后从中随机抽取一个作为中奖号码，将中奖号码显示出来，单击“重置抽奖”按钮重新随机生成 10 个手机号码。

该过程显示利用了 jQuery 中选择、插件、事件和动画的功能，实现以下几方面效果。

（1）随机生成号码时 10 个号码从页面左侧滑入。

页面效果如图 8-2 所示。

（2）中奖号码以特殊颜色和字体显示出来。

页面效果如图 8-3 所示。

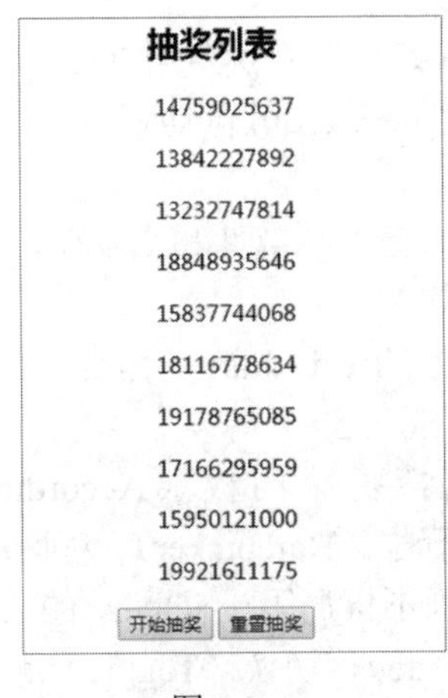

图 8-2

图 8-3

（3）单击“重置抽奖”按钮刷新页面，使页面返回如图 8-2 所示的初始状态。

8.3　设计思路

（1）运用 HTML 和 CSS 构建页面内容与布局。

（2）随机生成 10 个手机号码。

- 定义一个数组，包含移动、联通和电信共 43 种网络识别号（手机号码前 3 位）。
- 随机抽取 10 个网络识别号，生成一个临时数组。
- 随机生成 8 个数字，和网络识别号共同构成一个 11 位的手机号码。

JS 文件可以使用 Math（算数）对象实现随机数的生成，常用的随机数函数如下。

- ceil(x)：对 x 进行上舍入，即向上取整。
- floor(x)：对 x 进行下舍入，即向下取整。
- round(x)：四舍五入。
- random()：返回 0～1 的随机数，包含 0 但不包含 1。
- 生成号码时使用动画实现号码出现的效果。

jQuery 的 animate()方法执行 CSS 属性集的自定义动画。

animate()方法通过 CSS 样式将元素从一个状态改变为另一个状态。CSS 属性值是逐渐改变的，这样就可以创建动画效果。animate()方法的语法为(selector).animate({styles},speed,easing,callback)。

（3）监控抽奖事件。

- 单击抽奖按钮时触发抽奖事件。

在 jQuery 中，大多数 DOM 事件都有一个等效的 jQuery 方法，下面以 click 事件为例进行介绍。

在页面中指定一个 click 事件：$("p").click()。接下来定义触发事件后执行什么操作，可以通过一个事件函数实现：

```
$("p").click(function(){ //动作触发后执行的代码!! })
```

- 随机选取一个 1～10 的整数，将对应的手机号码作为中奖号码。
- 将未中奖的号码隐藏，中奖号码添加新的样式。

（4）使用 jQuery UI 为抽奖事件处理添加动画效果。本次使用 jQuery UI 效果库中的切换（Toggle）效果，将未中奖的号码隐藏，使用 jQuery UI 颜色动画设置中奖号码的字体颜色和背景色。

jQuery UI 是一个建立在 jQuery JavaScript 库上的小部件和交互库，主要分为 3 个部分：交互、小部件和效果库。

- 交互：与鼠标交互相关的内容，包括缩放（Resizable）、拖曳（Draggable）、放置（Droppable）、选择（Selectable）、排序（Sortable）等。
- 小部件：主要是一些界面的扩展，包括折叠面板（Accordion）、自动完成（Autocomplete）、按钮（Button）、日期选择器（Datepicker）、对话框（Dialog）等。
- 效果库：用于提供丰富的动画效果，使动画不再局限于 jQuery 的 animate()方法，包括特效（Effect）、显示（Show）、隐藏（Hide）、切换（Toggle）等。

（5）使用 BOM 操作中 location 对象的 reload()方法刷新页面，重置抽奖。

8.4 实验实施（跟我做）

8.4.1 步骤一：页面构建

（1）创建手机号抽奖页面，命名为 prize.html。

```
<!DOCTYPE HTML PUBLIC "-//W3C//DTD HTML 4.01 Transitional//EN">
<html>
    <head>
        <meta charset="utf-8">
        <title>手机号抽奖</title>
    </head>
    <body>
    </body>
</html>
```

（2）页面构建。

- 在<body>中创建手机号码显示区域，区域中包括若干<p>标签，用于存放手机号码。
- 添加“开始抽奖”按钮和“重置抽奖”按钮。

```
<body style="text-align: center;">
    <h2>抽奖列表</h2>
```

```
    <div id="div_p" style="text-align: left;"><!--手机号码显示区域-->
        <p></p>
        <p></p>
        <p></p>
        <p></p>
        <p></p>
        <p></p>
        <p></p>
        <p></p>
        <p></p>
        <p></p>
    </div>
    <button type="button" id="btn_prize">开始抽奖</button>
    <button type="button" id="btn_re">重置抽奖</button>
</body>
```

8.4.2　步骤二：下载并引用 jQuery 和 jQuery UI

1．下载

在 http://jQuery.com/download 上下载 jQuery。

在 https://jQueryui.com/download 上下载 jQuery UI。

下载完成后，创建 JS 文件，将下载的 jquery-3.3.1.min.js 和 jquery-ui.min.js 文件放入 js 文件夹中，下载的文件如图 8-4 所示。

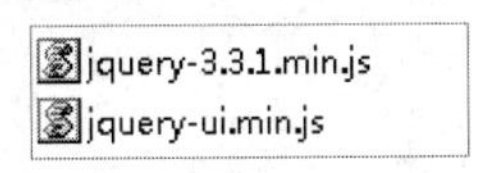

图 8-4

2．引用

将 js 文件夹中的 jquery-3.3.1.min.js 和 jquery-ui.min.js 文件引入 prize.html 文件中。

```
<script src="js/jquery-3.3.1.min.js"></script>
<script src="js/jquery-ui.min.js"></script>
```

8.4.3　步骤三：随机生成 10 个手机号码

（1）在 prize.html 文件中加入<script></script>标签，并编写 JavaScript 代码。

```
<script>
/*JavaScript 代码*/
</script>
```

（2）随机生成 10 个手机号码。

```
$(function(){
    for(var i = 0; i < 10; i++){
        //从 number 数组中获取随机前 3 位数字
        temp = number[Math.floor(Math.random()*number.length)];
        //获取随机后 8 位数字
        for(var j = 0; j < 8; j++){
            //拼接手机号码
            temp = temp + Math.floor(Math.random()*10);
        }
        //设置延时动画
        setTimeout(create_animation(i, temp), 0);
```

```
    }
})
```

（3）生成手机号码时使用动画效果，生成的手机号码从左到右移动到页面中。

```
function create_animation(i, temp){
    //向 p 标签赋值手机号码
    $("#div_p p:eq(" + i + ")").prepend(temp);
    //设置从左到右的动画
    $("#div_p p:eq(" + i + ")").animate({
        left:'47.3%',
    });
}
```

（4）运行效果如图 8-2 所示。

8.4.4 步骤四：抽奖

（1）为“开始抽奖”按钮设置 click 事件监听。

```
$(document).on("click","#btn_prize",function(){
    //处理 click 事件:
})
```

（2）click 事件处理。

```
//（1）随机抽取一个手机号码
temp = Math.floor(Math.random()*10);
for(var i = 0; i <= 10; i++){
    if(i != temp){
        //（2）没有抽取到的手机号码，设置 fade 动画 (jQuery UI)
        $("#div_p p:eq(" + i + ")").toggle("fade");
    }else{
        //（3）抽取到的手机号码，设置 CSS 样式动画
        $("#div_p p:eq(" + i + ")").animate({
            fontSize:"2em",
            left:"44.6%",
            //jQuery UI 捆绑了 jQuery Color 插件，jQuery Color 插件提供了颜色动画
            backgroundColor: "#aa0000",
            color: "#fff",
            width: 210,
        }).css("color","RED");
    }
}
//（4）设置开始抽奖按钮为不可用
$("#btn_prize").attr("disabled","true");
```

（3）运行效果如图 8-3 所示。

8.4.5 步骤五：重置抽奖

（1）为“重置抽奖”按钮设置 click 事件监听。

（2）设置 puff 动画。

```
$(document).on("click","#btn_re",function(){//
    //设置 puff 动画 (jQuery UI)
    $("body").toggle("puff");
});
```

（3）使用 window 对象获取 location 对象，调用 location 对象的 reload()方法重载页面。

```
$(document).on("click","#btn_re",function(){//
    //设置 puff 动画 (jQuery UI)
    $("body").toggle("puff");
    setTimeout(function(){//延迟 1s
        //重载页面
        window.location.reload();
    }, 1000);
});
```

浏览器对象模型（BOM）：BOM 提供了浏览器窗口进行交互的对象；由于 BOM 主要用于管理窗口与窗口之间的通信，所以其核心对象是 window；BOM 由一系列相关的对象构成，包括 window 对象、计时器、history 对象、location 对象、screen 对象、navigator 对象、弹出窗口、Cookies，并且每个对象都提供了很多方法与属性。

本章主要运用了 window 对象和 location 对象。

- window 对象：window 对象是 BOM 的核心，指向当前浏览器窗口；所有定义在全局作用域中的变量、函数都会变成 window 对象的属性和方法。在调用 window 对象的属性和方法时可以省略 window。
- location 对象：window.location 对象用于获取当前页面的地址（URL），并把浏览器重定向到新的页面。

（4）运行效果如图 8-2 所示。

第9章 CSS3新特性开发页面样式（微博网站）

9.1 实验目标

（1）掌握CSS3新增选择器边框新特性、新增颜色和字体的功能。
（2）熟练使用CSS3选择器。
（3）熟练使用CSS3边框新特性。
（4）熟练使用CSS3新增颜色、字体功能。
（5）综合应用CSS3新特性，开发“微博网站”。
本章的知识地图如图9-1所示。

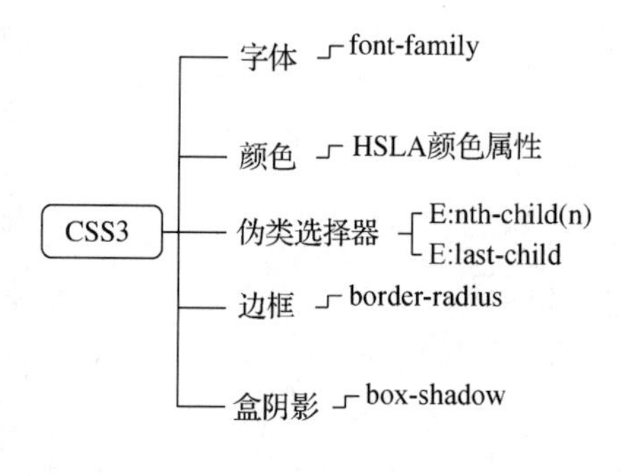

图9-1

9.2 实验任务

模拟微博的首页，页面中主要包括以下几方面内容。

（1）搜索栏：包括1个文本框和1个按钮，在文本框输入搜索关键词后单击“提交”按钮提交搜索关键词搜索微博。

（2）导航栏：包括“热门”、“头条”和“新鲜事”3个分类导航。

（3）微博话题栏：显示微博话题列表，每个列表项中包括微博内容、发布时间、头像、收藏数和转发数等信息。

页面效果如图 9-2 所示。

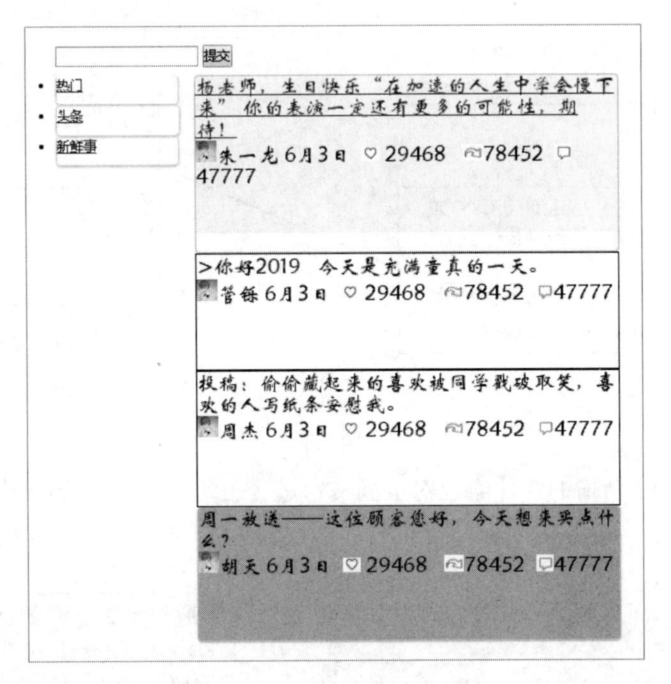

图 9-2

9.3　设计思路

（1）页面结构设计。页面顶部是标题搜索栏和广告栏，左侧是导航栏，右侧是微博话题栏，微博话题栏中包括话题列表，页面结构如图 9-3 所示，可以使用<html>标签完成页面结构。

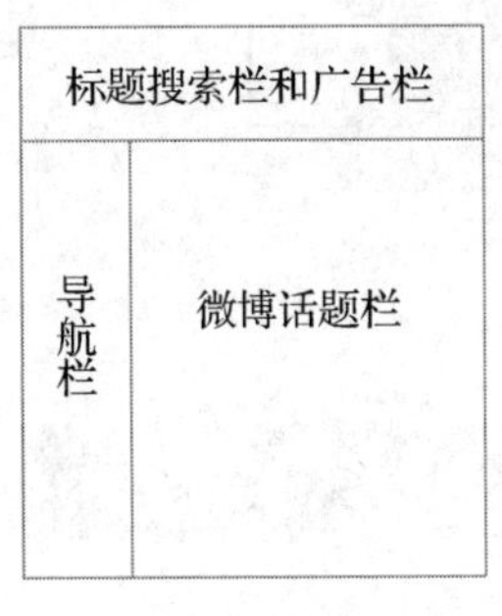

图 9-3

（2）通过 CSS3 选择器对边框进行美化，美化内容如图 9-4 所示。

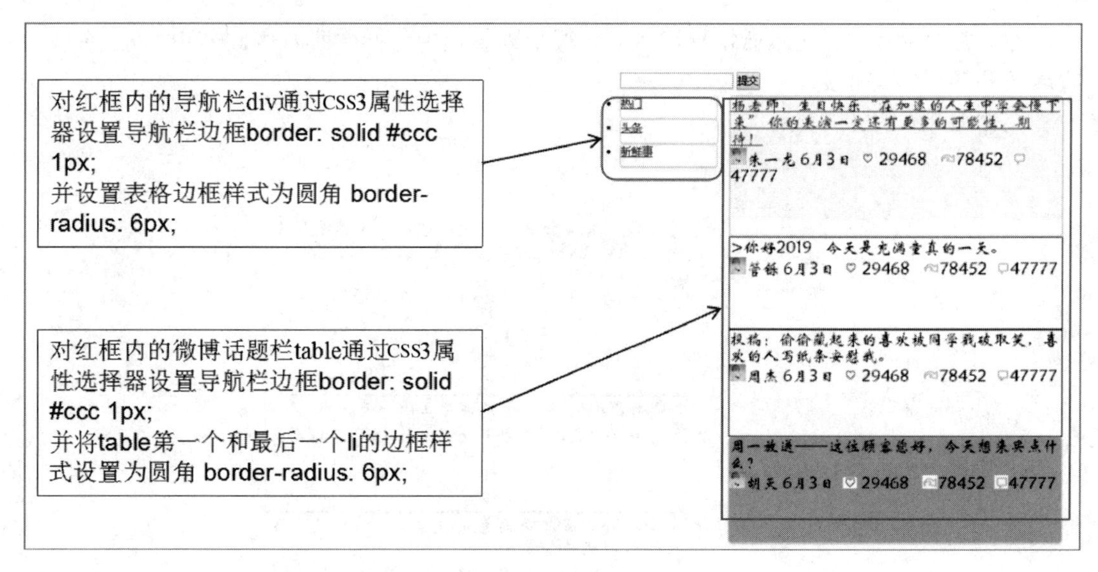

图 9-4

（3）通过 CSS3 新增的字体字色对页面文字进行美化，美化内容如图 9-5 所示。

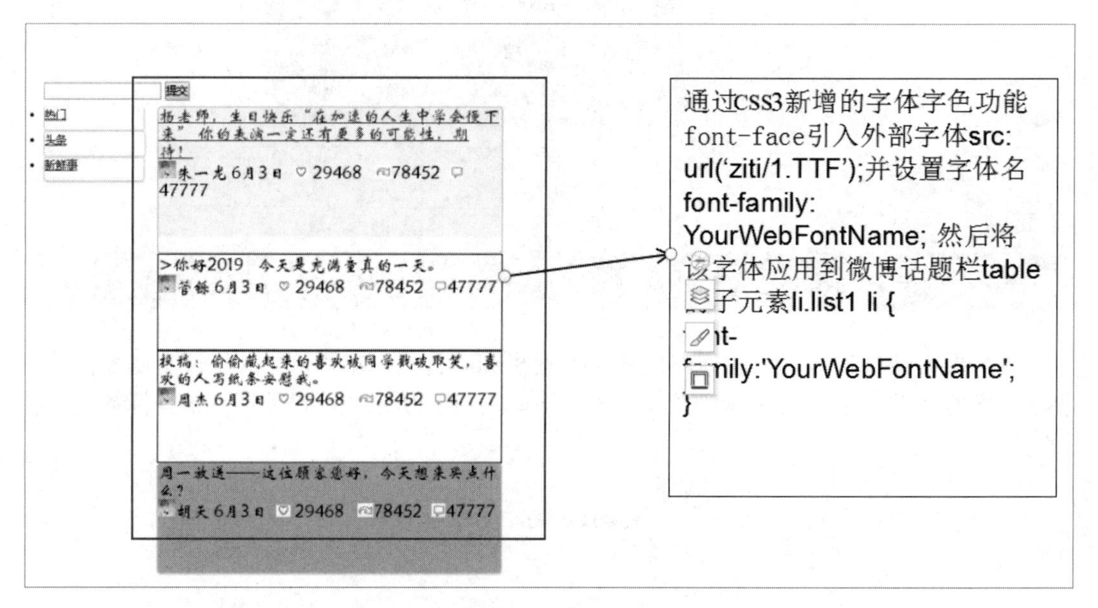

图 9-5

9.4 实验实施（跟我做）

9.4.1 步骤一：搭建页面主体结构

创建微博页面，命名为 micro_blog.html。

```
<!DOCTYPE HTML PUBLIC "-//W3C//DTD HTML 4.01 Transitional//EN">
<html>
<head>
```

```
    <meta charset="utf-8">
    <title>微博</title>
</head>
<body>
</body>
</html>
```

9.4.2　步骤二：搭建页面主体内容

（1）顶部是搜索栏。

```
<div id="container">
    <form >
        <input type="text">
        <button type="button">搜索</button>
    </form>
</div>
```

（2）左侧是导航栏。

```
<article>
    <!--侧边栏-->
    <div class="nav">
        <div class="nav_left">
            <!--侧边栏内容-->
        </div>
    </div >
</article>
```

（3）右侧是微博话题栏。

```
<article>
    <!--微博话题栏-->
    <div class="main">
    <!--微博话题栏内容-->
    </div>
</article>
```

9.4.3　步骤三：添加正文内容

（1）添加导航栏内容。

```
<div class="nav">
    <div class="nav_left">
        <ul class="list">
            <li><a href="">热门</a></a></li>
            <li class="nav_li_hover">
                <a href="">头条</a>
            </li>
            <li><a href="">新鲜事</a></li>
        </ul>
    </div>
</div>
```

页面效果如图 9-6 所示。

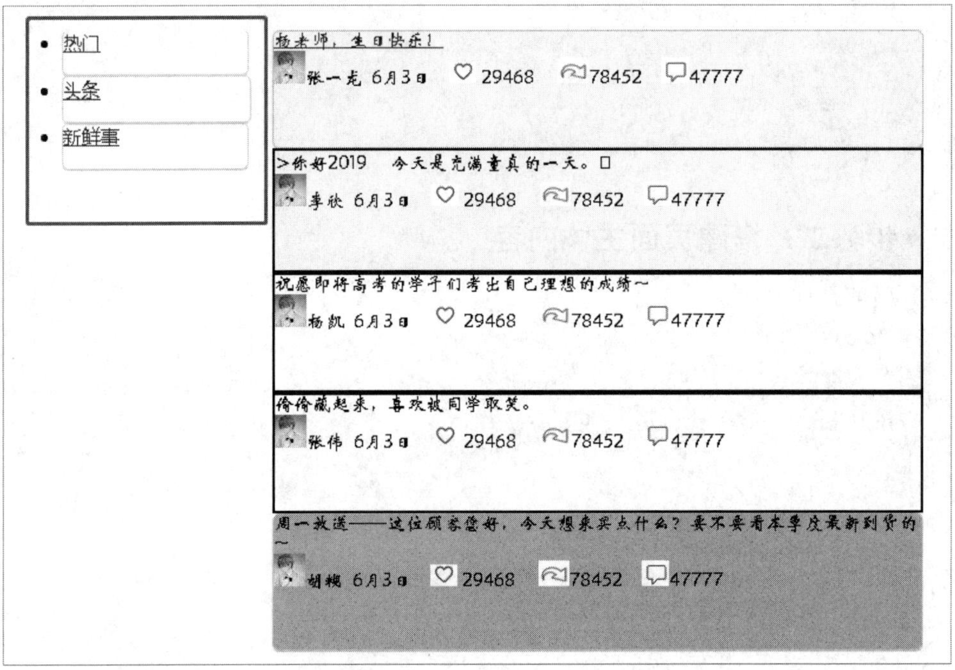

图 9-6

（2）添加微博话题栏内容，内容为一个话题列表，列表中包含若干条微博。

```
<div class="nav_main">
<ul class="list1">
<li>
    >杨老师，生日快乐！
    <br><img src="img/a1.jpg" width="100" height="100">
    张一龙 6 月 3 日  
    <img src="img/2.png" width="100" height="100">
    29468  
    <img src="img/3.png" width="11" height="11">
    78452  
    <img src="img/4.png" width="11" height="11">47777
</li>

<li>
    >你好 2019   今天是充满童真的一天。
    <br><img src="img/a1.jpg" width="100" height="100">
    李欣 6 月 3 日  
    <img src="img/2.png" width="100" height="100">
    29468  
    <img src="img/3.png" width="11" height="11">
    78452  
    <img src="img/4.png" width="11" height="11">47777
</li>
<li>
    >祝愿即将高考的学子们考出自己理想的成绩~
    <br><img src="img/a1.jpg" width="100" height="100">
    杨凯 6 月 3 日  
    <img src="img/2.png" width="100" height="100">
    29468  
```

```
    <img src="img/3.png" width="11" height="11">
    78452  
    <img src="img/4.png" width="11" height="11">47777
</li>
<li>
    >偷偷藏起来，喜欢被同学取笑。
    <br><img src="img/a1.jpg" width="100" height="100">
    张伟 6月3日  
    <img src="img/2.png" width="100" height="100">
    29468  
    <img src="img/3.png" width="11" height="11">
    78452  
    <img src="img/4.png" width="11" height="11">
    47777
</li>
<li>
    >周一放送——这位顾客您好，今天想来买点什么？要不要看本季度最新到货的~
    <br><img src="img/a1.jpg" width="100" height="100">
    胡糊 6月3日  
    <img src="img/2.png" width="100" height="100">
    29468  
    <img src="img/3.png" width="11" height="11">
    78452  
    <img src="img/4.png" width="11" height="11">47777
</li>
</ul>
</div>
```

9.4.4　步骤四：美化微博话题

（1）在<head>标签中加入<style type="text/css"></style>标签，并在标签中编辑 CSS 样式。

（2）使用伪类选择器对第一个微博话题和最后一个微博话题进行美化。

```
.list1 li {
    list-style-type: none;
    border: 2px solid;
}
.list1 li:nth-child(1){              /*微博列表第一个列表项*/
    border:1px solid #ccc ;          /*为列表添加边框*/
    border-radius: 6px;              /*设置列表圆角*/
    box-shadow: 0 1px 1px #ccc;      /*列表阴影设置*/
}
.list1 li:last-child {               /*微博列表最后一个列表项*/
    border: solid #ccc 1px;          /*为列表添加边框*/
    border-radius: 6px;              /*设置表格圆角*/
    box-shadow: 0 1px 1px #ccc;      /*表格阴影设置*/
}
```

微博话题美化效果如图 9-7 所示。

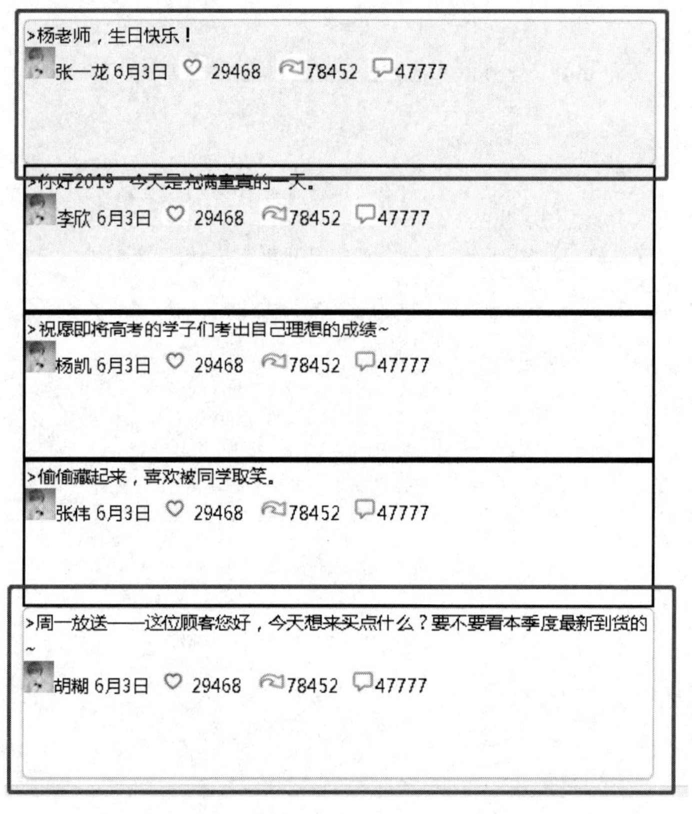

图 9-7

9.4.5　步骤五：对微博话题的字体进行美化

（1）通过 font-face 引入外部字体。

（2）将外部字体应用到页面元素。

```
/*通过 font-face 引入外部字体*/
@font-face {
   font-family: YourWebFontName;
   src: url('ziti/1.TTF');
}
/*将外部字体应用到页面元素*/
.list1 li {
   font-family:'YourWebFontName';
}
```

（3）字体效果如图 9-8 所示。

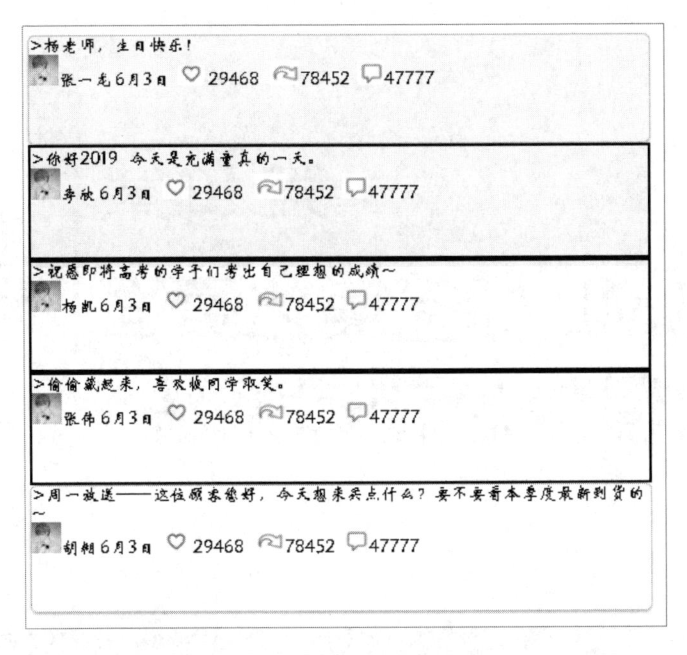

图 9-8

9.4.6 步骤六：对微博话题的背景色进行美化

（1）使用伪类选择器将颜色设置到最后一个微博话题。

（2）通过 HSLA 设置颜色。

```
.list1 li:last-child {
   background: HSLA(0,100%,60%,0.5); /*设置颜色*/
}
```

（3）背景色效果如图 9-9 所示。

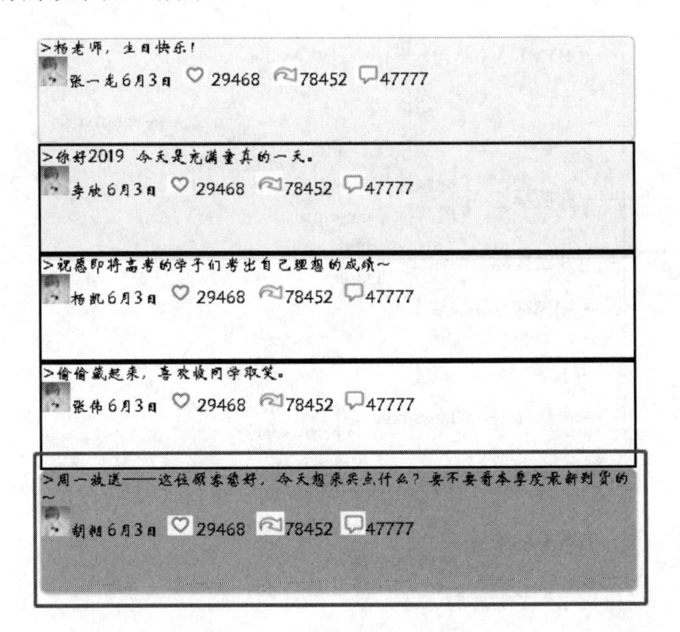

图 9-9

第 10 章 HTML 标签美化页面（课程信息管理系统）

10.1 实验目标

（1）掌握图像标签的定义和功能。

（2）掌握 iframe 框架的定义和功能。

（3）熟练使用 HTML 美化网页。

（4）综合应用 HTML 美化页面技术，开发“课程信息管理系统”。

本章的知识地图如图 10-1 所示。

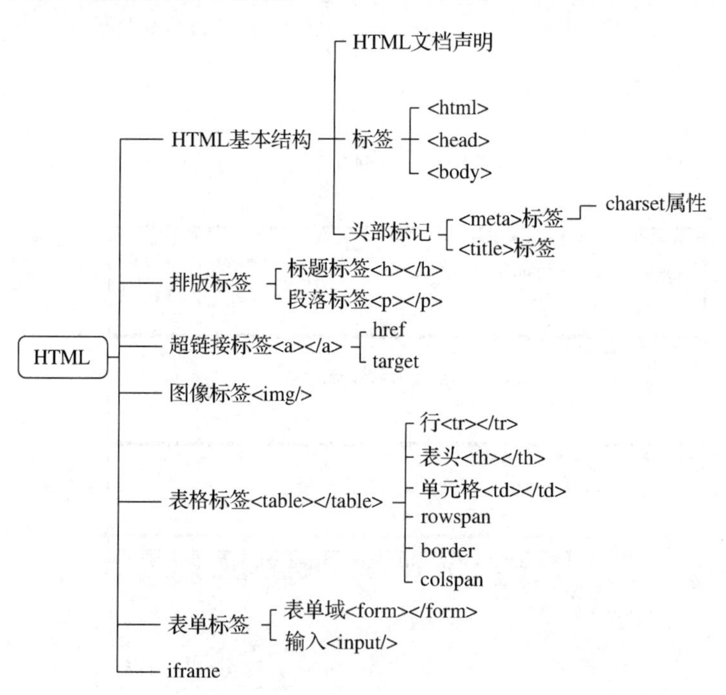

图 10-1

10.2　实验任务

（1）制作课程网站页面。

- 课表管理页面（sub_manage.html）：课表管理分为 3 个部分，页面顶部是“搜索栏”，页面中间是班级标签列表，页面下方是课程表。
- 课程表页面（tableA.html、tableB.html）：课程表页面有两个，分别显示 A 班和 B 班的课程表。
- 页面关系：两个课程表页面是课表管理页面的子页面，在课表管理页面的班级标签列表中单击不同的班级会切换对应班级的课程表页面，课表管理页面是由<iframe>标签嵌入课表管理页面中的。

页面效果如图 10-2 所示。

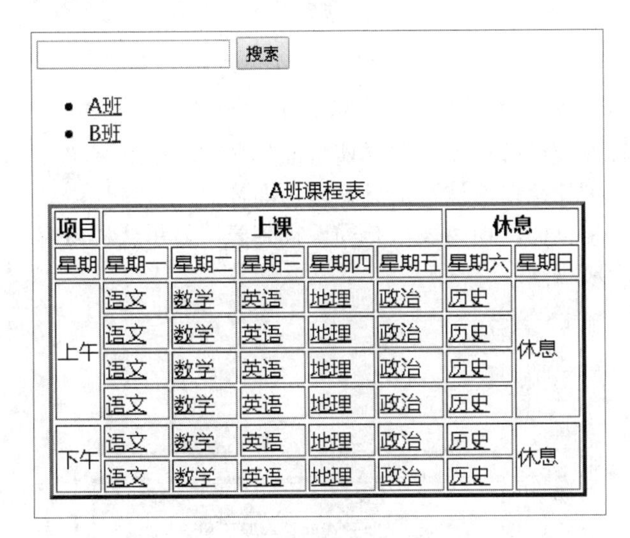

图 10-2

（2）点击课程表的课程标题超链接进入课程详情页面。

页面效果如图 10-3 所示。

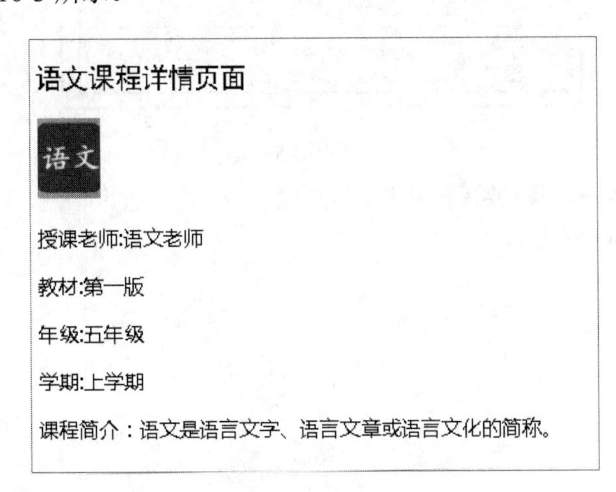

图 10-3

10.3 设计思路

（1）制作课程信息管理页面。

（2）使用表格布局课程列表，显示课程内容。

（3）使用表单创建课程搜索栏。

（4）制作课表管理部分，使用<iframe>标签导入课程表。

页面结构如图 10-4 所示。

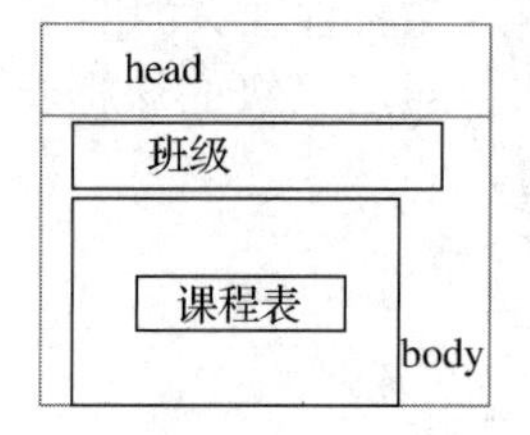

图 10-4

（5）点击课程标题超链接进入课程详情页面。

（6）在编辑器中创建空白的课程信息管理页面。

（7）创建一个表格页面，使用表格布局课程列表，显示课程内容。

表格效果如图 10-5 所示。

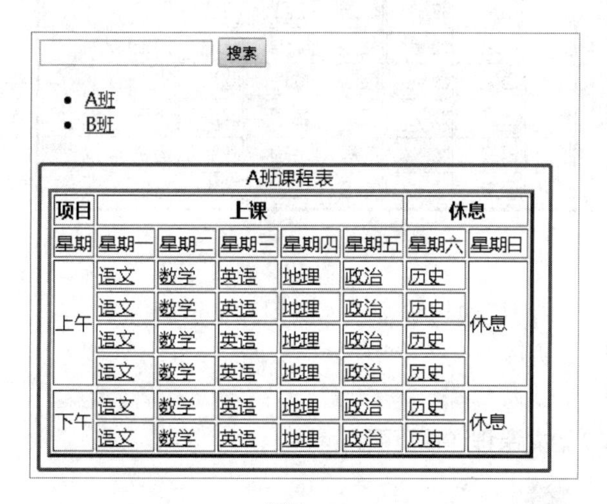

图 10-5

（8）使用 form 表单创建课程搜索栏，包括文本框和按钮。

页面效果如图 10-6 所示。

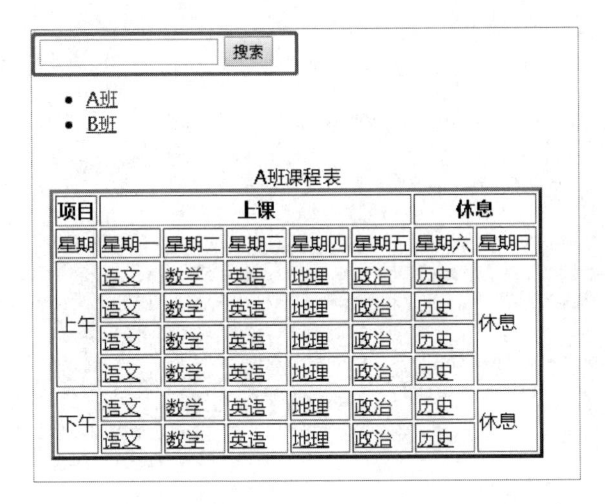

图 10-6

（9）使用 a 链接的 target 属性结合 iframe 框架实现 Tab 栏切换。

效果如图 10-7 所示。

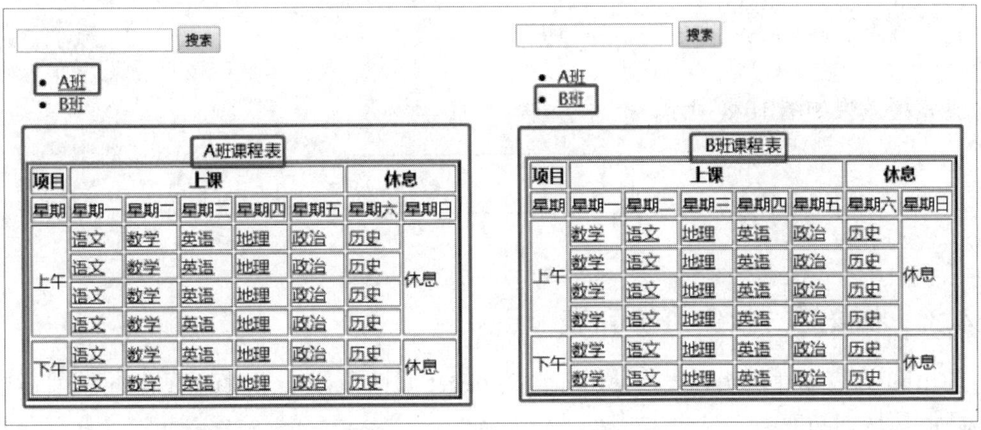

图 10-7

（10）点击课程标题超链接进入课程详情页面，课程详情页面包括课程标题、图片和授课老师等信息，效果如图 10-3 所示。

10.4　实验实施（跟我做）

10.4.1　步骤一：搭建页面主体结构和内容

创建课程网站首页文件 sub_manage.html，通过<head>、<body>、<form>、<ul>、<iframe>等标签搭建主体结构，<head>是头部标记，<body>中显示页面内容，<form>中是搜索栏，<ul>用来展示班级列表，<iframe>标签导入课程表表格。

```
<!DOCTYPE html>
<html>
<head><!--头部标记-->
    <meta charset="utf-8">
```

```
    <title>课程网站</title>
</head>
<body>
<form align="center"><!--创建 form 表单-->
    <input type="text">
    <input type="submit" value="搜索"/>
</form>
<ul><!--展示班级列表-->
     <li><a href="tableA.html" target="content_table">A 班</a></li>
     <li><a href="tableB.html" target="content_table">B 班</a></li>
</ul>
<iframe   name="content_table"   frameborder="0"   width="600"   height="600"
scrolling="no" src="table.html"></iframe><!--导入表格-->
</body>
</html>
```

10.4.2　步骤二：创建 form 表单和搜索框

中间为搜索栏，搜索栏由 input 文本框和“搜索”按钮组成。

```
<form>
   <input type="text"><!--文本框-->
   <input type="submit" value="搜索"/><!--按钮-->
</form>
```

搜索栏效果如图 10-8 所示。

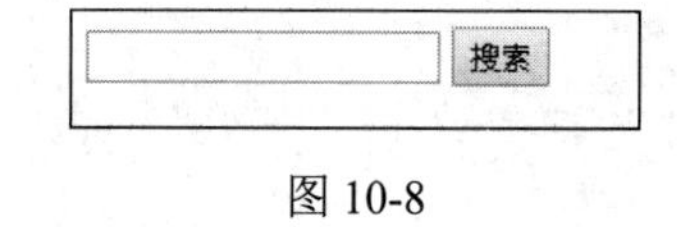

图 10-8

10.4.3　步骤三：创建班级列表

使用 ul 列表创建班级列表，使用 a 链接 target 属性和<iframe>标签的 name 属性结合，实现 Tab 切换的功能。

```
<ul><!--在指定的框架打开被链接文档-->
   <li><a href="tableA.html" target="content_table">A 班</a></li>
   <li><a href="tableB.html" target="content_table">B 班</a></li>
</ul>
<iframe frameborder="0" width="600" height="600" src="tableA.html" name=
"content_table"></iframe>
```

10.4.4　步骤四：制作课程表子页面

创建 table 表格，制作课程表 tableA.html 和 tableB.html 子页面。

（1）创建 A 班课程表子页面文件 tableA.html，通过<table>表格标签搭建课程表的主体结构和课程表表格。

（2）图 10-9 所示为课程表效果图，使用 table 表格布局，<caption>标签显示表格标题。

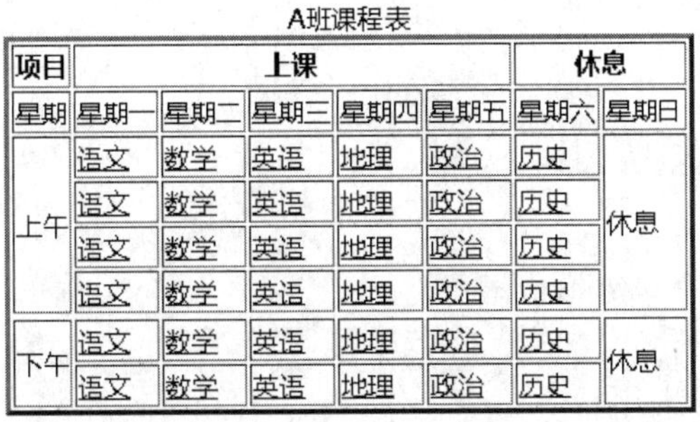

A班课程表

项目	上课					休息	
星期	星期一	星期二	星期三	星期四	星期五	星期六	星期日
上午	语文	数学	英语	地理	政治	历史	休息
	语文	数学	英语	地理	政治	历史	
	语文	数学	英语	地理	政治	历史	
	语文	数学	英语	地理	政治	历史	
下午	语文	数学	英语	地理	政治	历史	休息
	语文	数学	英语	地理	政治	历史	

图 10-9

（3）使用表格的 colspan 属性合并表格的列，使用表格的 rowspan 属性合并表格的行。

- colspan 属性用来指定单元格横向跨越的列数：colspan 属性就是合并列的，如 colspan="2"表示合并 2 列。
- rowspan 属性用来指定单元格纵向跨越的行数：rowspan 就是合并行的，如 rowspan="2"表示合并 2 行。

```
<table border = "3px" align = "center">
    <caption>课程表</caption>/*表格标题*/
<tr>
   <th>项目</th>
<!--使用表格的 colspan 属性合并列，“上课”这一格共跨越 5 列-->
   <th colspan = "5" align = "center">上课</th>
<!--使用表格的 colspan 属性合并列，“休息”这一格共跨越 2 列-->
   <th colspan = "2" align = "center">休息</th>
<!--在合并表格的列时，使用 colspan 属性后应删除一行中多出的单元格-->
</tr>
<tr>
   <td>星期</td>
   <td>星期一</td>
   <td>星期二</td>
   <td>星期三</td>
   <td>星期四</td>
   <td>星期五</td>
   <td>星期六</td>
   <td>星期日</td>
</tr>
<tr>
<!--使用表格的 rowspan 属性合并行，“上午”这一格共跨越 4 行-->
<!--在合并表格的行时，使用 rowspan 属性后应删除一列中多出的单元格-->
   <td rowspan = "4">上午</td>
   <td><a href="1-2-2-1.html">语文</a></td>
   <td><a href="1-2-2-1.html">数学</a></td>
   <td><a href="1-2-2-1.html">英语</a></td>
   <td><a href="1-2-2-1.html">地理</a></td>
   <td><a href="1-2-2-1.html">政治</a></td>
   <td><a href="1-2-2-1.html">历史</a></td>
<!—“星期日”这一列上午的“休息”这一格共跨越 4 行-->
   <td rowspan = "4">休息</td>
</tr>
<tr>
   <td><a href="1-2-2-1.html">语文</a></td>
```

```
    <td><a href="1-2-2-1.html">数学</a></td>
    <td><a href="1-2-2-1.html">英语</a></td>
    <td><a href="1-2-2-1.html">地理</a></td>
    <td><a href="1-2-2-1.html">政治</a></td>
    <td><a href="1-2-2-1.html">历史</a></td>
 </tr>
 <tr>
    <td><a href="1-2-2-1.html">语文</a></td>
    <td><a href="1-2-2-1.html">数学</a></td>
    <td><a href="1-2-2-1.html">英语</a></td>
    <td><a href="1-2-2-1.html">地理</a></td>
    <td><a href="1-2-2-1.html">政治</a></td>
    <td><a href="1-2-2-1.html">历史</a></td>
 </tr>
 <tr>
    <td><a href="1-2-2-1.html">语文</a></td>
    <td><a href="1-2-2-1.html">数学</a></td>
    <td><a href="1-2-2-1.html">英语</a></td>
    <td><a href="1-2-2-1.html">地理</a></td>
    <td><a href="1-2-2-1.html">政治</a></td>
    <td><a href="1-2-2-1.html">历史</a></td>
 </tr>
 <tr>
<!--使用表格的 rowspan 属性合并行，“下午”这一格共跨越 2 行-->
<td rowspan = '2'>下午</td>
    <td><a href="1-2-2-1.html">语文</a></td>
    <td><a href="1-2-2-1.html">数学</a></td>
    <td><a href="1-2-2-1.html">英语</a></td>
    <td><a href="1-2-2-1.html">地理</a></td>
    <td><a href="1-2-2-1.html">政治</a></td>
    <td><a href="1-2-2-1.html">历史</a></td>
<!--“星期日”这一列下午的“休息”这一格共跨越 2 行-->
    <td rowspan = "2">休息</td>
 </tr>
 <tr>
    <td><a href="1-2-2-1.html">语文</a></td>
    <td><a href="1-2-2-1.html">数学</a></td>
    <td><a href="1-2-2-1.html">英语</a></td>
    <td><a href="1-2-2-1.html">地理</a></td>
    <td><a href="1-2-2-1.html">政治</a></td>
    <td><a href="1-2-2-1.html">历史</a></td>
 </tr>
 </table>
```

（4）创建 B 班“课程表”子页面文件 tableB.html，按上述 A 班“课程表”子页面方式进行布局，页面结构和内容与 tableA.html 相似，此处省略 tableB.html 具体的创建过程。

10.4.5 步骤五：使用<iframe>标签导入表格

（1）课程表是一个单独的文件，通过在课程信息管理页面加入<iframe>标签，可以将课程表导入进来。

```
<iframe frameborder="0" width="600" height="600" src="tableA.html" name=
"content_table"></iframe>
```

（2）利用<iframe>标签的 src 属性导入表格页面，使用标签自带的属性美化<iframe>标签在页面中的显示效果，如图 10-2 所示。

10.4.6　步骤六：为课程添加超链接进入课程详情页面

（1）单击课程可以进入课程详情页面。

```
<tr>
    <td><a href="sub1.html">语文</a></td>
    <td><a href="sub2.html">数学</a></td>
    <td><a href="sub3.html">英语</a></td>
    <td><a href="sub4.html">地理</a></td>
    <td><a href="sub5.html">政治</a></td>
    <td><a href="sub6.html">历史</a></td>
</tr>
```

（2）详情页内容：详情页中使用段落标签<p>和图像标签<img>展示内容。

```
<!DOCTYPE html>
<html>
<head>
    <meta charset="utf-8">
    <title>课程详情页</title>
</head>
<body>
    <h3>语文课程详情页面</h3>
    <img src="img/yw.png" width="50">
    <p>授课老师:语文老师</p>
    <p>教材:第一版</p>
    <p>年级:五年级</p>
    <p>学期:上学期</p>
    <p>课程简介：语文是语言文字、语言文章或语言文化的简称。
    </p>
</body>
</html>
```

（3）运行效果。

在网页运行之后，课程管理页面效果如图 10-2 所示。

课程详情页面效果如图 10-3 所示。

第 11 章 CSS3 新特性开发动态页面样式（天气网）

11.1 实验目标

（1）理解 CSS3 新特性。
（2）熟练掌握 CSS3 动画效果。
（3）熟练掌握多列布局和弹性布局的使用方法。
（4）综合应用 CSS3 新特性、动画、布局等技术，开发“天气网”。
本章的知识地图如图 11-1 所示。

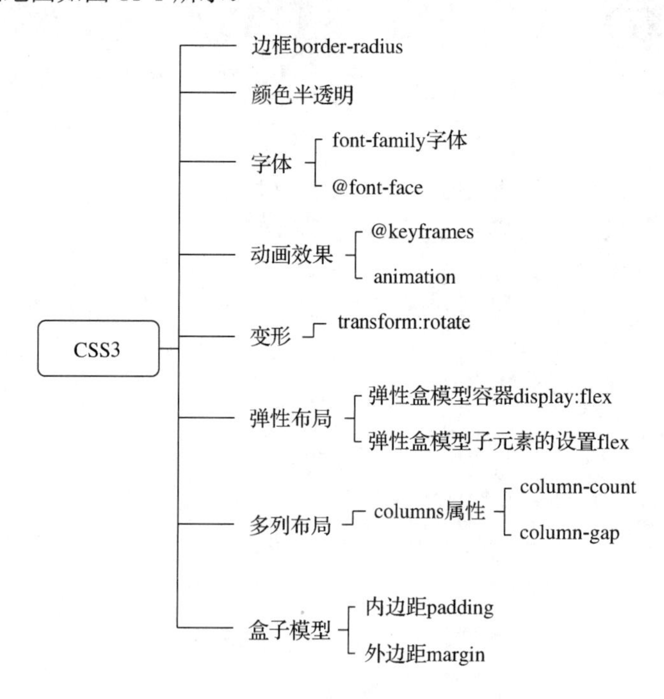

图 11-1

11.2　实验任务

制作天气预报页面，页面中包括今天、明天、后天 3 天的天气预报图文信息，页面效果如图 11-2 所示，页面效果要求主要包括以下几点。

（1）页面分为上、下两个部分。

- 上半部分为 3 个横向排列的“天气图标”，使用弹性布局。
- 下半部分为 3 个天气信息的“文字描述”，使用多列布局。
- 上方的图标与下方的文字描述一一对应。

（2）“天气图标”边框要为圆角。

（3）3 个“天气图标”中“今天”的图标背景颜色为半透明。

（4）“今天”图标中的太阳图片做一个旋转的动画，当鼠标悬停在太阳图片上时启动动画，动画为 360° 旋转。

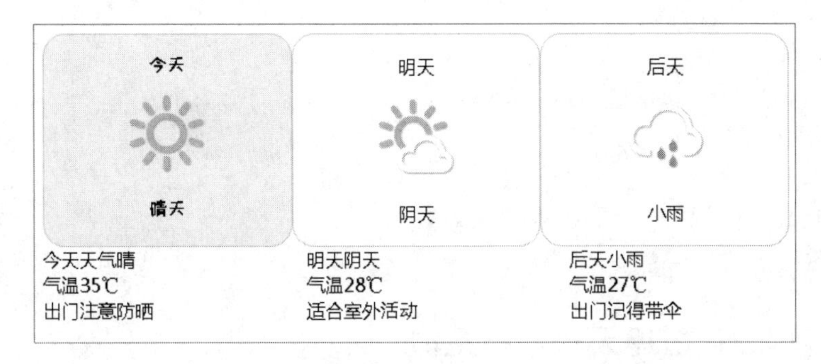

图 11-2

11.3　设计思路

页面结构设计如图 11-3 所示。

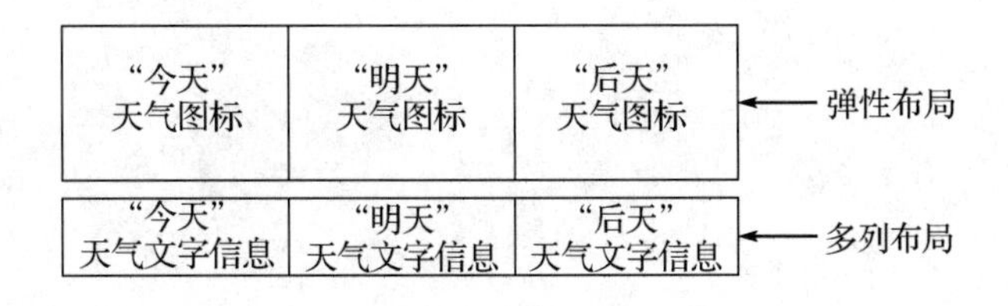

图 11-3

（1）天气预报图标被三等分，可以使用 CSS3 的 flex 弹性盒模型，如图 11-4 所示。

（2）下方文字被三等分排列，使用 CSS3 的 column 多列布局，如图 11-5 所示。

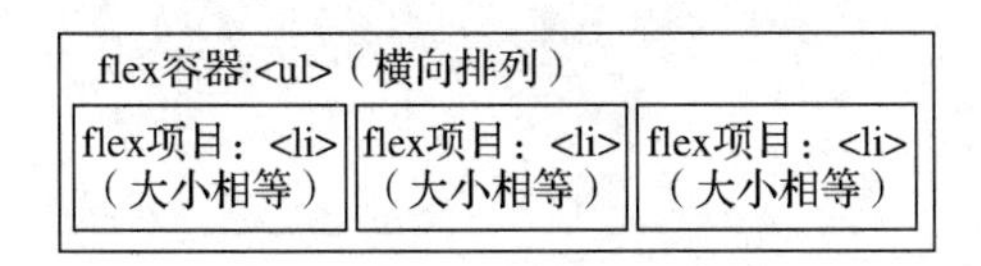

图 11-4

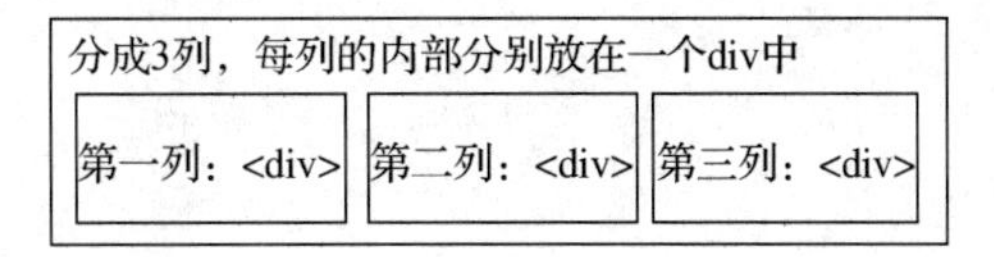

图 11-5

（3）旋转动画，可以使用 CSS3 的 animation 制作。

- 使用@keyframes 定义 CSS3 动画规则，动画可以从 0° 至 360° 旋转。
- 当鼠标悬停在太阳图片上时启动动画，鼠标离开时停止。
- 使用:first-child 伪类选择器选中要执行动画的元素，即第一个图片。
- 使用:hover 伪类选择器设置当鼠标悬停在图片元素上时启动动画。
- 使用 animation 属性执行 CSS3 动画。

11.4 实验实施（跟我做）

11.4.1 步骤一：创建 HTML 文件

创建天气预报 HTML 文件，使用 HTML5 头部声明<!DOCTYPE html>。

```
<!DOCTYPE html>
<html>
<head>
   <meta http-equiv="Content-Type" content="text/html; charset=utf-8" />
   <title>天气预报</title>
</head>
<body>
</body>
</html>
```

11.4.2 步骤二：搭建天气预报主体

（1）在<body>中使用<ul>、<li>标签搭建天气预报主体。

（2）用<img>标签引入图片路径。

```
<body>
   <ul>
      <li>
         <p>今天</p>
         <img src= “img/weather1.png" />
         <p>晴天</p>
      </li>
      <li>
         <p>明天</p>
         <img src= “img/weather2.png" />
         <p>阴天</p>
      </li>
      <li>
         <p>后天</p>
         <img src= “img/weather3.png" />
         <p>小雨</p>
      </li>
   </ul>
   <div id="news">受副高北抬及高空槽......</div>
</body>
```

（3）底部文字用<div>标签，id 的属性为 news，内部又分为 3 个 div 区块，分别对应 3 天的天气信息。

```
<div id="news">
    <div>今天天气晴<br/>气温 35℃<br/>出门注意防晒</div>
    <div>明天阴天<br/>气温 28℃<br/>适合室外活动</div>
    <div>后天小雨<br/>气温 27℃<br/>出门记得带伞</div>
</div>
```

（4）页面效果如图 11-6 所示。

图 11-6

11.4.3　步骤三：用 CSS 美化

（1）在<head>标签中加入<style type="text/css"></style>标签，在标签中编辑 CSS 样式。

（2）设置全局样式。

```
body{
    font-size: 17px;/*设置字体大小*/
    }
/*设置列表样式*/
ul, li {
    list-style: none;
    margin: 0px;
    padding:0px;
 }
```

（3）使用 CSS 的 border 属性为 li 设置边框，边框为实线，颜色为#D4D4D4，使用 text-align 属性使<p>标签的文字居中显示。

```
li {
    border: 1px  solid  #D4D4D4;     /*设置边框*/
    text-align: center;              /*居中*/
}
li p {
        text-align: center;;         /*居中*/
}
```

（4）页面效果如图 11-7 所示。

图 11-7

（5）为 li 添加 CSS3 圆角样式。

```
border-radius:20px;
```

（6）使用 CSS3 伪类和新增颜色表达方式。

```
/*CSS3 伪类选择器*/
li:first-child {
    /*CSS3 新增颜色表达方式，rgba 可设为半透明*/
    background-color: rgba(199, 166, 4, 0.1);
}
```

（7）页面效果如图 11-8 所示。

图 11-8

11.4.4 步骤四：制作 CSS3 动画

（1）使用@keyframes 定义 CSS3 动画规则，动画可以从 0° 至 360° 旋转。

```
/*定义动画名字和规则*/
@keyframes anima {
    from {  /*初始的旋转角度*/
        transform: rotate(0deg);
    }
    to {     /*结束的旋转角度*/
        transform: rotate(360deg);
    }
}
```

（2）当鼠标悬停在太阳图片上时启动动画，鼠标离开时停止。

- 使用:first-child 伪类选择器选中要执行动画的元素，即第一张图片。
- 使用:hover 伪类选择器设置当鼠标悬停在图片元素上时启动动画。
- 使用 animation 属性执行 CSS3 动画。

```
li:first-child img :hover{/*使用的动画元素*/
    /*使用 keyframes 定义动画 anima*/
    animation-name: anima;
    /*动画播放时间*/
    animation-duration: 10s;
    /*动画播放次数*/
    animation-iteration-count: infinite;
}
```

（3）页面效果如图 11-9 所示。

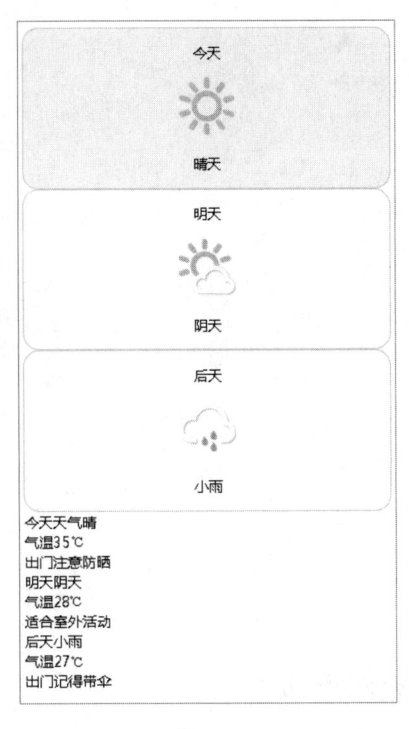

图 11-9

11.4.5 步骤五：使用自定义字体

（1）使用@font-face 定义自定义字体。

```
/*定义自定义字体*/
@font-face {
    /*自定义字体的名字*/
    font-family: css3font;
    /*字体所在的路径*/
    src: url('zcool.ttf');
}
```

（2）使用自定义字体。

```
/*使用 :first-child 伪类选择今天的 p 标签*/
li:first-child  p {
    /*使用自定义字体*/
    font-family: css3font;
}
```

11.4.6 步骤六：使用弹性布局

（1）使用 CSS3 的 flex 弹性盒模型，为 ul 设定为弹性盒模型容器。

```
ul {
    /*设置弹性盒模型容器*/
    display: flex;
}
```

（2）ul 成为弹性盒模型容器后，其子元素 li 就成为弹性盒模型子元素，可以设置其 flex 各种属性来自适应容器。

```
li {
    /*弹性盒子分配自适应比例，为 1 时等比分配*/
    flex-grow: 1;
}
```

（3）运行效果如图 11-10 所示。

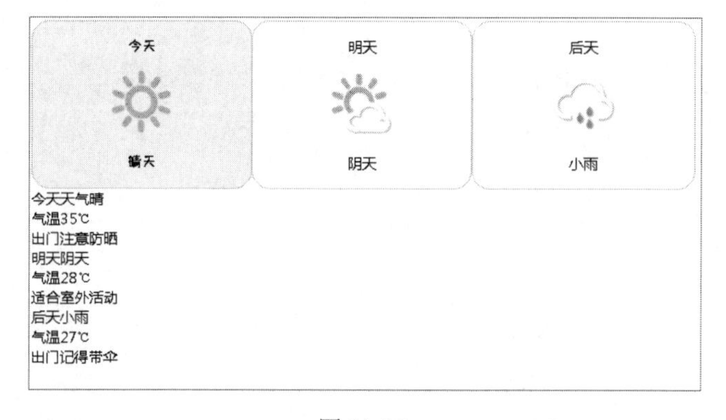

图 11-10

11.4.7 步骤七：使用多列布局

（1）使用 column 多列布局。

```
/*多列布局*/
```

```
#news {
    /*多列布局分割列数*/
    column-count: 3;
    /*多列布局间隙*/
    column-gap: 30px;
}
```

（2）运行效果如图 11-2 所示。

第 12 章 HTML5 制作移动端静态网页（房屋装饰网站）

12.1 实验目标

（1）掌握移动端页面结构和 HTML5 语义化元素。
（2）理解 HTML5 新增全局属性、页面增强元素。
（3）理解 HTML5 表单标签和属性。
（4）了解多媒体元素的使用方法，如 audio 元素。
（5）综合应用 HTML5 制作移动端静态网页技术，开发“房屋装饰网站”。
本章的知识地图如图 12-1 所示。

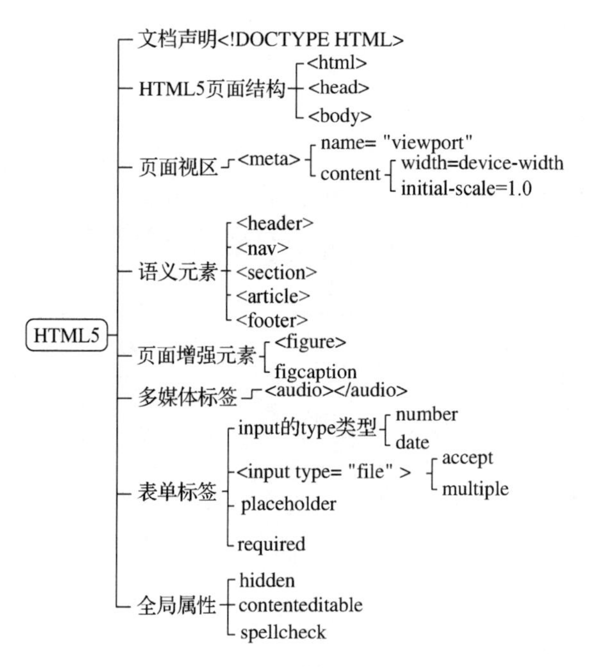

图 12-1

12.2 实验任务

房屋装饰网是一个通过图文信息展示房屋装修效果的网站，本次专题需要完成其中的“房屋效果列表”页面和“创建房屋”页面，本章只完成“房屋效果列表”页面和“创建房屋”页面。

（1）“房屋效果列表”页面结构：页面顶部是标题搜索栏和导航栏，下面是房屋信息列表栏。房屋信息列表栏每个列表项中包括一张房屋效果和简要说明，作为房屋详情信息的入口，页面打开后可以播放背景音乐。

“房屋效果列表”页面效果如图 12-2 所示。

（2）“创建房屋”页面是一个表单页面，表单用于提交房屋信息，点击“房屋效果列表”页面中的“创建房屋”超链接进入此页面，页面效果如图 12-3 所示。

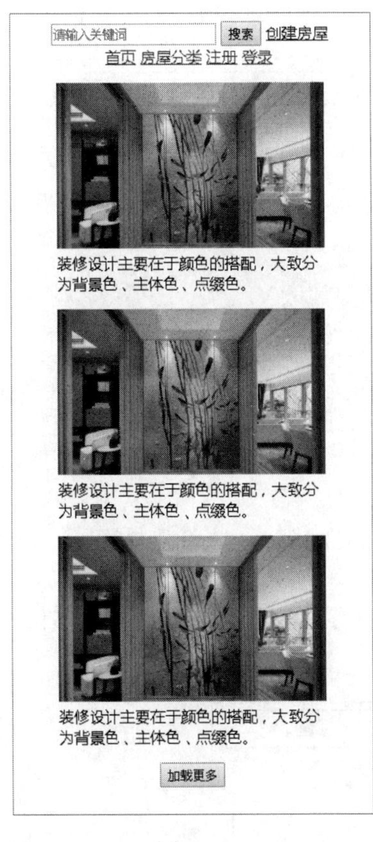

图 12-2

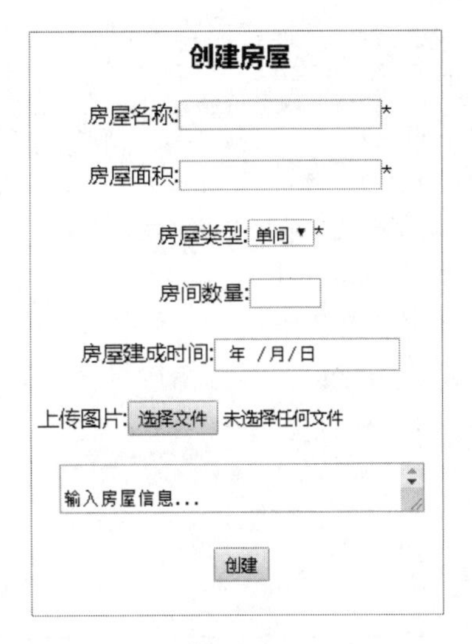

图 12-3

12.3 设计思路

（1）“房屋效果列表”页面基础结构设计如图 12-4 所示，从上至下包括头部搜索栏和创建房屋链接、导航栏、房屋信息栏、页脚 4 个部分。

（2）适配移动端视口，通过文档结构化标签搭建页面结构，页面使用的标签如图 12-5 所示。

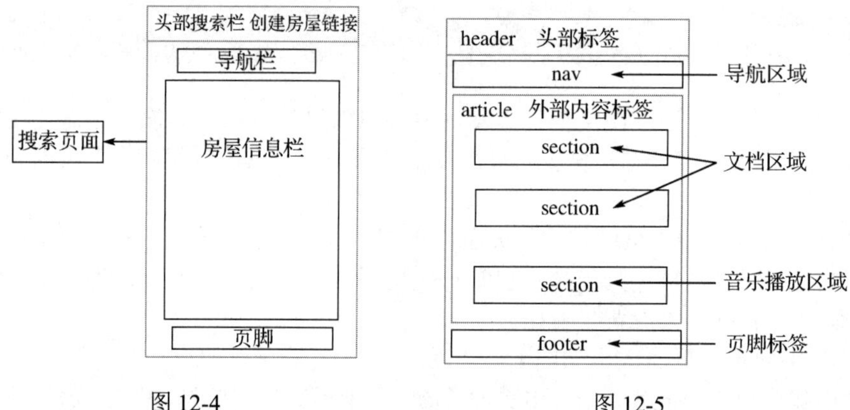

图 12-4　　图 12-5

（3）使用 form 表单设计头部搜索栏，如图 12-6 所示。

（4）在页脚设计一个按钮，单击会加载更多的房屋信息，如图 12-7 所示。

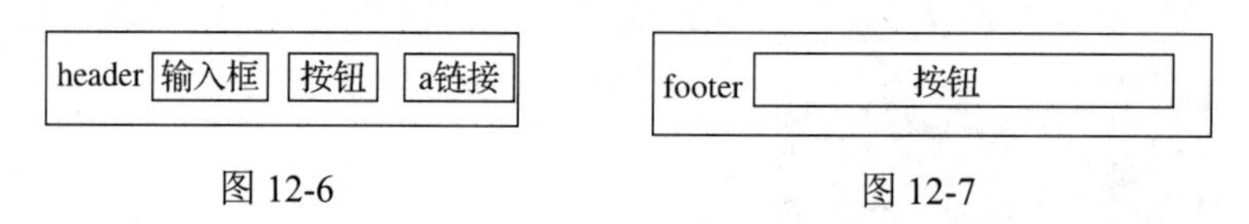

图 12-6　　图 12-7

（5）输入房屋信息并通过<figure>标签插入图片，每组房屋信息外部包裹一个 section 区域标签。

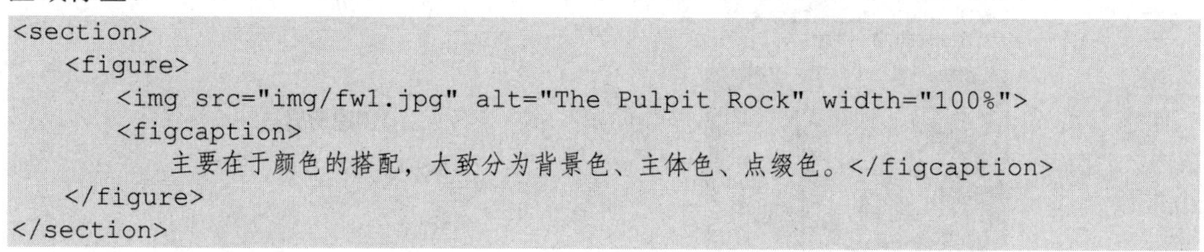

```
<section>
   <figure>
      <img src="img/fwl.jpg" alt="The Pulpit Rock" width="100%">
      <figcaption>
         主要在于颜色的搭配，大致分为背景色、主体色、点缀色。</figcaption>
   </figure>
</section>
```

（6）页面效果如图 12-8 所示。

（7）通过<audio>标签插入音乐，并使用全局属性 hidden 将音乐框隐藏，设置 autoplay 为 true，自动播放音乐。

（8）创建房屋页面基础结构设计，如图 12-9 所示，包括头部标题和房屋信息表单两个部分。

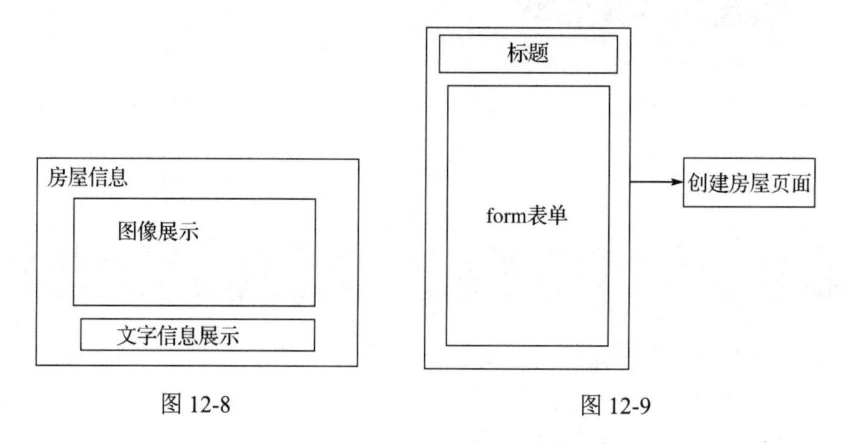

图 12-8　　图 12-9

12.4　实验实施（跟我做）

12.4.1　步骤一：适配移动端视口

（1）创建一个 HTML 页面，命名为 house.html。

（2）创建页面基本结构，在 head 头部标记中添加一个<meta>标签，让网页的宽度自动适应手机屏幕的宽度。

```
<!DOCTYPE html>
<html>
<head>
    <meta charset="utf-8">
    <!--width=device-width 当前窗口宽度等于 100%,
       initial-scale=1 缩放级别为 1-->
    <meta name="viewport" content="width=device-width,initial-scale=1" />
    <title>房屋装饰网</title>
</head>
<body>
 </body>
</html>
```

12.4.2　步骤二：搭建页面主体结构和内容

通过 HTML5 的结构标签搭建页面的主体结构，在页面正文部分的<article>标签中加上一个全局属性 contenteditable，设置属性值为 false，指定 article 元素中的内容被设置为不允许编辑。

```
<!DOCTYPE html>
<html>
<head>
</head>
<body>
    <header></header><!--头部标签-->
    <nav></nav><!--导航栏-->
    <!--页面正文内容标签-->
    <article contenteditable="false">
        <section><section><!--区域内容标签-->
        <section></section>
        <section></section><!--audio 标签位置-->
    </article>
    <footer></footer><!--页脚标签-->
</body>
</html>
```

12.4.3　步骤三：创建搜索栏

（1）通过<form>标签创建头部搜索栏表单，包含一个 input 文本框、一个按钮和一个超链接，如图 12-10 所示。

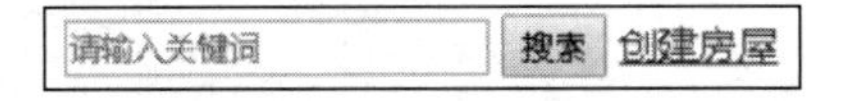

图 12-10

（2）在<input>标签中使用 HTML5 新增表单属性 spellcheck 对用户输入的文本内容进行拼写和语法检查，使用表单标签自带属性 placeholder 在 input 框内设置提示信息。

```
<header width="375px" align="center">
   <form>
      <input type="text" spellcheck = "true" placeholder="请输入关键词">
      <input type="submit">搜索</button>
   </form>
   <a href="create.html">创建房屋</a>
</header>
```

12.4.4　步骤四：创建导航栏

通过<nav>标签创建一个导航栏，使用<a>标签作为导航项。

```
<nav width="100%" align="center"><!--导航栏盒子-->
   <a href="">首页</a><!--导航项-->
   <a href="">房屋分类</a><!--导航项-->
   <a href="">注册</a><!--导航项-->
   <a href="">登录</a><!--导航项-->
</nav>
```

创建导航栏运行效果如图 12-11 所示。

首页 房屋分类 注册 登录

图 12-11

12.4.5　步骤五：使用<figure>标签创建房屋信息

输入房屋信息，并通过<figure>标签插入图片，展示图片信息和图片标题信息，<figure>标签规定独立的流内容（如图像、图表、照片、代码等），<figcaption> 元素被用作<figure>元素定义标题。

```
<section>
   <figure>
      <img src="img/fw1.jpg" alt="The Pulpit Rock" width="100%">
      <figcaption>装修设计主要在于颜色的搭配,大致分为背景色、主体色、点缀色。</figcaption>
   </figure>
</section>
```

<figure>标签的运行效果如图 12-12 所示。

图 12-12

12.4.6　步骤六：创建音乐播放栏

通过<section>标签创建音乐播放栏，添加<audio>音频标签播放音乐文件，并用全局属性 hidden 隐藏。

（1）将音乐文件放入同目录文件夹。

（2）通过<audio>标签播放该音乐文件，并通过全局属性 hidden 隐藏播放栏。

通过<audio>标签自带的 autoplay 属性设置音乐文件自动播放。

```
<section>
   <audio src="music/1.mp3" hidden="hidden" autoplay="true"></audio>
</section>
```

12.4.7　步骤七：页脚按钮

使用<footer>标签设置页面页脚内容。

```
<footer align="center">
   <button>加载更多</button>
<footer>
```

页脚的运行效果如图 12-13 所示。

图 12-13

12.4.8　步骤八：创建房屋页面

（1）新建“创建房屋”页面文件，命名为 create.html，点击图 12-2 所示页面的“创建房屋”超链接进入此页面。

（2）使用表单元素 input、select、textarea 让用户输入或选择房屋信息。

（3）使用<input>标签中的 number 类型选择房间数量。

（4）使用<input>标签中的 file 类型上传房屋图片，同时上传<input>标签添加以下属性。

- 设置上传图片为.gif 格式和.jpg 格式：accept="image/gif,image.jpg"。
- 设置可以选择多个文件 multiple="multiple"。

```
<!DOCTYPE html>
<html>
<head>
   <meta name="viewport" content="width=device-width,initial-scale=1" />
   <meta charset="utf-8">
   <title>房屋装饰网(runoob.com)</title>
</head>
<body>
   <header width="375px" align="center"><h3>创建房屋</h3></header>
   <article align="center">
      <form action="#" method="get">
       房屋名称:
       <input type="text" spellcheck = "true" placeholder="请输入名称"
       required="required"><span >*</span>
       <br/><br/>
```

```
        房屋面积:
        <input type="text" spellcheck = "true" placeholder="请输入名称"
        required="required"><span >*</span>
        <br/><br/>
        <!--使用 select 标签选择房屋类型-->
        房屋类型:
        <select>
            <option value ="单间">单间</option>
            <option value ="套房">套房</option>
        </select><span >*</span>
        <br/><br/>
        <!--使用 input 标签中的 number 类型选择房间数量-->
        房间数量:<input type="number" min="1" max="5"><br/><br/>
        房屋建成时间:<input type="date" ><br/><br/>
        <!--使用 input 标签中的 file 类型上传图片-->
        上传图片:
        <input type="file" accept="image/gif,image.jpg"
            multiple="multiple"><br/><br/>
        <textarea placeholder="输入房屋信息…"></textarea><br/><br/>
        <input type="submit" value="创建"/>
        </form>
    </article>
</body>
</html>
```

运行效果如图 12-3 所示。

第 13 章 CSS3 新特性开发移动端页面样式（电商平台网站）

13.1 实验目标

（1）了解在移动端静态页面中 CSS3 选择器、边框新特性、新增颜色和字体的功能。
（2）熟练使用 CSS3 选择器。
（3）熟练使用 CSS3 边框新特性。
（4）熟练使用 CSS3 新增颜色和字体。
（5）综合应用移动端静态网页中的 CSS3 新特性，开发“电商平台网站”。
本章的知识地图如图 13-1 所示。

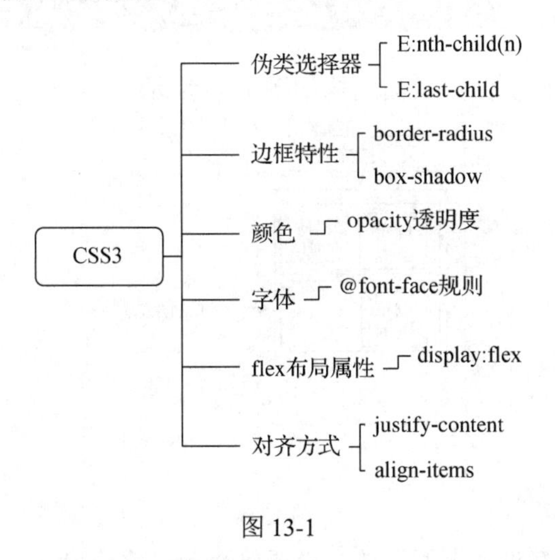

图 13-1

13.2 实验任务

（1）制作电商网站的首页，页面分为两个部分。

- 页面顶部是标题搜索栏，包括搜索框和注册链接，其中，搜索框使用<input type="search">布局。
- 页面下半部分是商品列表栏。

（2）商品列表栏每个列表项中包括商品名称、商品价格、交易数量和 1 张商品缩略图。页面效果如图 13-2 所示。

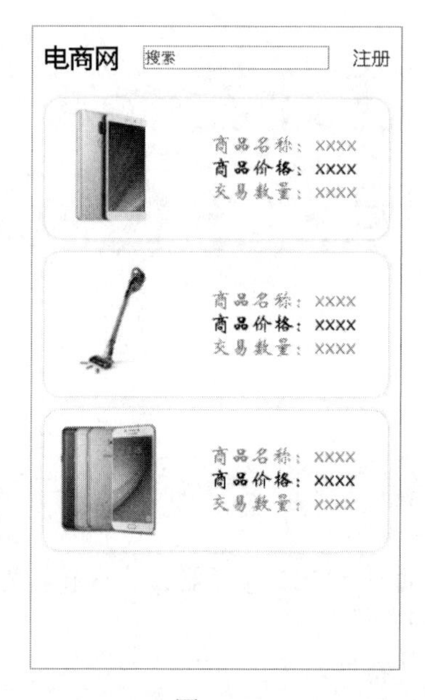

图 13-2

13.3 设计思路

（1）制作一个电商网页面，页面结构如图 13-3 所示。

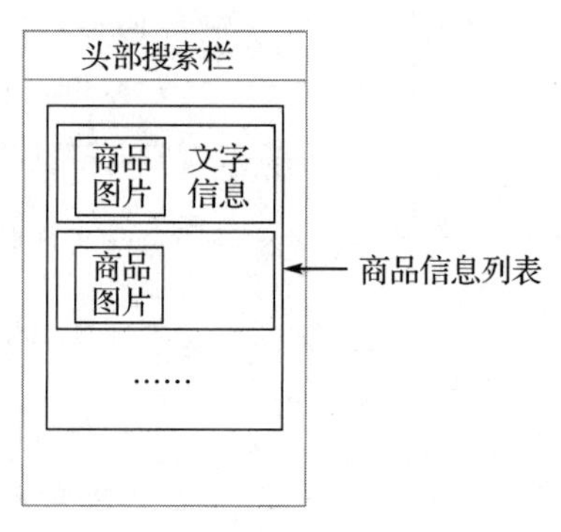

图 13-3

（2）网页禁止在移动设备上面缩放，设置属性 user-scalable=no。

（3）图片和边框需要圆角美化。

（4）商品列表中所有文字信息的字体使用自定义字体。

（5）商品列表中的商品名称和交易数量文字信息颜色为红色且半透明。

13.4 实验实施（跟我做）

13.4.1 步骤一：创建符合 HTML5 的 HTML 文件

创建天气预报 HTML 文件，使用 HTML5 头部声明<!DOCTYPE html>

```
<!DOCTYPE html><!--头部声明-->
<html>
<head>
    <meta charset="utf-8">
    <title>电商网</title>
</head>
<body>
</body>
</html>
```

13.4.2 步骤二：使用 viewport 属性

使用 viewport 属性适配移动端视口，设置页面在移动设备使用时的缩放设置。

```
<!DOCTYPE html>
<html>
<head>
    <!--width=device-width 表示当前窗口宽度等于 100%, initial-scale=1 表示缩放级别为
1, user-scalable=no 表示禁止页面缩放-->
    <meta name="viewport" content="width=device-width,
    initial-scale=1,user-scalable=no" />
    <meta charset="utf-8">
<title>电商网</title>
</head>
<body>
</body>
</html>
```

13.4.3 步骤三：搭建网页主体结构

（1）创建 shop.css 文件。

（2）在页面中引入 shop.css 文件。

```
<head>
<link rel="stylesheet" type="text/css" href="shop.css">
</head>
```

（3）顶部为一个表单结构的搜索框，左右两侧分别为名称和注册链接。

```
<div id="top">
    <div class="brand">电商网</div>
    <!--表单采用 get 提交-->
    <form action="" method="get">
      <!--input 的 type 使用的是 HTML5 新属性 search-->
      <input type="search" placeholder="搜索">
    </form>
    <!--注册链接-->
    <a href="">注册</a>
</div>
```

（4）商品列表采用 div 分块，商品属性采用 ul 和 li 结构。

```
<div class="content">
    <div class="pic_info">
        <!--商品的图片展示-->
        <div class="pic_box">
            <img src="img/44.jpg" alt="商品">
        </div>
        <!--商品的图片展示-->
        <ul>
            <li>商品名称：xxxx</li>
            <li>商品价格：xxxx</li>
            <li>交易数量：xxxx</li>
        </ul>
    </div>
</div>
<!--后面商品同上结构-->
<div class="content">
    <div class="pic_info">
        <!--商品的图片展示-->
        <div class="pic_box">
            <img src="img/22.jpg" alt="商品">
        </div>
        <!--商品的图片展示-->
        <ul>
            <li>商品名称：xxxx</li>
            <li>商品价格：xxxx</li>
            <li>交易数量：xxxx</li>
        </ul>
    </div>
</div>
<div class="content">
    <div class="pic_info">
        <!--商品的图片展示-->
        <div class="pic_box">
            <img src="img/22.jpg" alt="商品">
        </div>
        <!--商品的图片展示-->
        <ul>
            <li>商品名称：xxxx</li>
            <li>商品价格：xxxx</li>
            <li>交易数量：xxxx</li>
        </ul>
    </div>
</div>
```

13.4.4 步骤四：用 CSS3 美化

（1）定义全局样式，初始化一些元素的默认内边距、外边距和样式。

```
* {
    margin: 0;
    padding: 0;
    list-style: none;
    text-decoration: none;
}
```

（2）头部使用弹性布局，配合 align-items 属性使头部内容垂直居中。

```
/*头部 width 设置为 100%适应屏幕宽度，使用 CSS3 的 flex 弹性布局，justify-content 是 flex
布局中的水平方向对齐方式，设置为 space-around 时会让弹性子元素平均分布，即每个项目两侧的间
隔相等*/
#top {
   width: 100%;
   height: 50px;
   display: flex;
   align-items: center;
   justify-content: space-around;
}
.brand { font-size: 22px;}
/*使用 CSS3 的属性选择器设置搜索框的尺寸*/
#top input[type=search]{width:160px;}
```

（3）使用 border-radius 设置边框圆角，使用 box-shadow 设置边框阴影。

```
.content {
   width: 90%;
   margin: 10px auto;
   padding: 5px;
   border: 1px #EEEEEE solid;
   /*边框圆角*/
   border-radius: 15px;
   /*边框阴影 box-shadow: 水平位置 垂直位置 模糊距离 阴影大小 阴影颜色*/
   box-shadow: 0px 0px 8px 0px #EEEEEE;
}
```

（4）使用 CSS3 的属性 border-radius 使照片变为圆角。

```
.pic_info img{
   border-radius: 15px;
   /*设置图片的宽度，使其适应父元素的宽度*/
   width: 100%;
}
```

圆角边框效果如图 13-4 所示。

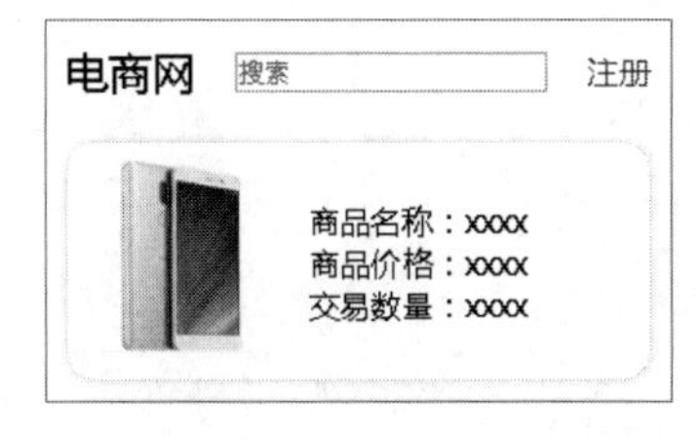

图 13-4

（5）使用 flex 弹性布局。

```
.pic_info {/*设置父元素为弹性盒模型容器*/
   display: flex;
   align-items: center;
}
.pic_box {/*使用 flex 属性分配弹性子元素占有的区域大小*/
   flex: 0.7;
}
.pic_info ul {
   flex: 1;
}
```

（6）使用自定义字体。

```
/*使用@font-face 自定义字体的属性*/
@font-face {
    /*自定义字体的名字*/
    font-family: myFont;
    /*自定义字体路径*/
    src: url('ziti/1.TTF');
}
.pic_info li {
    padding-left: 20px;
    line-height: 20px;
    font-size: 18px;
    /*使用自定义字体*/
    font-family: 'myFont';
}
```

（7）使用 CSS3 选择器和 opacity 属性。

```
/*选择器匹配父元素中的第 n 个子元素，可以为公式*/
.pic_info li:nth-child(2n-1) {
    opacity: 0.6;/*设置背景或背景颜色，以及字体颜色的透明度*/
    color: red;
}
```

（8）页面的美化效果如图 13-2 所示。

第 14 章 JavaScript 开发移动端交互效果页面（项目提成计算器）

14.1 实验目标

（1）了解 JavaScript OOP、原型链、常用设计模式等原生方式开发网页的功能。
（2）熟悉 JavaScript 面向对象的定义和使用。
（3）熟悉常用设计模式的定义和使用，如策略模式。
（4）综合 JavaScript 移动端静态网页编程技术，开发“项目提成计算器”。
本章的知识地图如图 14-1 所示。

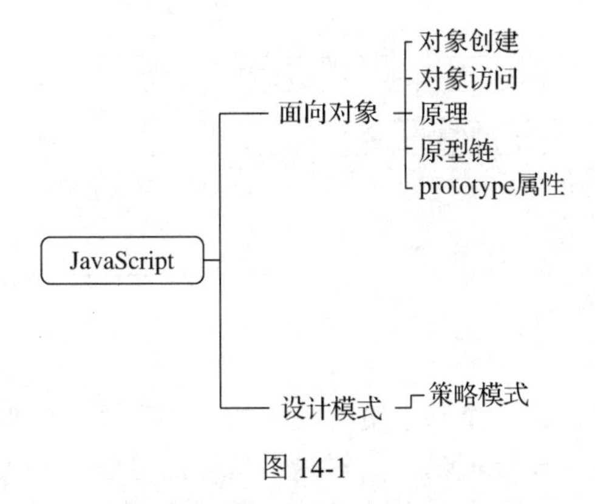

图 14-1

14.2 实验任务

（1）制作一个项目提成计算器，根据不同角色计算项目提成，效果如图 14-2 所示。
（2）项目提成为只读模式。

（3）要求有 3 个角色可以选择，分别为程序员、项目经理、销售人员。

（4）要按照每个角色计算相应的提成。

- 程序员：如果盈利超过 1 万元，则按盈利的 5%计算提成；如果盈利为 2000～10 000 元，则该项目提成 50 元；如果盈利不超过 2000 元，则该项目无提成。
- 项目经理：如果盈利超过 2 万元，则按盈利的 20%计算提成；如果不超过 2 万元，则按 10%计算提成。
- 销售人员：如果盈利超过 10 万元，则按盈利的 30%计算提成；如果盈利为 5 万～10 万元，则按盈利的 20%计算提成；如果盈利低于 5 万元，则按盈利的 5%计算提成。

（5）使用策略模式的设计模式编写 JavaScript 代码。

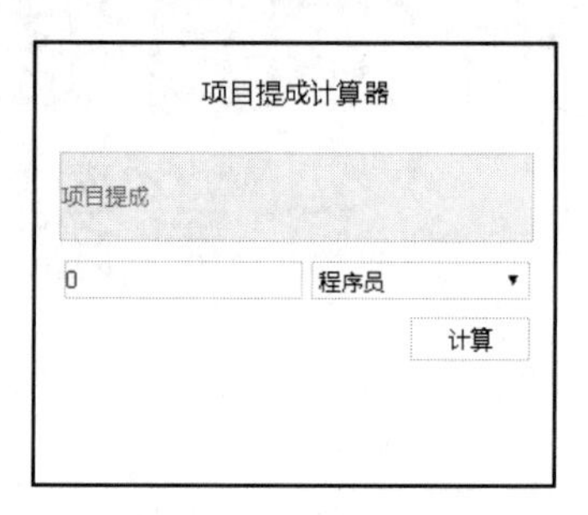

图 14-2

14.3 设计思路

1．页面部分

（1）搭建主体页面，并设置 viewport。

（2）按图 14-3 所示使用正确的标签布局页面。

（3）对标签进行美化，并设置相关参数。

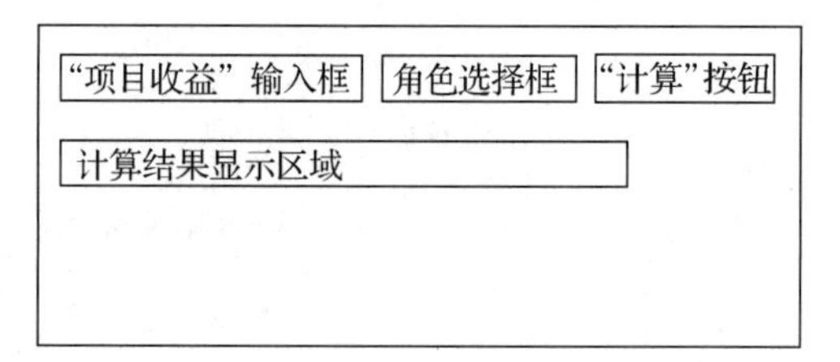

图 14-3

2．JavaScript 部分

（1）按照策略模式设计：一个基于策略模式的程序至少由两部分组成。

第一部分是一组策略对象，策略对象封装了具体的算法，并负责具体的计算过程。

第二部分是环境对象，接收客户端的请求，随后把请求委托给某一个策略对象。

（2）设计策略对象。按照策略模式定义一个策略对象 roles，并在策略对象中设置与 3 个角色相对应的策略方法：程序员提成计算方法 programmer，项目经理提成计算方法 manager，销售人员提成计算方法 salesman。

策略对象 roles 的定义如下：

```
function roles() {
    programmer = function(data) {        //程序员提成计算}
    this.manager = function(data) {      //项目经理提成计算}
    this.salesman = function(data) {     //销售人员提成计算}
}
```

（3）设计环境对象 strategies。定义一个筛选角色的对象 strategies，对应策略模式中的环境对象，根据不同角色选择不同的计算策略，并返回与角色相对应的策略计算值。

环境对象 strategies 的定义如下：

```
var strategies = {
    "1": function() {//程序员角色策略计算},
    "2": function() {//项目经理角色策略计算},
    "3": function() {//销售人员角色策略计算}
}
```

（4）设计提成对象 bonus 中用于保存项目收益的 benefit 属性和用于设置项目属性的 setBenefit 方法。

（5）定义“计算”按钮的 click 事件，根据输入的项目收益和选择的角色，通过筛选角色对象，选择对应的计算策略，进行计算提成并输出到界面上。

14.4 实验实施（跟我做）

14.4.1 步骤一：创建项目主体

（1）创建 HTML 文件。

（2）使用 viewport 控制移动端的页面视区。

（3）根据图 14-2 写入相对应的<html>标签进行布局。

（4）对多选菜单的选项值设置 value，以方便筛选。

（5）设置项目提成为只读。

```
<!DOCTYPE html>
<html>
<head>
    <meta name="viewport" content="width=device-width,initial-scale=1.0" />
    <meta charset="utf-8"/>
    <title>项目提成计算器</title>
</head>
<body>
<div id="box">
    <header>项目提成计算器</header>
    <div id="dataBox">
        <input id="bonus" type="text" readonly="readonly" placeholder=" 项目提
成" />
    </div>
    <input id="benefit" value="0" type="text" />
    <select id="roles">
        <option value="1">程序员</option>
        <option value="2">项目经理</option>
        <option value="3">销售人员</option>
    </select>
    <div id="count">
```

```
        <input id="countBtn" type="button" value="计算" />
    </div>
</div>
</body>
</html>
```

14.4.2 步骤二：用 CSS 美化

（1）设置全局样式，将内边距和外边距归 0。

```
<style type="text/css">
* {margin: 0px;padding: 0px;}
</style>
```

（2）设置文本框、多选菜单、“计算”按钮、输出文本框的尺寸和边框样式。

```
header {text-align: center;margin-bottom: 15px;}
#box {margin: 20px auto 0;width: 300px;text-align: center;}
#bonus {height: 50px;width: 280px;background-color: #F3F3F3;}
#benefit {height: 20px;width: 140px;}                              /*文本框*/
#roles {height: 22px;width: 130px;vertical-align: bottom;}     /*多选菜单*/
#count{ padding-top: 10px; padding-right: 11px; text-align: right;}
/*计算按钮*/
#countBtn  {height:  25px;width:  70px;text-align:  center;background-color:
#FFFFFF;cursor: pointer;}
#dataBox {padding: 10px 0;}
/*输出文本框*/
#benefit,#roles,#countBtn,#bonus {border: 1px solid #D4D4D4;}
```

（3）页面的美化效果如图 14-2 所示。

14.4.3 步骤三：编写 JavaScript

（1）按照策略模式，我们需要创建 1 个策略对象，并设置 3 个与角色相对应的策略方法，并且每个策略方法实现相对应的计算。

```
//角色策略
function roles() {
    this.programmer = function(data) { //程序员提成计算
        if (data > 10000) {
            return data * 0.05;
        } else if (data >= 2000) {
            return 50;
        } else {
            return 0;
        }
    }
    this.manager = function(data) {     //项目经理提成计算
        if (data > 20000) {
            return data * 0.2;
        } else {
            return data * 0.1;
        }
    }
    this.salesman = function(data) {    //销售人员提成计算
        if (data > 100000) {
            return data * 0.3;
```

```
        } else if (data >= 50000) {
            return data * 0.2;
        } else {
            return data * 0.05;
        }
    }
}
```

（2）创建提成对象，提供一个设置项目收益的方法。

```
//提成对象
function bonus() {
    this.benefit = 0;              //项目收益
}
bonus.prototype.setBenefit = function(data) {
    this.benefit = data;          //设置项目收益
}
```

（3）设置提成对象的原型链为策略对象。

```
//设置 bonus 的原型链为 roles
bonus.__proto__ = new roles();
```

（4）通过原型链，我们可以直接使用策略对象中的策略方法，并且为提成对象提供一个获取提成的方法，同时接收策略方法，通过设置的项目收益进行计算并返回提成值。

```
bonus.prototype.getBonus = function(role) {
    return role(this.benefit); //通过角色策略方法计算返回提成
}
```

（5）实例化提成对象。

```
//创建 bonus 的实例对象
var bonusCount = new bonus();
```

（6）定义一个筛选角色的对象方法，并返回获取提成方法的值。

```
//角色策略筛选
var strategies = {
    "1": function() {
        //程序员角色策略计算
        return bonusCount.getBonus(bonus.programmer);
    },
    "2": function() {
        //项目经理角色策略计算
        return bonusCount.getBonus(bonus.manager);
    },
    "3": function() {
        //销售人员角色策略计算
        return bonusCount.getBonus(bonus.salesman);
    }
}
```

（7）定义一个“计算”按钮单击事件的方法，该方法用于获取输入的项目收益值和选择的角色值，并通过提成对象的设置收益方法设置输入的项目收益，通过角色筛选对象获取角色相对应的计算值。

```
function countFun() {
    //获取项目收益值
    var benefit = document.getElementById("benefit").value;
    //获取选择的角色值
    var role = document.getElementById("roles").value;
```

```
    //设置项目收益
    bonusCount.setBenefit(benefit);
    //角色策略对应的提成计算值
    document.getElementById("bonus").value = strategies[role]();
}
```

（8）为“计算”按钮添加一个单击事件并调用上面的方法。

```
<input id="count" type="button" value="计算" onclick="countFun()" />
```

（9）当项目收益为 11 000 元时，角色为销售人员，根据销售人员的规则“如果盈利低于 5 万元，则按盈利的 5%计算提成”，即提成为 11 000×0.05=550（元）。运行效果如图 14-4 所示。

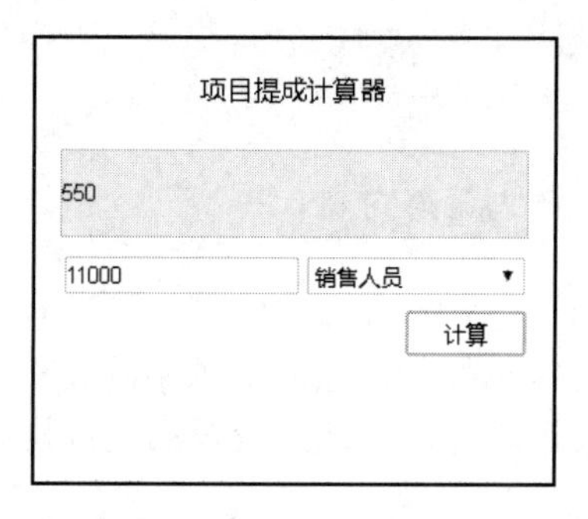

图 14-4

第 15 章 HTML5 美化移动端静态网页（视频网站）

15.1 实验目标

（1）熟悉 HTML5 新增全局属性、结构化、页面增强、表单标签、多媒体元素的使用方法。

（2）综合应用 HTML5 美化移动端静态网页技术，开发“视频网站”。

本章的知识地图如图 15-1 所示。

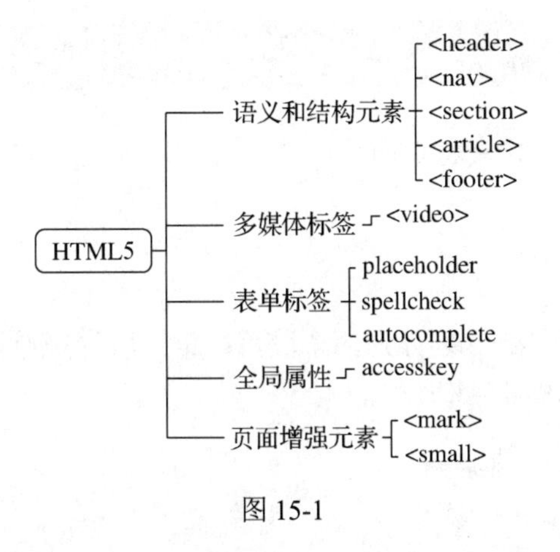

图 15-1

15.2 实验任务

制作视频播放页面，页面功能主要包括以下几点。

（1）页面可播放视频，可控制视频播放进度和音量，也可暂停视频。

（2）可对视频发布评论。

- 在评论文本框中输入评论信息。

- 单击“发表评论”按钮提交评论后，将输入的评论信息显示在“发表评论”按钮下方的“评论显示区”，同时清空评论文本框。

页面效果如图 15-2 所示。

图 15-2

15.3 设计思路

（1）用 HTML5 的结构元素将页面分成 3 个部分，如图 15-3 所示。

- 页头<header>。
- 正文<article>。
- 页脚<footer>。

（2）用<section>将正文部分划分为两个段落：第一段为视频区，第二段为评论区。

- 视频区结构设计如图 15-4 所示。

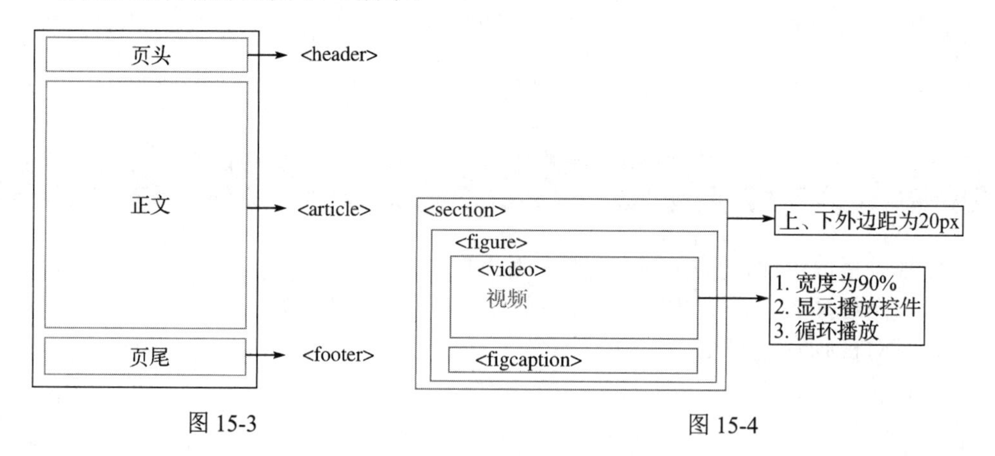

图 15-3　　图 15-4

- 评论区结构设计如图 15-5 所示。
- 评论区标签属性设计如图 15-6 所示。

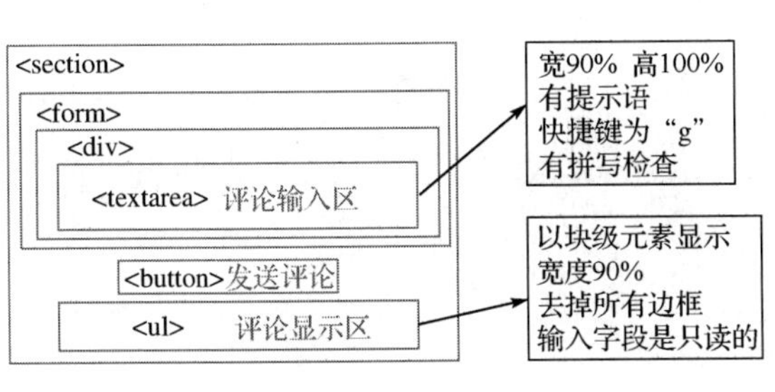

图 15-5

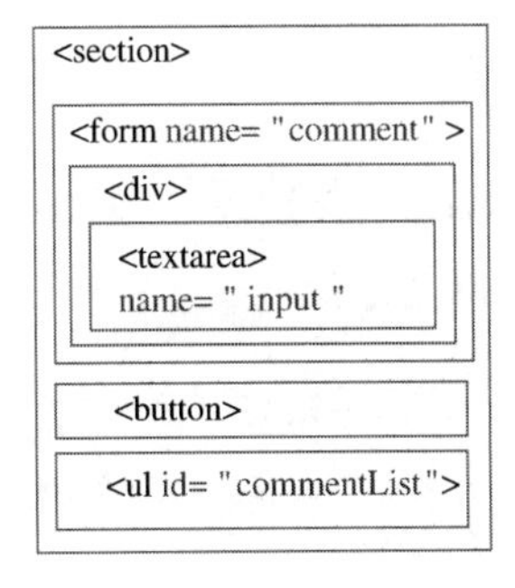

图 15-6

- 评论区事件：为<button>绑定一个 onclick 事件，当<button>被单击时，<textarea>的内容会显示在<ul>中的<li>上，进行追加显示，同时将<textarea>的内容清空。

15.4 实验实施（跟我做）

15.4.1 步骤一：搭建页面主体结构

（1）页头用 header 定义，正文用 article 定义，各段落用 section 定义，页脚用 footer 定义。

```
<!DOCTYPE html>
<html>
<head>
    <meta charset="utf-8" />
    <meta name='viewport' content='width=device-width, initial-scale=1.0'>
    <title>视频网站</title>
</head>
<body>
    <header></header><!--定义页头-->
    <article><!--定义正文-->
        <section></section><!--定义段落-->
        <section></section><!--定义段落-->
        <section></section><!--定义段落-->
    </article>
    <footer></footer><!--定义页脚-->
</body>
</html>
```

（2）在 css 文件夹中新建 video.css 文件。

- 编写页面全局样式，初始化元素的样式。

```
/*设置 body 中元素居中显示*/
body{
    text-align: center;
}

/*设置页头高度和宽度*/
header{
    height: 10%;
```

```
    width: 100%;
}
```

- 在<head>标签中引入样式表，编辑 video.css 文件。

```
<link rel="stylesheet" type="text/css" href="css/video.css">
```

15.4.2　步骤二：添加页头部分内容

在<header>标签中用<h2>定义标题，用<small>标签定义小型文本制作页头。

```
<header>
    <h2>视频播放器</h2><!--标题-->
    <small>这是页头</small>
</header>
```

页头的运行效果如图 15-7 所示。

视频播放器

这是页头

图 15-7

15.4.3　步骤三：添加正文部分内容

（1）第一个段落添加视频。

- HTML 内容，在<figure>标签中添加视频标签播放音乐，使用<figcaption>标签设置视频标题。

```
<section>
    <figure>
    <video width="90%" controls loop><!--添加视频标签-->
        <source src="video/gakki.mp4" type="video/mp4"></source>
        当前浏览器不支持 video 直接播放，单击这里下载视频：
        <a href="video/gakki.mp4" download="gakki.mp4">下载视频</a>
    </video>
    <figcaption>Yui Aragaki</figcaption><!--设置视频标题-->
    </figure>
</section>
```

- CSS 样式，为每个视频区域块设置宽度为 100%。

```
/* 设置 padding 值 */
section{
    width: 100%;
}
```

（2）第二个段落添加评论。

- HTML 内容。

```
<section>
    <form autocomplete="on"><!--创建 form 表单-->
        <div>
        <!--添加 textarea 标签-->
            <textarea name="input" rows="3" cols="20" placeholder="请输入评论..." 
title="评论框" accesskey="g" spellcheck="true" id="content"></textarea>
        </div>
        <!--添加按钮-->
```

```
        <button type="button" onclick="sendComment()">
            <mark>发表评论</mark>
        </button>
    </form>
</section>
```

- CSS 样式。

```
/*输入评论*/
textarea{
    width: 90%;
    height: 100%;
    resize:none;
}
/*取消<mark>的背景颜色*/
mark{
    background: none;
}
```

页面效果如图 15-8 所示。

图 15-8

（3）第三个段落添加评论列表。

- HTML 内容。

```
<section>
    <ul id="commentList"></ul>
</section>
```

- CSS 样式。

```
/*评论列表文字居左*/
#commentList{
    text-align: left;
}
```

- JavaScript 内容，当<button>被单击时，<textarea>的内容会显示在<ul>中的<li>上，同时把<textarea>的内容清空。

```
<script type="text/javascript">
        var list = document.getElementById('commentList');
        var text = document.getElementById('content');
        function sendComment() {
```

```
            //在 DOM 中创建一个<li>元素
            var li = document.createElement('li');
            //修改<textarea>的内容
            li.innerHTML= text.value;
            //将<li>元素追加到<ul>元素中
            list.appendChild(li);
            //清空<textarea>的内容
            text.value = "";
            //阻止表单提交后刷新
            return false;
        }
</script>
```

单击“发表评论”按钮前的页面效果如图 15-9 所示。

单击“发表评论”按钮后的页面效果如图 15-10 所示。

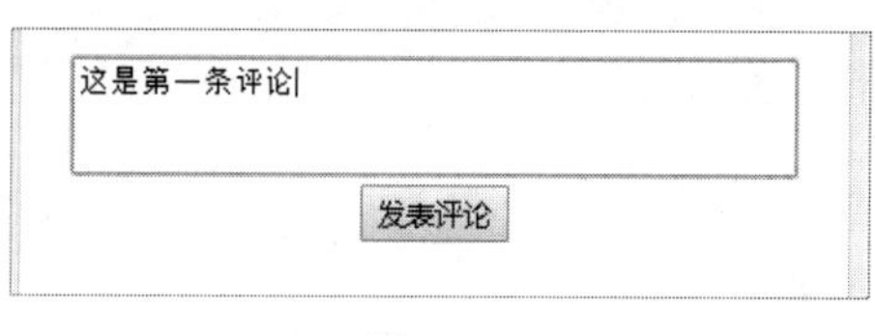

图 15-9

图 15-10

15.4.4 步骤四：添加页脚部分内容

（1）页脚添加网站相关 HTML 内容。

```
<footer>
   <h2>视频播放器</h2>
   <small>这是页脚</small>
</footer>
```

（2）CSS 样式，为页脚设置 position 定位，在页面底部显示，宽为 100%，占满全屏显示。

```
/*设置页脚在页面底部显示*/
footer{
   bottom: 0;
   position: fixed;
   width: 100%;
   margin: auto;
}
```

（3）运行效果如图 15-2 所示。

第 16 章 CSS3 新特性美化移动端静态页面（学院门户网站）

16.1 实验目标

（1）熟悉 CSS3 选择器、边框新特性、颜色和字体的功能。

（2）综合应用 CSS3 新特性美化移动端静态网页技术，开发“学院门户网站”。

本章的知识地图如图 16-1 所示。

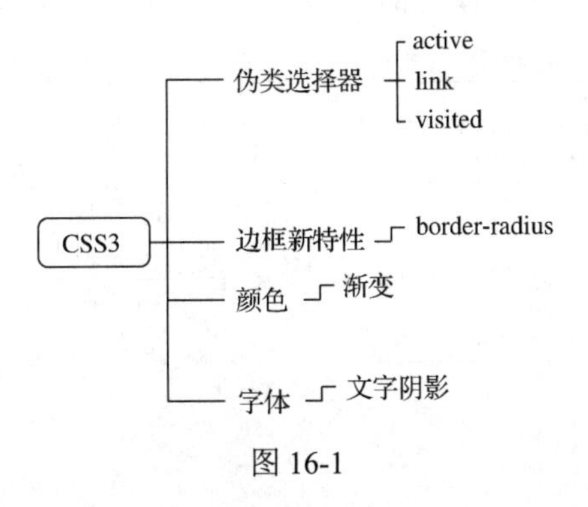

图 16-1

16.2 实验任务

（1）制作学院简介页面，页面内容包括学院名称图片，以及学院最新发布的信息列表。

（2）利用 CSS3 样式属性控制元素的布局。

（3）页面效果如图 16-2 所示。

图 16-2

16.3 设计思路

（1）页面基础结构设计如图 16-3 所示。

（2）页面详细结构设计如图 16-4 所示。

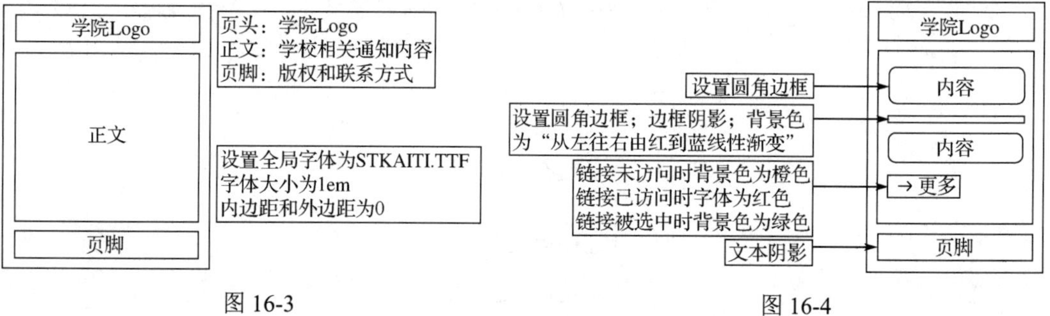

图 16-3　　图 16-4

16.4 实验实施（跟我做）

16.4.1 步骤一：搭建页面结构

（1）用<header>、<section>、<footer>标签搭建页面主体结构。

```
<!DOCTYPE html>
<html>
<head>
    <meta charset="utf-8" />
    <meta name='viewport' content='width=device-width, initial-scale=1.0'>
    <link rel="stylesheet" href="css/school.css" type="text/css"/>
```

```
    <title>学院门户网站</title>
</head>
<body>
    <header></header>
    <section></section>
    <footer></footer>
</body>
</html>
```

（2）创建并引入 CSS 样式文件。

- 创建 css 文件夹，在 css 文件夹中创建 school.css 文件。
- 在页面中引入 school.css 文件。

```
<head>
    <link rel="stylesheet" href="css/school.css" type="text/css"/>
</head>
```

（3）编辑 school.css 样式文件，设置页面全局样式属性。

- 元素选择器对结构标签定义样式，设置页头、主体部分和页脚的高度与宽度。

```
body, html{/*页面整体样式*/
    height: 100%;
    width: 100%;
}
header{/*页头样式*/
    height: 15%;
    width: 100%;
}
section{/*主体部分样式*/
    height: 75%;
    width: 100%;
}
footer{/*页脚样式*/
    height: 10%;
    width: 100%;
}
```

- font-family 导入字体文件。

```
@font-face {
    font-family:"myfont";
    src: url("../font/STKAITI.TTF");
}
```

16.4.2　步骤二：添加页头 Logo

（1）在<header>中用<img>标签添加学院 Logo。

```
<header>
    <a href="school.html">
        <img id="img_logo" src="img/logo.jpg">
    </a>
</header>
```

```
#img_logo{
    width: 100%;
}
```

（2）样式效果如图 16-5 所示。

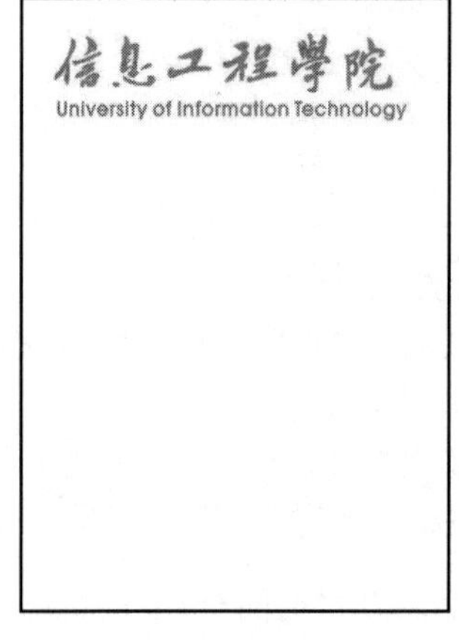

图 16-5

16.4.3 步骤三：正文内容样式

（1）HTML 内容。

- 图文信息展示部分。
- “更多”超链接。

```
<section>
    <div class="div_article">
        <img src="img/article.jpg" />
        <p>我校计算机科学学院参加首届高校计算机学院院长论坛</p>
        <span>6 月 1 日，“首届高校计算机学院院长论坛” 在 XX 大学召开。...</span>
        <br /><i>2019-05-22</i>
    </div>
        <div id="grad1"></div>
        ......
    <div>
        <a href="#">——>更多</a>
    </div>
</section>
```

（2）CSS 布局，用伪类选择器修改超链接样式，并添加线性渐变和边框圆角。

- 图片和文字浮动布局。

```
section img{
    float: left;
    width: 20%;
    margin-top: 13px;
}
section p{
    float: left;
    width: 80%;
}
```

- 段落样式。

```
section span{
    width: 80%;
```

```
    color: #D3D3D3;
    overflow: hidden;
    display: block;                /*块级元素*/
    text-overflow:ellipsis;        /*文字溢出时显示省略符号来代表被修剪的文本*/
    white-space:nowrap;            /*段落中的文本不进行换行*/
}
```

- 用伪类选择器修改超链接样式。

```
section a:link{
    background-color: orange;
}
section a:visited{/*超链接访问后变为红色*/
    color: red;
}
```

- 添加线性渐变和边框圆角。

```
#grad1 {
    height: 10px;
    /*渐变*/
    background: linear-gradient(to right, red , blue);
    /*圆角边框*/
    border-radius: 20px;
    box-shadow: 2px 5px 2px #888888;
}
```

（3）样式效果如图 16-6 所示。

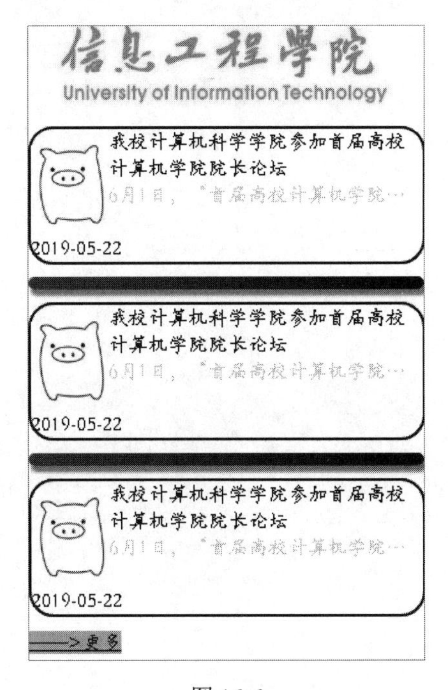

图 16-6

16.4.4　步骤四：页脚内容效果

（1）定义正文的脚注，添加页脚版权和联系方式。

```
<footer>
```

```
    <p>版权所有：XXXX 学院<br />
        地址：中国·XX·XXXXXXX<br />
</footer>
```

（2）利用 text-shadow 添加文本阴影。

```
footer p{
    text-shadow:1px 1px #FF0000;
}
```

（3）运行效果如图 16-2 所示。

第 17 章 综合实践（跳蚤市场）

17.1 项目简介

1．业务背景

“跳蚤市场”是基于 HTML5 的一款非常实用的静态 Web 网站，当人们手上有闲置不用的物品，感觉用不着、丢了又可惜时，就可以通过本网站发布交易信息。其他人也可以通过本网站购买相对便宜又实用的二手商品。

2．技术背景

学习 Web 前端开发基础知识，掌握静态网页的设计、开发、调试、维护等能力，开发企业级 Web 前端项目。

“跳蚤市场”是一个 Web 前端项目，核心技术有 HTML、CSS、JavaScript、jQuery、HTML5、CSS3 等，该项目采用企业开发流程进行开发。

17.2 实践目标

（1）理解项目的业务背景，调研“跳蚤市场”的功能，并设计页面。

（2）掌握 HBuilder 的安装和使用。

（3）掌握 HTML 文本标签、头部标记、超链接、创建表格和表单的功能。

（4）掌握 CSS 的选择器、单位、字体样式、文本样式、颜色、背景、区块、网页布局属性等功能。

（5）掌握 JavaScript 基础语言、函数、面向对象、原型链、常用设计模式等原生方式开发网页的功能。

（6）了解 CSS3 新增选择器、边框新特性、新增颜色和字体的功能、新增特性、动画效果、多列布局及弹性布局的使用方法。

（7）了解 HTML5 新增全局属性、结构化与页面增强、表单标签、多媒体元素的使用方法。

（8）掌握 jQuery 中选择、插件、事件和动画的功能。

（9）具备网页设计、开发、调试、维护等能力，综合应用网页设计和制作技术，建设“跳蚤市场”PC 端和移动端静态网站。

17.3 需求分析

项目的功能结构图如图 17-1 所示。

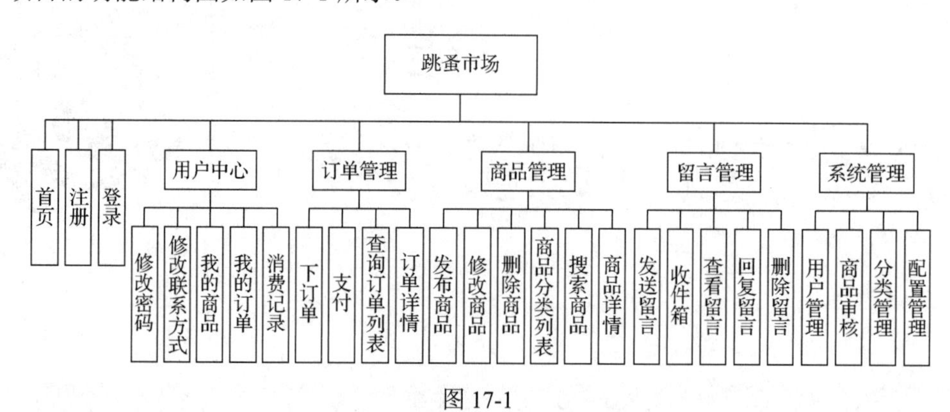

图 17-1

系统主要包括首页、注册、登录、用户中心、订单管理、商品管理、留言管理、系统管理等模块，各模块的详细功能如下。

1．首页

在用户进入主页时会看到分类和商品列表。

2．注册

注册表单（页面），要求用户填写用户名（必填，4～20 个汉字、字母、数字或下画线组成的字符串，且不能有重名注册）、密码（必填，6～12 个字符）、确认密码（和密码保持一致）、手机号码（必填）和邮箱（可选）进行注册。

提交注册信息时，如果有必填项未填写则提示用户填写相应项，当用户名已存在时提示用户“用户名已存在”，同理，当填写的信息不满足上述规则时应给出相应提示。当所有信息填写正确后提交表单，跳转至登录页。如果程序出现异常，则在注册表单下方显示“注册失败，请稍后再试”。

3．登录

登录表单（页面），要求填写用户名和密码，当用户名或密码为空时，提示“用户名或密码不能为空”，登录失败时提示用户“用户名或密码错误”，登录成功后，跳转至首页。显示当前登录的用户名。

4．用户中心

用户登录以后就可以进入自己的用户中心，在这里用户能够查看和修改自己的信息，同时还可以查看自己发布的商品列表、账单和消费记录。

5．订单管理

用户登录以后就可以下订单、支付，以及查看自己的订单。

6．商品管理

用户登录以后就可以管理商品信息。

（1）用户登录后就可以发布自己想出售的商品。

（2）页面中有商品名称、类别、描述、图片等信息。

（3）用户发布商品后可以修改商品信息。

7. 留言管理

用户登录以后就可以对留言信息进行管理。

（1）用户可以通过商品为卖家留言，询问商品的详细信息。

（2）用户可以查看自己收到的留言列表，并对收到的留言信息进行回复。

（3）可以删除自己的留言。

8. 系统管理

管理员登录以后就可以进行系统管理。

（1）审核用户：管理员管理用户信息的页面，包括禁用用户、删除用户等。

（2）审核商品：管理员审核用户发布的商品信息的页面，包括商品通过审核和没有通过审核。

（3）分类管理：管理员可以对分类进行增、删、查、改。

（4）配置管理：系统管理员可以对页头、页脚、日志等参数进行配置管理。

17.4 界面设计

17.4.1 页面类型

（1）根据需求，“跳蚤市场”需要如图 17-2 所示的页面（按页面风格分类）。

表单页面	展示页面	管理页面
管理员登录页面 用户登录页面 用户注册页面 ……	首页 商品分类列表页面 商品详情页面 购物车页面 订单页面 ……	用户中心页面 管理页面 ……

图 17-2

（2）选取其中 3 个页面作为示例，需要完成设计和制作。

- 表单页面：注册页面。
- 展示页面：首页。
- 管理页面：用户中心。

（3）使用 Photoshop 工具绘制白板图、效果图，选用 HTML5、CSS3、JS、jQuery 技术制作系统的静态 HTML 页面。

（4）“表单页面”“管理页面”“展示页面”是 3 种页面风格，每种风格选取一个页面作为示例，3 个页面对应的 HTML 文件如下。

- “注册”页面——register.html 文件。
- 首页——index.html 文件。
- “用户中心”页面——user_center.html 文件。

17.4.2 页面整体布局

所有页面从上至下分为页头、正文和页脚 3 个部分，如图 17-3 所示。

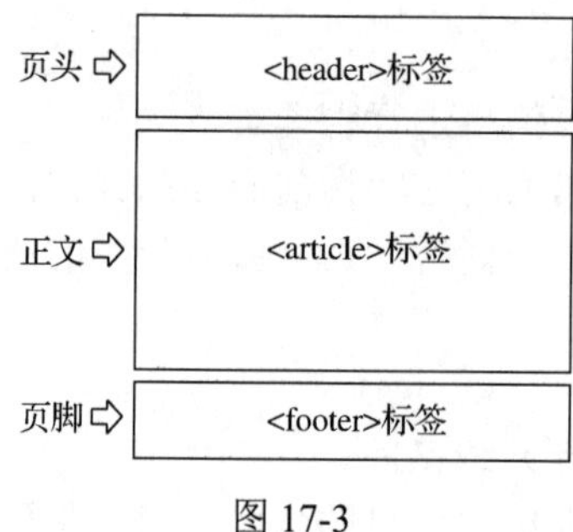

图 17-3

17.4.3 页头和页脚

所有页面的头部和脚部都是一致的，可将其抽离出来单独进行设计和制作，如图 17-4 所示。

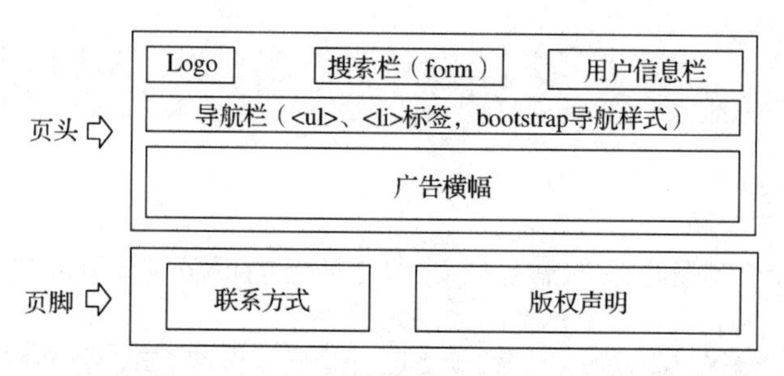

图 17-4

需要注意的是，页头和页脚制作完成后，所有页面的页头和页脚部分复制其代码即可。

17.4.4 “注册”页面

正文部分为注册表单，用于输入注册信息，包括用户名、密码、电话等字段信息，如图 17-5 所示。

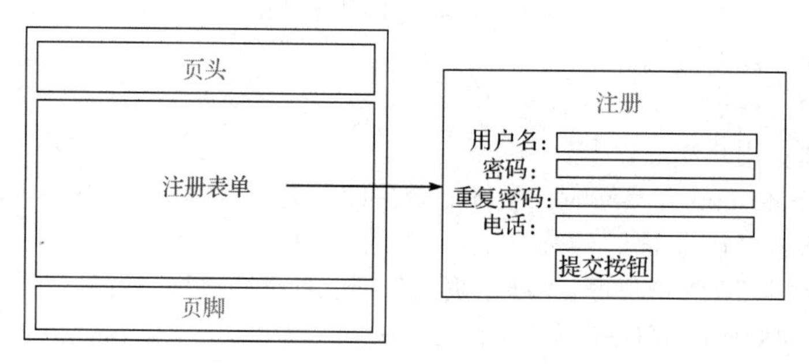

图 17-5

17.4.5 首页

正文部分为若干个商品分类列表，每个商品分类列表中包含分类名称、分类图片、商品图文信息等，如图 17-6 所示。

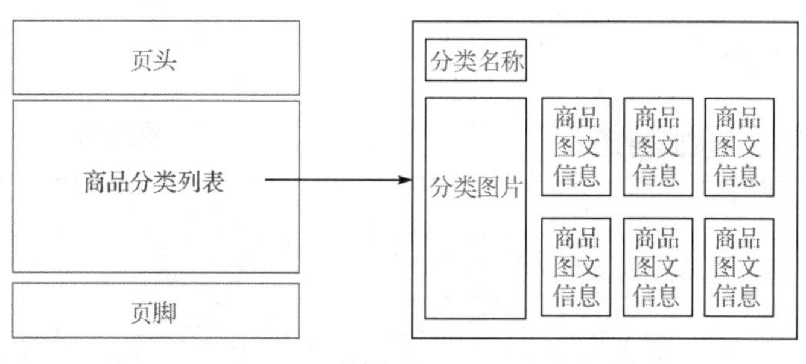

图 17-6

17.4.6　“用户中心”页面

单击侧边栏功能按钮可切换不同的功能界面，功能界面一般为表格或表单，如图 17-7 所示。

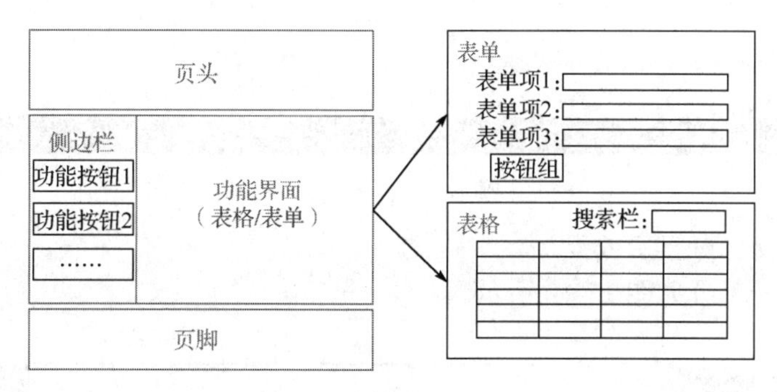

图 17-7

17.4.7　页面效果

“注册”页面如图 17-8 所示。

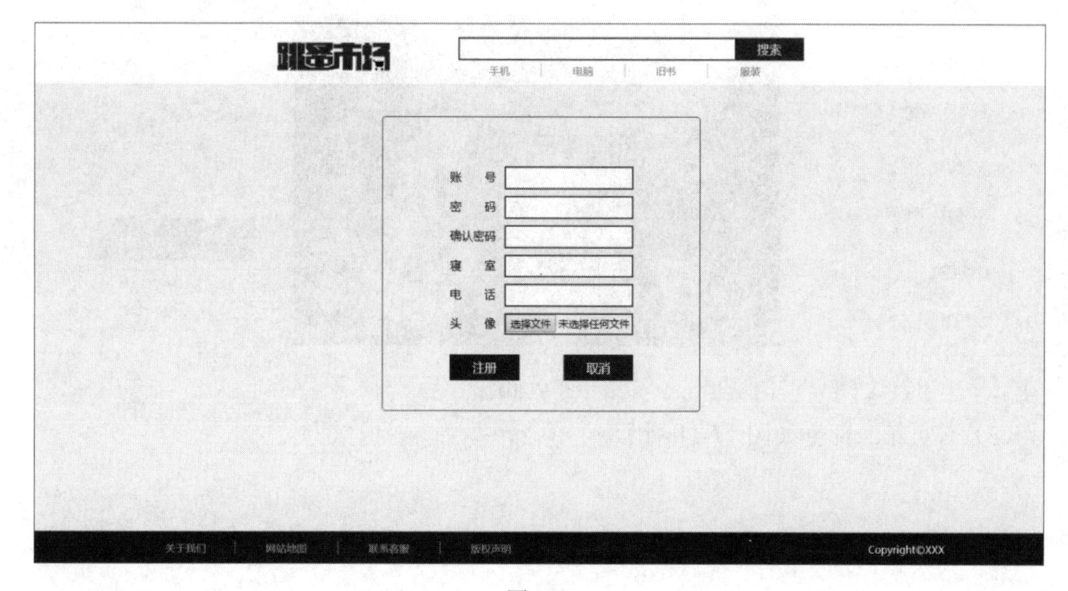

图 17-8

“用户中心”页面如图 17-9 所示。

图 17-9

首页可分为两部分显示效果。

（1）首页第一部分如图 17-10 所示。

图 17-10

（2）首页第二部分如图 17-11 所示。

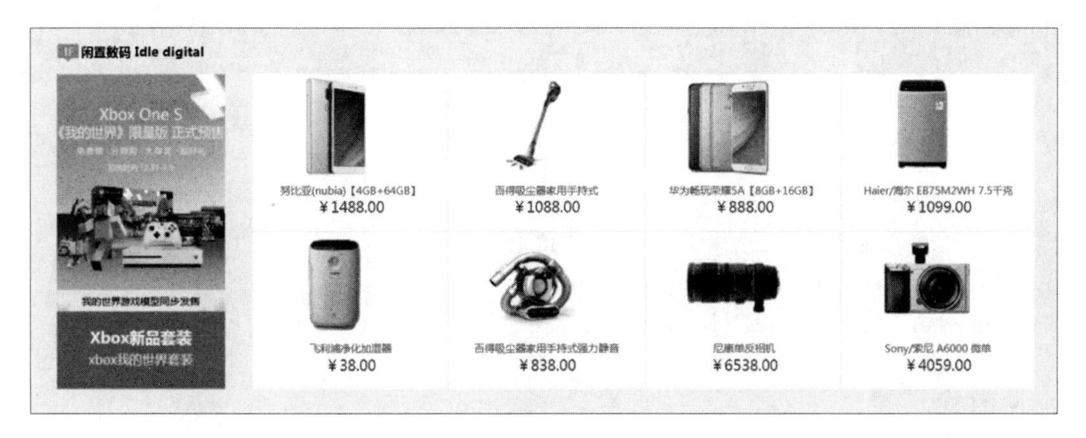

图 17-11

17.4.8　项目页面汇总

“跳蚤市场”项目所有页面如表 17-1 所示。

表 17-1

模　　块	页　　面
登录/注册	“登录”页面（login.html） “注册”页面（register.html）
用户中心	“修改密码”页面（edite_pwd.html） “修改联系方式”页面（edite_contact.html） “我的商品”页面（my_product.html） “我的订单”页面（my_order.html） “消费记录”页面（purchase_history.html）
商品管理	“发布商品”页面（add_product.html） “修改商品”页面（edite_product.html） “删除商品”页面（delete_product.html） “商品分类列表”页面（product_list.html） “搜索商品”页面（search_product.html） “商品详情”页面（product_detail.html）
订单管理	“下订单”页面（order.html） “支付”页面（pay.html） “查询订单列表”页面（order_list.html） “订单详情”页面（order_details.html）
留言管理	“收件箱”页面（massage_list.html） “查看留言”页面（massage.html）
系统管理	“用户管理”页面（user_manage.html） “商品审核”页面（goods_manage.html） “分类管理”页面（tag_manage.html） “配置管理”页面（config_manage.html）

17.5 第一阶段 HTML5 基础：创建工程

17.5.1 工作任务

（1）下载并安装 HBuilder。

（2）创建“跳蚤市场”工程，命名为“跳蚤市场”。

（3）创建工程目录结构。

Web 网站工程应该由以下几部分构成。

- HTML 页面文件。
- 样式。
- 图片资源。
- 脚本。

（4）在工程主目录下新建 index.html 文件作为首页。

（5）浏览器打开首页，页面显示“跳蚤市场欢迎您！”。

17.5.2 设计思路

（1）使用 HBuilder 创建“跳蚤市场”Web 工程，在工程目录下创建如图 17-12 所示的文件夹和文件。

（2）编辑 index.html 文件，在首页显示文字“跳蚤市场欢迎您！”。

页面结构如图 17-13 所示。

文件/文件夹	作用
index.html文件	首页
img文件夹	存放图片资源文件
css文件夹	存放CSS样式文件
js文件夹	存放JavaScript脚本文件

图 17-12

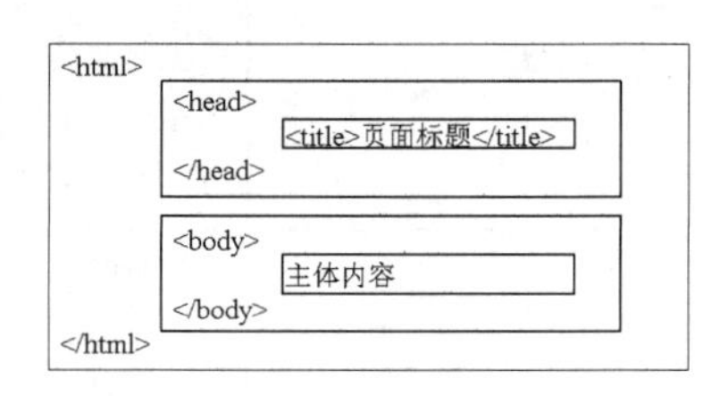

图 17-13

<html></html>标签限定了文档的开始点和结束点，在它们之间是文档的头部和主体。文档的头部由<head>标签定义，而主体由<body>标签定义。

17.5.3 实现（跟我做）

1．下载并安装 HBuilder

（1）下载 HBuilder。进入 HBuilder 官方网站下载 HBuilder，如图 17-14 所示。

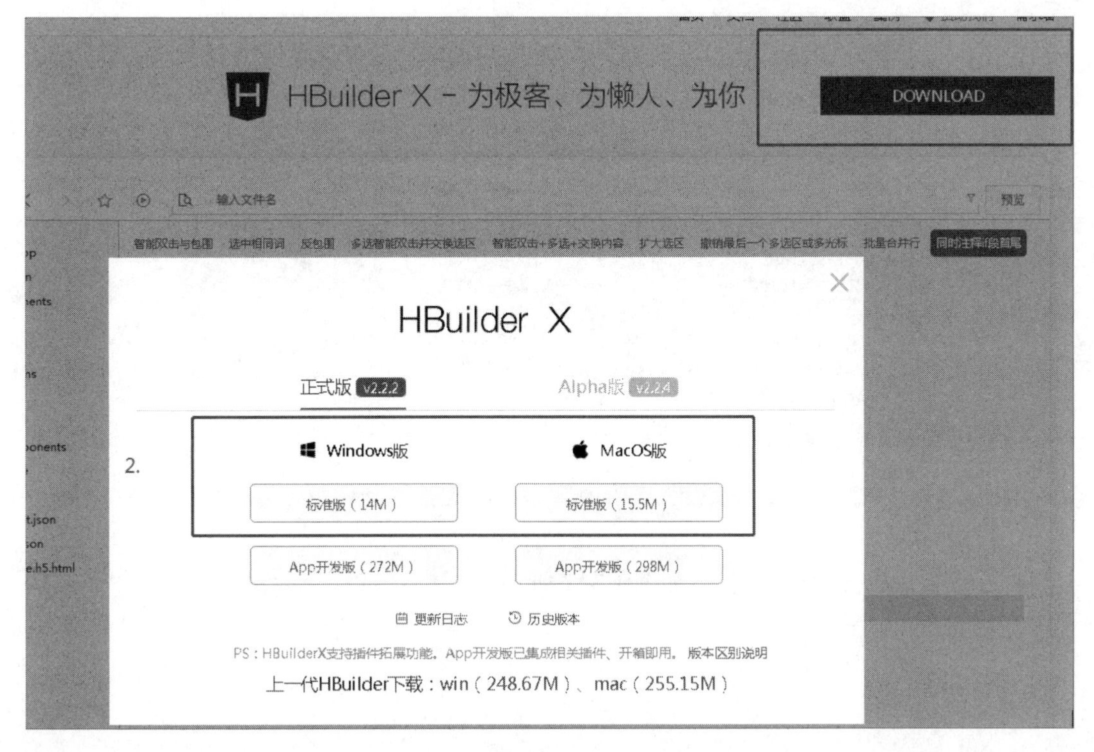

图 17-14

（2）将下载的安装文件解压，双击 HBuilder.exe 运行，如图 17-15 所示。

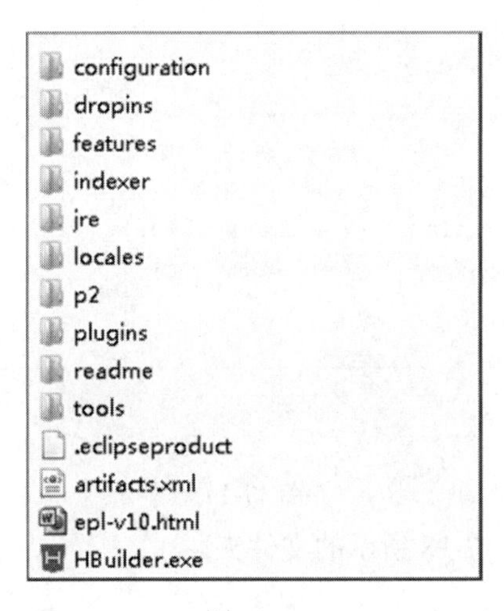

图 17-15

2．创建“跳蚤市场”工程

（1）创建工程。

- 新建 Web 项目，在项目名称栏中输入“跳蚤市场”，如图 17-16 所示。

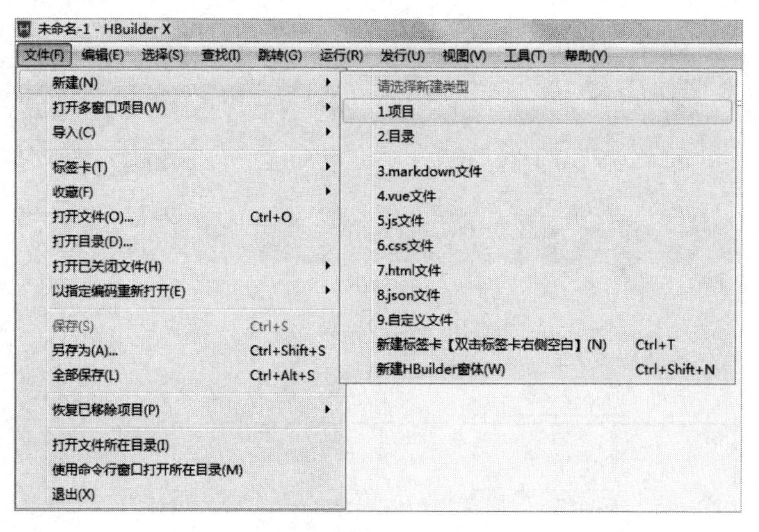

图 17-16

- 在模板中选择“空项目”，如图 17-17 所示。

图 17-17

（2）在工程中创建如图 17-18 所示的文件夹。

文件/文件夹	作用
img文件夹	存放图片资源文件
css文件夹	存放CSS样式文件
js文件夹	存放JavaScript脚本文件

图 17-18

3．创建首页 index.html 文件

（1）在工程目录下创建 index.html 文件，如图 17-19 所示。

新建html文件 [自定义模板]

index.html

D:/HTML/跳蚤市场 浏览

选择模板

default

含mui的html

空白文件

创建(N)

图 17-19

（2）编辑 index.html 文件。

- 声明文档类型：<!DOCTYPE html>。
- 添加最外层<html></html>标签。
- 添加<head></head>标签和<body></body>标签。

```
<!DOCTYPE html>
<html>
    <head>
    </head>
    <body>
    </body>
</html>
```

- 添加<meta>标签，设置编码格式为 utf-8。
- 在<head></head>标签中添加<title></title>标签，设置页面标题为“首页”。
- 在<body></body>标签中添加文字“跳蚤市场欢迎您！”

```
<html>
    <head>
        <title>首页</title>
        <meta charset="utf-8">
    </head>
    <body>
        跳蚤市场欢迎您！
    </body>
</html>
```

4．发布运行

（1）方式一：在内置浏览器中查看，如图 17-20 所示。

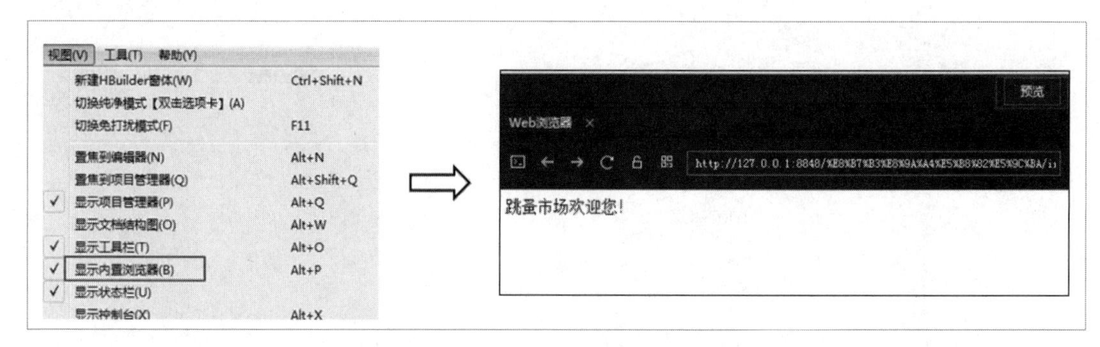

图 17-20

（2）方式二：在外部浏览器中查看。

单击 index.html 文件，然后单击运行图标，选择浏览器，如图 17-21 所示。

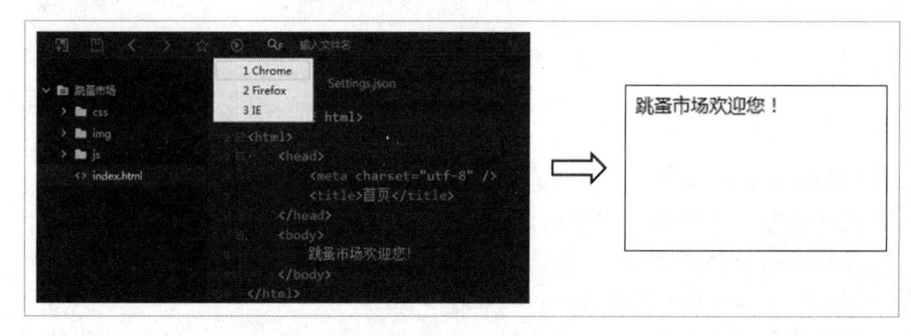

图 17-21

17.6 第一阶段 HTML5 基础：首页

17.6.1 工作任务

完成“跳蚤市场”项目的首页，首页分为页头、正文、页脚 3 个部分，如图 17-22 所示。

图 17-22

（1）页头包含网站 Logo 和导航栏。

（2）正文分为若干段落。

（3）页脚为版权声明。

17.6.2 设计思路

（1）首页原型界面设计如图 17-23 所示。

（2）首页结构设计如图 17-24 所示。

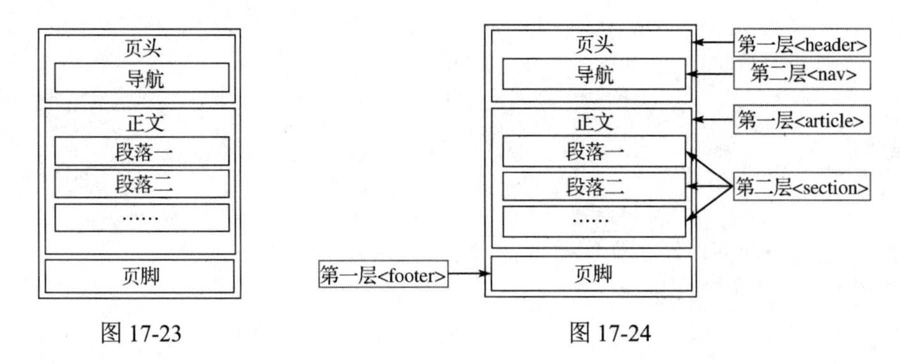

图 17-23　　　　图 17-24

17.6.3 实现（跟我做）

1．创建 header 部分

（1）创建页头：打开 index.html 文件，删除<body>中的原有内容，添加<header></header>标签。

<header>标签定义文档的页头。

```
<html>
<head>
   <meta charset="utf-8" />
   <title>首页</title>
</head>
<body>
   <header>
   </header>
</body>
</html>
```

（2）在页头添加 Logo：在<header>标签中添加<h1>标签，输入文字“跳蚤市场 Logo”。

<h1>～<h6>标签可定义标题，用来构建文档的结构，其中，<h1>最大，<h6>最小。

```
<header>
   <h1>跳蚤市场 Logo</h1>
</header>
```

（3）在页头添加导航栏：在<header>标签中添加<nav>标签，输入文字“首页　注册　登录”。

在<nav>标签之后添加<hr>标签，添加一条横线。

<nav>标签定义导航链接的部分。

<hr>标签定义内容中的主题变化，并显示为一条横线。

```
<header>
   <h1>跳蚤市场 Logo</h1>
   <nav>
      导航： 首页 注册  登录
   </nav>
```

```
    <hr>
</header>
```

2．创建 article 部分

（1）在 HTML 文档的<body>中定义<article>标签表示主要内容。

<article>标签规定独立的自包含内容。

```
<body>
    ......
    <article>
    </article>
</body>
```

（2）添加<h1>标签，输入文字“商品列表”，作为主体部分标题。

```
<article>
    <h1>商品列表</h1>
</article>
```

（3）在正文中添加段落。在<article>标签中添加 5 个<section>标签，分别输入文字“商品列表第 X 部分”，作为正文内的 5 个段落。

<section>标签定义文档中的节（section、区段）。

```
<article>
    <h1>商品列表</h1>
    <section>商品列表第一部分</section>
    <section>商品列表第二部分</section>
    <section>商品列表第三部分</section>
    <section>商品列表第四部分</section>
    <section>商品列表第五部分</section>
</article>
```

3．创建 footer 部分

（1）在 HTML 文档的<body>中添加<footer>标签作为页脚。

<footer>标签定义文档或节的页脚。

```
<body>
    ......
    <footer>
    </footer>
</body>
```

（2）在页脚中添加<p>标签输入版权信息“版权所有© XXX 公司”。

<p>标签定义段落，<p>元素会自动在其前后创建一些空白。

```
<footer>
    <hr>
    <p>版权所有&copy;XXX 公司</p>
</footer>
```

4．发布运行

页面效果如图 17-22 所示。

17.7　第一阶段 HTML5 基础：注册和登录

17.7.1　工作任务

完成“跳蚤市场”项目的注册和登录功能（见图 17-25），页面分为页头、正文、页脚 3 个部分。

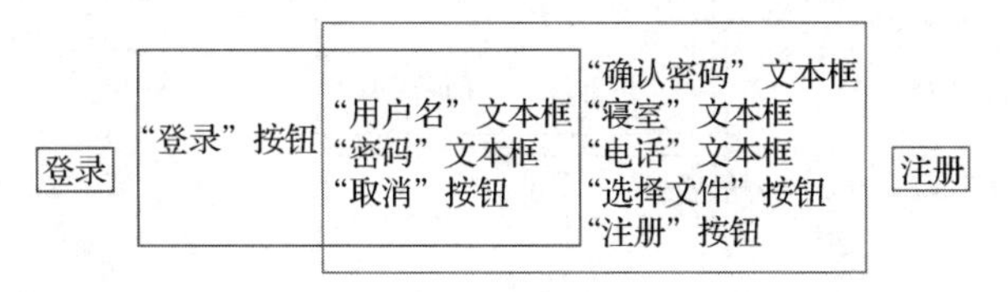

图 17-25

（1）页头包含网站 Logo 和导航栏。

（2）正文部分包含用户信息表单，表单由图 17-25 所示的表单项组成。

（3）页脚为版权声明。

“注册”页面效果如图 17-26 所示。

“登录”页面效果如图 17-27 所示。

跳蚤市场Logo
导航：首页 注册 登录
注册
账号：
密码：
确认密码：
寝室：
电话：
头像：选择文件 未选择任何文件
注册 取消
版权所有 ©XXX公司

图 17-26

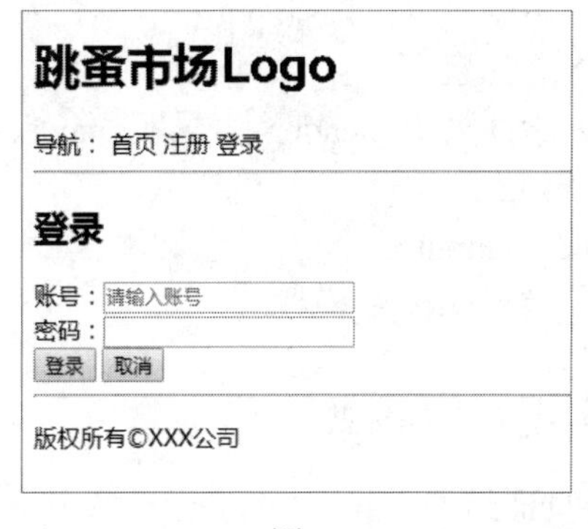

图 17-27

17.7.2　设计思路

（1）“注册”页面原型界面设计如图 17-28 所示。

（2）“登录”页面原型界面设计如图 17-29 所示。

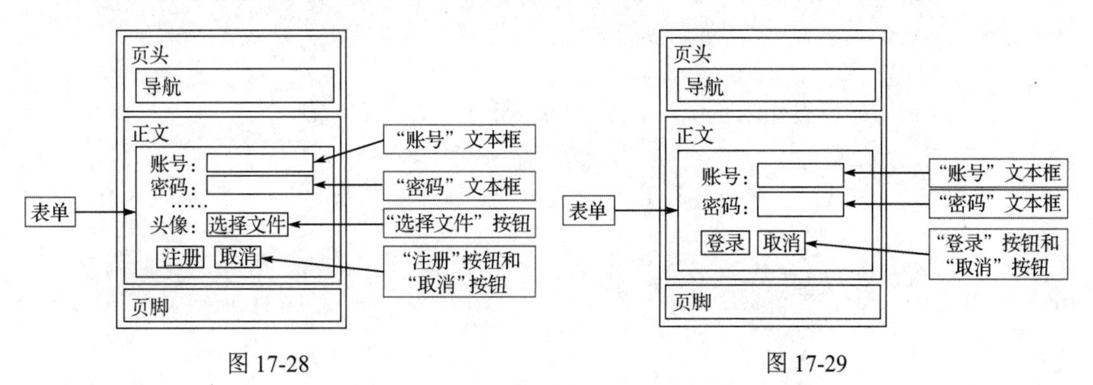

图 17-28　　　　图 17-29

（3）“注册”和“登录”页面结构相同，页面设计如图 17-30 所示。

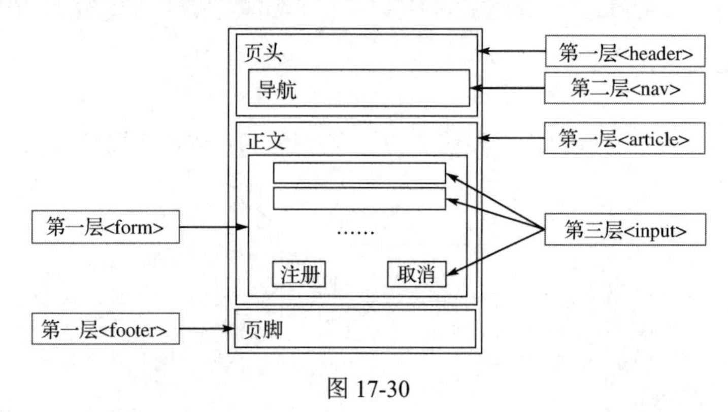

图 17-30

（4）页面创建过程如下。

- 创建 HTML 文件。
- 创建页头<header>。
- 创建页脚<footer>。
- 创建正文<article>。
- 在正文部分创建表单<form>。
- 在表单中创建表单项<input>。

（5）HTML 元素。

- 结构元素：页头<header>、导航<nav>、正文<article>、页脚<footer>。
- 表单<form>。
- 表单项：<input>。
- 其他：换行
；横线<hr>。

17.7.3 实现（跟我做）

1．搭建页面结构

（1）创建页面，在项目中新建 register.html 文件和 login.html 文件。

（2）实现页头和页脚部分，将首页 index.html 文件中<header>和<footer>标签的内容复制到新建页面中。

```
<body>
   <header> ……</header>
   <footer>  ……</footer>
</body>
```

（3）创建正文部分。

- 添加<article>标签作为正文，并添加<h2>标签作为正文标题。

```
<article>
   <h2>注册</h2>
</article>
<article>
   <h2>登录</h2>
</article>
```

- 创建表单。

在<article>标签中使用<form>标签创建一个表单。

<form>标签用于创建供用户输入的 HTML 表单，能够包含 input 元素，如文本框、复选框、单选框、提交按钮等。

```
<article>
   <form >
   </form>
</article>
```

2．完成“注册”页面

在<form>标签中创建<input>标签，并添加表单项。

（1）账户：指定 type 属性为 text，name 属性为 account，required 属性为 required，添加
换行标签。

text：定义单行的输入文本，用户可在其中输入文本，默认宽度为 20 个字符。

name：规定 input 元素的名称，对每一项表单数据进行标识。

required：属性规定必须在提交之前填写输入字段。

```
账号：<input type="text" name="account" required="required"/><br>
```

（2）密码：指定 type 属性为 password，name 属性为 pwd。

password：定义密码字段，该字段中的字符被掩码。

```
密码：<input type="password" name="pwd"/><br>
```

（3）确认密码：指定 type 属性为 password，name 属性为 pwd。

```
确认密码：<input type="password" name="pwd"/><br>
```

（4）寝室：指定 type 属性为 text，name 属性为 room。

```
寝室：<input type="text" name="room"/><br>
```

（5）电话：指定 type 属性为 text，name 属性为 telephone。

```
电话：<input type="text" name="telephone"/><br>
```

（6）头像：指定 type 属性为 file，name 属性为 picture。

file：file 输入类型用于文件上传。

```
头像：<input type="file" name="picture"><br>
```

（7）注册按钮：指定 type 属性为 submit，value 属性为“注册”。

submit：定义提交表单数据至表单处理程序的按钮。

value：定义按钮上显示的文本。

```
<input type="submit" value="注册"/>
```

（8）取消按钮：指定 type 属性为 reset，value 属性为“取消”。

reset：定义重置按钮。重置按钮会清除表单中的所有数据。

```
<input type="reset" value="取消"/>
```

3．完成“登录”页面

（1）在<form>标签中创建<input>标签，并添加表单项。

- 账户：指定 type 属性为 text，name 属性为 account，placeholder 属性为“请输入账号”，添加
换行标签。

placeholder：提供可描述输入字段预期值的提示信息，该提示会在输入字段为空时显示，并且在字段获得焦点时消失。

```
账号：<input type="text" name="account" placeholder="请输入账号" /><br>
```

- 密码：指定 type 属性为 password，name 属性为 pwd。

```
密码：<input type="password" name="pwd"/><br>
```

- 登录按钮：指定 type 属性为 submit，value 属性为“登录”。

```
<input type="submit" value="登录" />
```

- 取消按钮：指定 type 属性为 reset，value 属性为“取消”。

```
<input type="reset" value="取消" />
```

（2）单击“登录”按钮后跳转到首页（index.html 文件）。

- 设置表单的 action 属性为 index.html。

action 属性：规定当提交表单时向何处发送表单数据。

```
<form action="index.html">
......
</form>
```

（3）设置表单的 method 属性为 get。

method 属性：规定如何发送表单数据。表单数据可以作为 URL 变量（method="get"）或 HTTP post （method="post"）的方式来发送。

```
<form action="index.html" method="get">
......
</form>
```

4．发布运行

（1）“注册”页面 register.html 文件在浏览器中运行的效果如图 17-26 所示。

（2）“登录”页面 login.html 文件在浏览器中运行的效果如图 17-27 所示。

（3）单击“登录”页面的“登录”按钮，页面跳转到如图 17-22 所示的首页（index.html 文件）。

17.8 第一阶段 HTML5 基础：用户中心

17.8.1 用户中心 I

17.8.1.1 工作任务

用户登录成功后点击首页中的用户名链接，跳转到“用户中心”页面。

“用户中心”功能页面分为页头、菜单栏、正文、页脚 4 个部分。

（1）页头包含网站 Logo 和导航栏。

（2）菜单栏包括以下菜单项。

- 修改密码。
- 修改联系方式。
- 我的订单。
- 我的商品。
- 消费记录。

（3）正文部分包含用户中心内容。

（4）页脚为版权声明。

“用户中心”页面效果如图 17-31 所示。

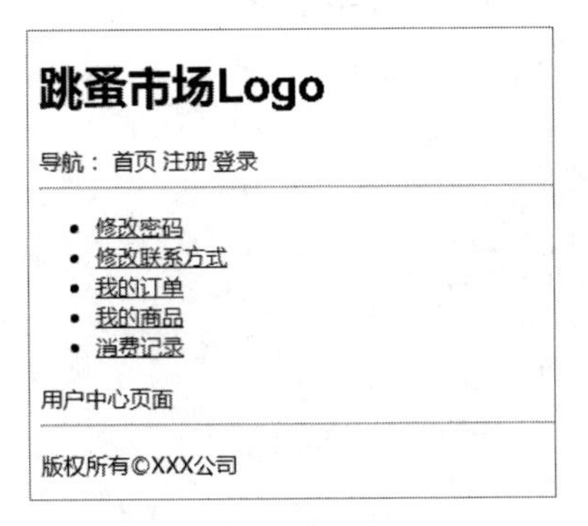

图 17-31

用户点击“用户中心”页面中的“修改密码”超链接，跳转到“修改密码”页面，该功能页面分为页头、菜单栏、正文、页脚 4 个部分。

正文部分包含修改密码信息表单，该表单由以下表单项组成。

- 原始密码文本框。
- 新密码文本框。
- 确认新密码文本框。
- “修改”按钮和“取消”按钮。

“修改密码”页面效果如图 17-32 所示。

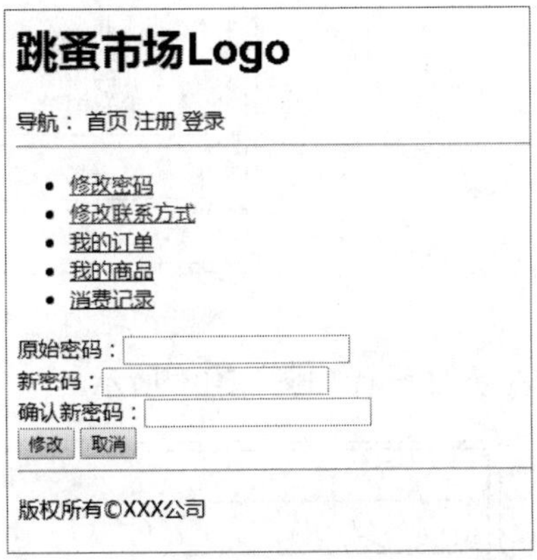

图 17-32

用户点击“用户中心”页面的“修改联系方式”超链接，跳转到“修改联系方式”页面，该功能页面分为页头、菜单栏、正文、页脚 4 个部分。

正文部分包含用户信息表单，该表单由以下表单项组成。

- 姓名文本框。
- 寝室文本框。
- 电话文本框。
- 头像选择按钮。
- “修改”按钮和“取消”按钮。

“修改联系方式”页面效果如图 17-33 所示。

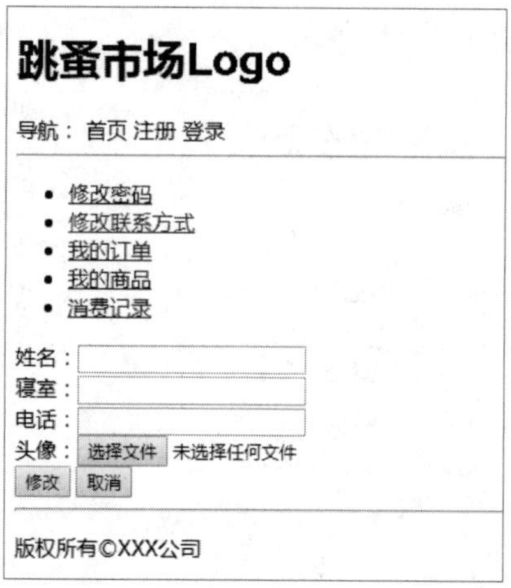

跳蚤市场Logo
导航：首页 注册 登录
修改密码
修改联系方式
我的订单
我的商品
消费记录
姓名：
寝室：
电话：
头像： 选择文件 未选择任何文件
修改 取消
版权所有©XXX公司

图 17-33

17.8.1.2 设计思路

（1）“用户中心”页面原型界面设计如图 17-34 所示。

（2）“用户中心”页面结构设计如图 17-35 所示。

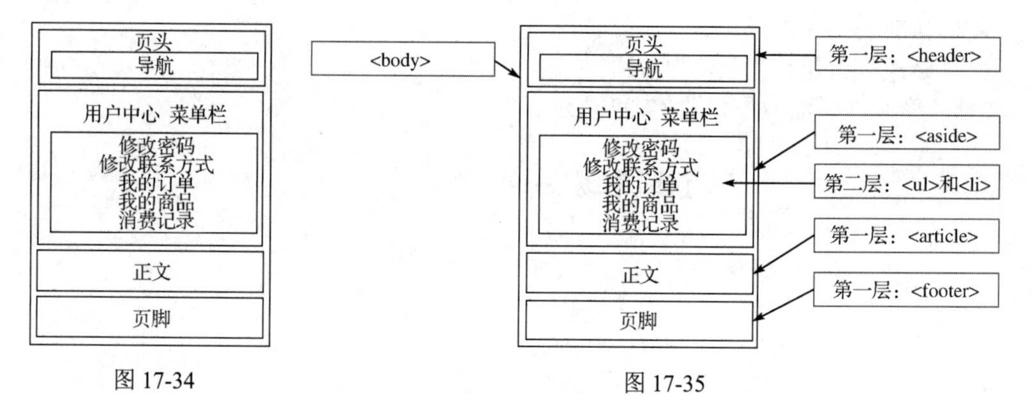

页头
导航
用户中心 菜单栏
修改密码
修改联系方式
我的订单
我的商品
消费记录
正文
页脚

图 17-34

<body>
页头
导航
用户中心 菜单栏
修改密码
修改联系方式
我的订单
我的商品
消费记录
正文
页脚
第一层：<header>
第一层：<aside>
第二层：<ul>和<li>
第一层：<article>
第一层：<footer>

图 17-35

（3）“修改密码”页面原型界面设计如图 17-36 所示。

页头
导航
菜单栏
表单
原始密码：
新密码：
……
修改 取消
“原始密码”文本框
“新密码”文本框
“修改”按钮和
“取消”按钮
页脚

图 17-36

（4）“修改密码”页面结构设计如图 17-37 所示。

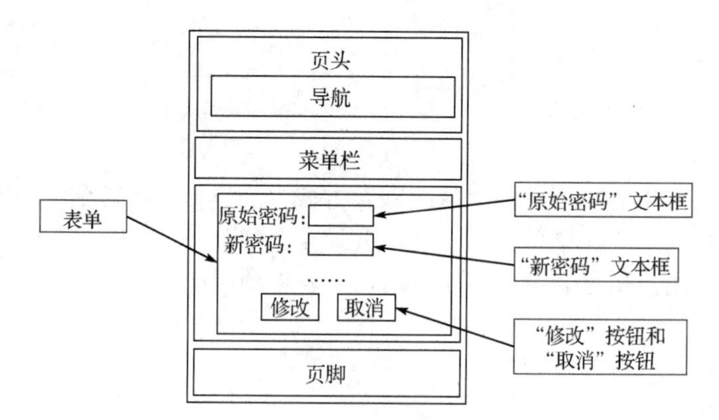

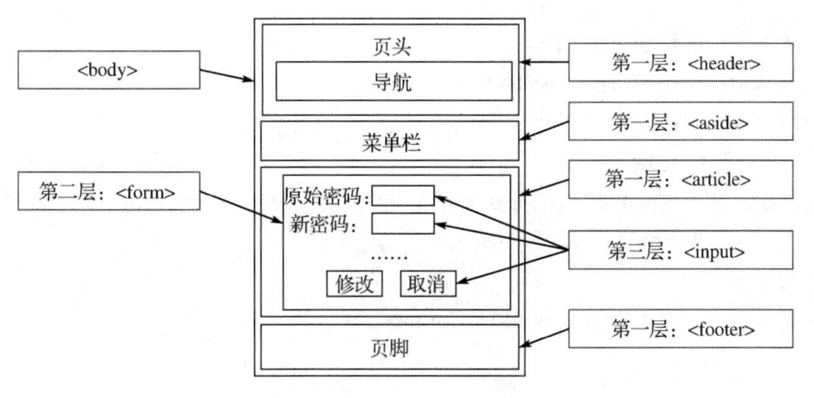

图 17-37

（5）“修改联系方式”页面原型界面设计如图 17-38 所示。

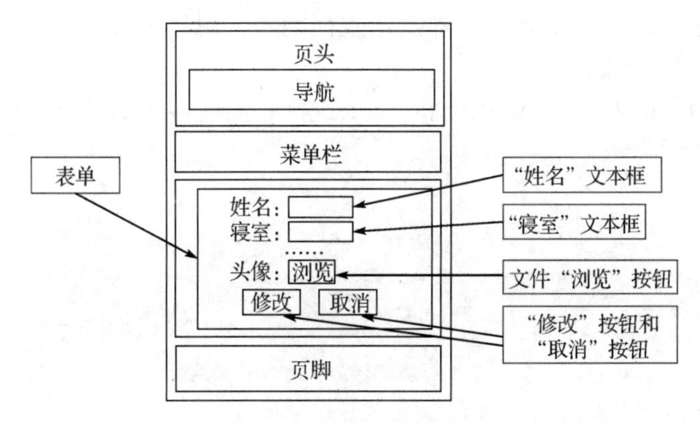

图 17-38

（6）“修改联系方式”页面结构设计如图 17-39 所示。

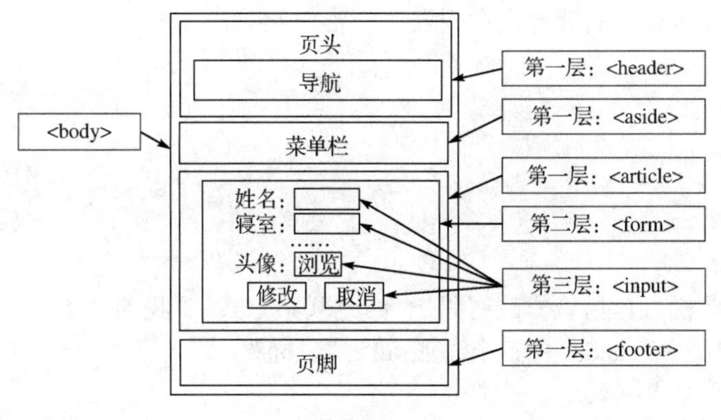

图 17-39

（7）页面创建过程如下。

- 创建页头<header>。
- 创建页脚<footer>。
- 创建菜单栏<aside>。
- 创建正文<article>。
- 在菜单栏<aside>中创建列表<ul>、列表项<li>。

- 在列表项中创建超链接<a>。
- 在正文<article>中创建表单<form>。
- 在表单<form>中创建表单项<input>。

（8）页面 HTML 元素。

- 结构元素：页头<header>、导航<nav>、正文<article>、页脚<footer>、侧边栏<aside>。
- 列表元素：列表<ul>、列表项<li>。
- 超链接：<a>。
- 表单元素：表单<form>、表单项<input>。

17.8.1.3 实现（跟我做）

1．完成“用户中心”页面

（1）创建页面。

在项目中创建 user_center.html 文件，修改标题为“用户中心”。

（2）实现页头和页脚部分。

将首页 index.html 文件中<header>和<footer>标签的内容复制到页面中。

```
<body>
   <header>
      ......
   </header>
   <footer>
      ......
   </footer>
</body>
```

（3）创建侧边栏。

- 在 user_center.html 文档的页头和页脚中间添加<aside>标签定义侧边栏。

<aside>标签作为页面或站点全局的附属信息部分，最典型的是侧边栏，其中的内容可以是超链接，以及博客中的其他文章列表、广告单元等。

```
<body>
   ......
   <aside>
   </aside>
   ......
<body>
```

- 添加列表。

侧边栏为菜单栏，包括“修改密码”“修改联系方式”“我的订单”“我的商品”“消费记录”5 个菜单项。在<aside>标签中添加<ul>列表标签。

<ul>标签定义无序列表。

```
<aside>
   <ul>
   </ul>
</aside>
```

- 添加列表项。

添加 5 个<li>标签，对应各个菜单项。

<li>标签定义列表项目。

```
<aside>
```

```
    <ul>
        <li>修改密码</li>
        <li>修改联系方式</li>
        <li>我的订单</li>
        <li>我的商品</li>
        <li>消费记录</li>
    </ul>
</aside>
```

- 为<li>标签中的文字嵌套<a>标签，添加属性 href，分别输入属性值 edit_pwd.html、edit_contact.html、my_orders.html、my_product.html、purchase_history.html。

```
<li><a href="edit_pwd.html">修改密码</a></li>
<li><a href="edit_contact.html">修改联系方式</a></li>
<li><a href="my_orders.html">我的订单</a></li>
<li><a href="my_product.html">我的商品</a></li>
<li><a href="purchase_history.html">消费记录</a></li>
```

（4）创建正文。

- 在 user_center.html 文档的侧边栏和页脚中间添加<article>标签表示正文。
- 在<article>标签中输入文字“用户中心内容部分”。

```
<body>
    ......
    <article>
        用户中心内容部分
    </article>
    ......
</body>
```

（5）在首页导航中创建超链接进入“用户中心”页面。

- 打开首页 index.html 文件。
- 在<nav>标签中添加超链接<a>标签。
- 输入文字“用户：XXX”。
- 为<a>标签添加属性 href ="user_center.html"。

```
<nav>
    ......
    <a href="user_center.html">用户: XXX </a>
</nav>
```

（6）首页跳转“用户中心”页面的效果如图 17-40 所示。

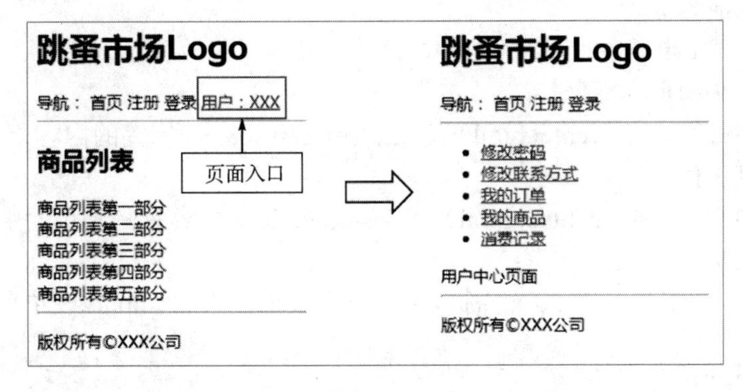

图 17-40

2．完成“修改密码”页面

（1）创建页面。

在项目中创建 edit_pwd.html 文件，修改标题为“修改密码”。

（2）实现页头和页脚部分。

将“用户中心”（user_center.html）中<header>和<footer>标签的内容复制到页面中。

（3）创建侧边栏。

将“用户中心”（user_center.html）中<aside>标签的内容复制到页面中。

（4）创建正文。

添加<article>标签，使用<form>标签创建一个表单，添加<input>表单项。

```
<article>
    <form action="#" method="post">
        原始密码：<input type="password" name="pwd" /></br>
        新密码：<input type="password" name="pwd" /> </br>
        确认新密码：<input type="password" name="pwd" /></br>
        <input type="submit" value="修改" />
        <input type="reset" value="取消" />
    </form>
</article>
```

（5）“修改密码”页面效果如图 17-41 所示。

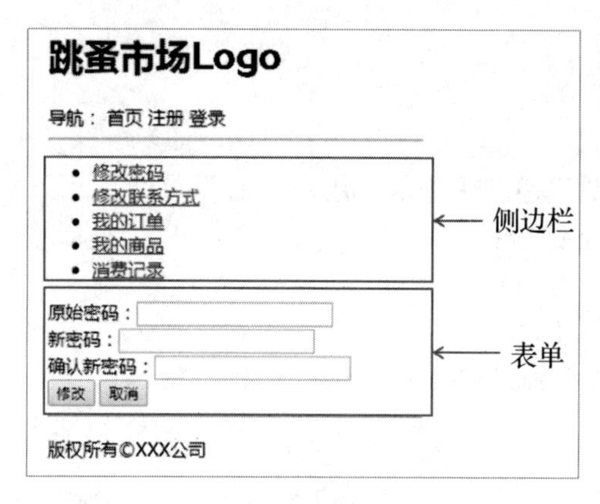

图 17-41

3．完成“修改联系方式”页面

（1）创建页面。

在项目中创建 edit_contact.html 文件，修改标题为“修改联系方式”。

（2）实现页头和页脚部分。

将“用户中心”（user_center.html）中<header>和<footer>标签的内容复制到页面中。

（3）创建侧边栏。

将“用户中心”（user_contact.html）中<aside>标签的内容复制到页面中。

（4）创建正文。

添加<article>标签，使用<form>标签创建一个表单，添加<input>表单项。

```
<article>
    <form action="#" method="post">
        姓名：<input type="text" name="name"><br>
        寝室：<input type="text" name="room" ><br>
```

```
        电话：<input type="text" name="telephone"><br>
        头像：<input type="file" name="picture"><br>
        <input type="submit" value="修改" />
        <input type="reset" value="取消" />
    </form>
</article>
```

（5）“修改联系方式”页面效果如图 17-42 所示。

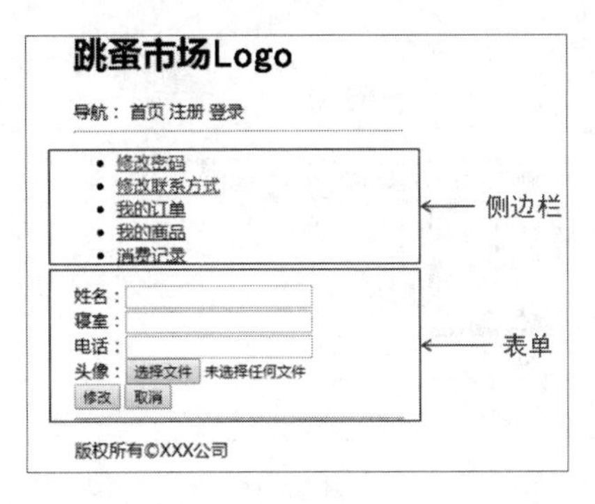

图 17-42

17.8.2　用户中心 II

17.8.2.1　工作任务

用户点击“用户中心”页面的“我的商品”“我的订单”“消费记录”超链接，分别跳转到对应页面。页面分为页头、侧边栏、正文、页脚 4 个部分，正文部分包含信息表格，表格由以下字段组成。

- 序号。
- 商品信息。
- 实付款。
- 发布时间。
- 状态。
- 操作。

“我的商品”页面效果如图 17-43 所示。

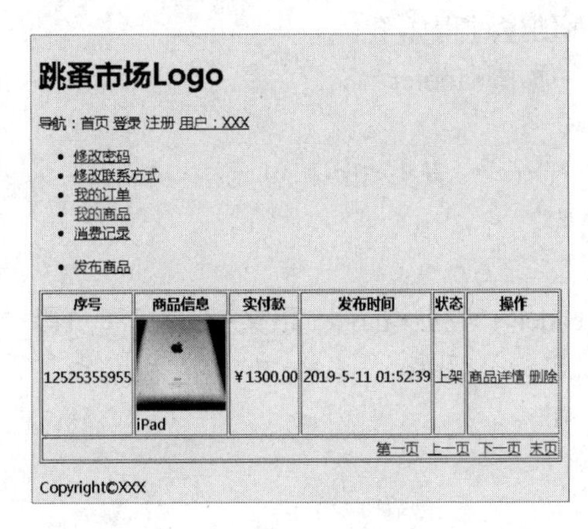

图 17-43

“我的订单”页面效果如图 17-44 所示。

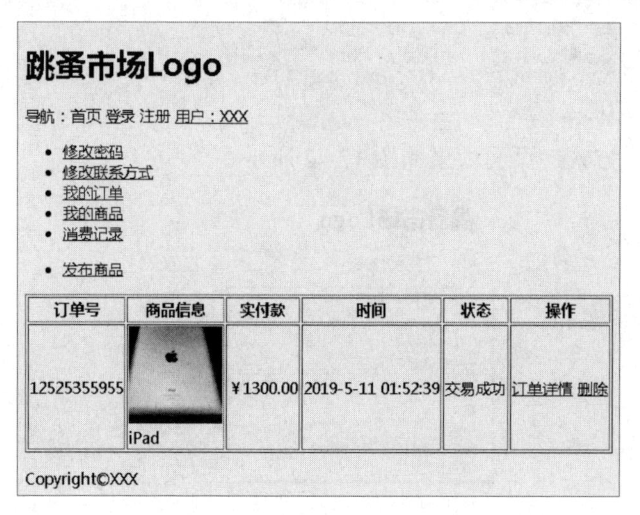

图 17-44

17.8.2.2 设计思路

（1）“我的商品”页面原型界面设计如图 17-45 所示。

（2）“我的商品”页面结构设计如图 17-46 所示。

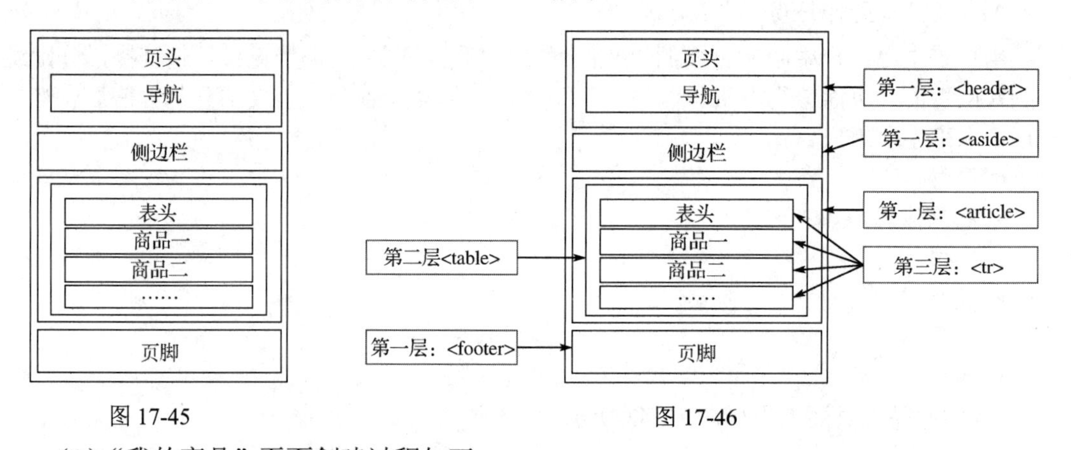

图 17-45　　　　图 17-46

（3）“我的商品”页面创建过程如下。

- 创建页头<header>、页脚<footer>。
- 创建菜单栏<aside>。
- 创建表格<table>、行<tr>、表头<th>和单元格<td>。
- 在单元格中添加内容。

（4）页面 HTML 元素。

- 结构元素：页头<header>、导航<nav>、正文<article>、页脚<footer>、侧边栏<aside>。
- 表格元素：表格<table>、行<tr>、表头<th>、单元格<td>。
- 列表元素：<ul>、<li>。
- 图片元素：<img>。

17.8.2.3　实现（跟我做）

1. 完成“我的商品”页面

（1）创建页面。

在项目中创建 my_product.html 文件，修改标题为“我的商品”。

（2）实现页头和页脚部分。

将“用户中心”（user_center.html）中<header>和<footer>标签的内容复制到页面中。

（3）创建侧边栏。

将“用户中心”（user_center.html）中<aside>标签的内容复制到页面中。

（4）创建表格。

- 添加<article>标签，使用<table>标签创建 1 个表格，设置 border 属性为 1。

<table>标签定义 HTML 表格。

```
<article>
    <table border="1">
        ……
    </table>
</article>
```

- 在表格内用<tr>标签添加第 1 行作为表头。

<tr>标签定义 HTML 表格中的行。

```
<table>
    <tr>
        ……
    </tr>
</table>
```

- 表头中用<th>标签添加每一个字段的标题。

<th>标签定义表格内的表头单元格。

```
<tr>
    <th>序号</th>
    <th>商品信息</th>
    <th>实付款</th>
    <th>发布时间</th>
    <th>状态</th>
    <th>操作</th>
</tr>
```

- 添加第 2 行，用<td>标签添加第 1 个单元格，并加入序号信息。

<td>标签定义 HTML 表格中的标准单元格。

```
<tr>
    <td>
        12525355955
    </td>
</tr>
```

- 第 1 个单元格后面添加第 2 个单元格<td>，加入商品信息，包括图片标签<img>和文字，将图片 ipad.jpg 复制到 img 文件夹中。

<img>元素向网页中嵌入 1 幅图像。

<img>标签并不会在网页中插入图像，而是从网页上链接图像。<img>标签创建的是被引用图像的占位空间。

src 属性：规定显示图像的 URL。

```
<tr>
    <td >12525355955</td>
    <td ><img src="img/ipad.jpg"><br>iPad</td>
</tr>
```

- 添加第 3 个单元格，加入实际付款信息。

```
<tr>
    ……
    <td>¥1300.00</td>
</tr>
```

- 添加第 4 个单元格，加入时间。

```
<tr>
    ……
    <td> 2019-5-11 01:52:39 </td>
</tr>
```

- 添加第 5 个单元格，加入状态信息。

```
<tr>
    ……
    <td>上架</td>
</tr>
```

- 添加第 6 个单元格，加入“商品详情”和“删除”超链接。

```
<tr>
    ……
    <td>
        <a href="#">商品详情</a>
        <a href="#">删除</a>
    </td>
</tr>
```

- 添加第 3 行并加入分页超链接，添加属性 colspan="6"和属性 align="right"。

colspan 属性规定单元格可横跨的列数。

align 属性规定 div 元素中的内容的水平对齐方式。

```
……
<tr colspan="6" align="right" >
    <td>
        <a href="#">第一页</a> 
        <a href="#">上一页</a> 
        <a href="#">下一页</a> 
        <a href="#">末页</a>
    </td>
</tr>
```

（5）在浏览器中打开“我的商品”页面文件，效果如图 17-43 所示。

2．完成“我的订单”页面

（1）创建页面。

在项目中创建 my_orders.html 文件，修改标题为“我的订单”。

（2）实现页头和页脚部分。

将“用户中心”（user_center.html）中<header>和<footer>标签的内容复制到页面中。

（3）创建侧边栏。

将“用户中心”（user_center.html）中<aside>标签的内容复制到页面中。

（4）创建表格。

- 添加<article>标签，将“我的商品”（my_product.html）中<table>标签的内容复制到页面中，将原<th>中“序号”“发布时间”修改为“订单号”“时间”。

```
<table border="1">
<tr>
    <th>订单号</th>
    <th>商品信息</th>
    <th>实付款</th>
    <th>时间</th>
    <th>状态</th>
    <th>操作</th>
</tr>
……
</table>
```

- 修改第 2 行的状态和操作内容。

```
<table border="1">
……
<tr>
    <td>12525355955</td>
    <td><img src="img/ipad.jpg"><br>iPad</td>
    <td>¥1300.00</td>
    <td>2019-5-11 01:52:39</td>
    <td>交易成功</td>
    <td>
    <a href="#">订单详情</a>
    <a href="#">删除</a>
    </td>
</tr>
……
</table>
```

（5）在浏览器中打开“我的订单”记录页面文件，效果如图 17-44 所示。

3．完成“消费记录”页面

（1）创建页面。

在项目中创建 purchase_history.html 文件，修改标题为“消费记录”。

（2）实现页头和页脚部分。

将“用户中心”（user_center.html）中<header>和<footer>标签的内容复制到页面中。

（3）创建侧边栏。

将“用户中心”（user_center.html）中<aside>标签的内容复制到页面中。

（4）创建表格。

- 添加<article>标签，将“我的订单”（my_orders.html）中<table>标签的内容复制到页面中，修改第 2 行中订单号、商品信息、实付款和时间等内容。

```
<tr>
    <td ">33276842401</td>
    <td >《C 语言程序设计》</td>
    <td >¥55.20</td>
    <td >2019-3-30 00:07:22</td>
```

```
<td >交易成功</td>
<td >
    <a href="">订单详情</a>
    <a href="">删除</a>
</td>
</tr>
```

（5）在浏览器中打开“消费记录”页面文件，效果如图 17-47 所示。

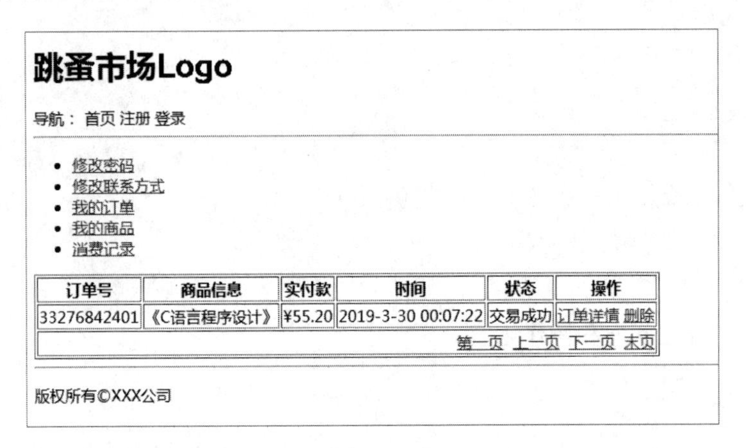

图 17-47

17.9　第二阶段 HTML5+CSS3+JS：商品管理

17.9.1　发布商品

17.9.1.1　工作任务

用户进行发布商品的操作如下：点击“发布商品”超链接，跳转到“发布商品”页面。本节迭代进行发布商品功能的页面设计和制作，该功能页面分为页头、正文、页脚、侧边栏 4 个部分。

（1）页头包含网站 Logo 和导航栏。

（2）正文部分包含商品信息表单，表单由以下表单项组成。

- 商品名称文本框。
- 价格文本框。
- 描述信息文本框。
- 图片选择框和视频选择框。
- “发布商品”按钮和“取消”按钮。

（3）页脚为版权声明。

（4）侧边栏为个人中心菜单栏，包括以下菜单项。

- 修改密码。
- 修改联系方式。
- 我的订单。
- 我的商品。
- 消费记录。

- 发布商品。

“发布商品”页面效果如图 17-48 所示。

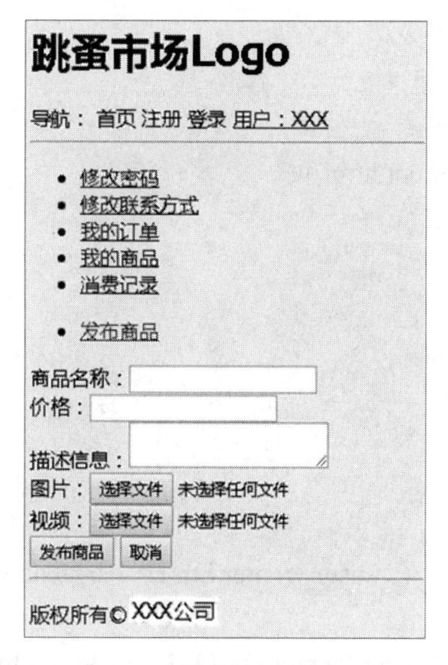

图 17-48

17.9.1.2 设计思路

（1）“发布商品”页面原型界面设计如图 17-49 所示。

（2）“发布商品”页面结构设计如图 17-50 所示。

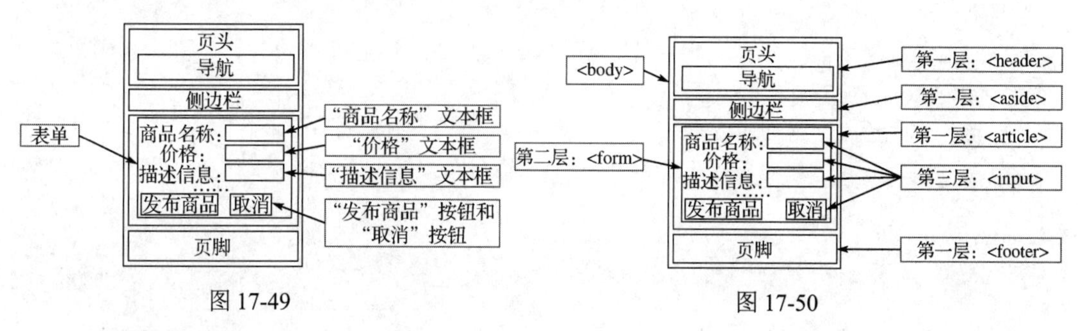

图 17-49　　　　图 17-50

（3）“发布商品”页面创建过程。

- 创建页头<header>。
- 创建页脚<footer>。
- 创建侧边栏<aside>。
- 创建正文<article>。
- 在正文部分创建表单<form>。
- 在表单中创建表单项<input>（商品名称文本框、价格文本框、文件提交栏、“发布商品”按钮、“取消”按钮）。
- 在表单中创建文本域<textarea>（描述信息文本框）。

（4）添加 CSS 样式。

- 创建样式文件。

- 导入样式文件。
- 修改页面背景色。

17.9.1.3 实现（跟我做）

1．创建“发布商品”页面

（1）创建页面的步骤如下。

- 在项目中创建 add_product.html 页。
- 修改标题为“发布商品”。

```
<!DOCTYPE html>
<html>
    <head>
    <meta charset="utf-8">
    <title>发布商品</title>
    </head>
    <body>
    </body>
</html>
```

（2）页头：将“用户中心”（user_center.html）中<header></header>的内容复制到页面中。

（3）页脚：将“用户中心”（user_center.html）中<footer></footer>的内容复制到页面中。

（4）添加侧边栏。

将“用户中心”（user_center.html）中<aside></aside>的内容复制到页面中。

```
......
<body>
    <header>
        ......
    </header>
    <aside>
        ......
    </aside>
    <footer>
        ......
    </footer>
</body>
......
```

（5）添加“发布商品”超链接。

在<aside>标签下的<ul>、<li>内添加“发布商品”超链接，导向“发布商品”页面。

```
<aside>
    <ul>
        <li>
            <a href="add_product.html">发布商品</a>
        </li>
    </ul>
</aside>
```

页面效果如图 17-51 所示。

图 17-51

2．添加表单

（1）创建表单的步骤如下。

- 在 HTML 文档的侧边栏添加<article>标签表示主要内容。
- 在正文中使用<form>标签创建 1 个表单。
- 设置 form 表单提交路径 action="#"，method="get"。

```
<article>
   <form action="#" method="get" >
     ……
   </form>
</article>
```

（2）添加表单内容。

- 在 form 中添加商品名称信息。

中文“商品名称:”、1 个<input>输入标签及 1 个
换行符，具体如下所示：

```
商品名称: <input type="text" name="name" /><br />
```

- 添加价格信息。

中文“价格:”、1 个<input>输入标签及 1 个
换行符，具体如下所示：

```
价格: <input type="text" name="price" /><br />
```

- 添加描述信息。

中文“描述信息:”、1 个<textarea>多行文本标签及 1 个
换行符，具体如下所示：

```
   描述信息: <textarea cols="30" rows="5" name="description" ></textarea> <br />
```

- 添加图片选择。

中文“图片:”、1 个<input>文件选择标签及 1 个
换行符，具体如下所示：

```
图片: <input type="file" name="picture" /><br />
```

- 添加视频文件选择信息。

中文“视频:”、1 个<input>文件选择标签及 1 个
换行符，具体如下所示：

```
视频: <input type="file" name="video" /><br />
```

- “发布商品”按钮、“取消”按钮。

1 个“发布商品”按钮，1 个“取消”按钮，具体如下所示：

```
<input type="submit" value="发布商品" />
<input type="reset" value="取消" />
```

页面效果如图 17-48 所示。

3．添加 CSS 样式

（1）引入 CSS 样式文件。

在 HTML 文件的<head>标签中引入外部 CSS 样式文件。

```
......
<head>
   <link rel="stylesheet" type="text/css" href="css/style.css" >
</head>
......
```

插入样式表的方法有 3 种。

- 外部样式表：<link rel="stylesheet" type="text/css" href="css/style.css">。
- 内部样式表：<style>body{background-color: #F1F1F1;}</style>。
- 内联样式表：<body style="background-color:#F1F1F1;"></body>。

这里通过引入外部样式表添加 CSS 样式。

（2）创建 CSS 文件。

- 在 css 文件夹中创建 style.css（普通文本文件）。
- 在文件中输入如下内容，使整个 body 区域中背景色为淡灰色。

```
body{
   background-color: #F1F1F1;
}
```

或者输入如下内容：

```
body{
   background-color: rgb(241, 241, 241);
}
```

颜色的使用需要注意以下几点。

- 颜色由红（RED）、绿（GREEN）、蓝（BLUE）光线显示结合。
- CSS 的颜色表示法：十六进制颜色、RGB 颜色、RGBA 颜色等。
- 十六进制（hex）表示法：红、绿、蓝的颜色值结合，可以是最低值 0（十六进制 00）到最高值 255（十六进制 FF）3 个双位数字的十六进制值写法，以符号“ # ”开始。
- RGB 颜色值指定：RGB(红,绿,蓝)。每个参数（红色、绿色和蓝色）定义颜色的亮度，可在 0～255，或一个百分比值（即 0～100%的整数），如图 17-52 所示。

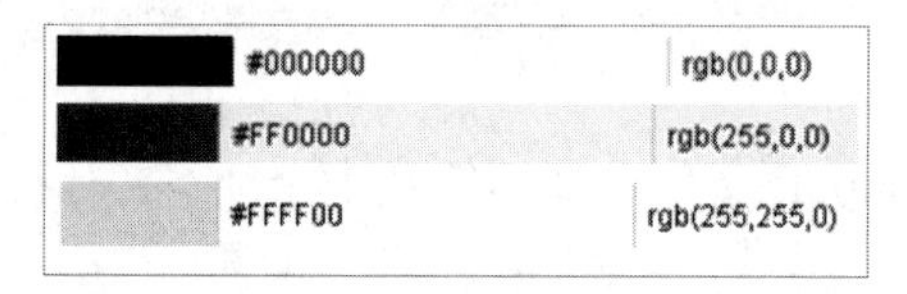

图 17-52

“发布商品”页面效果如图 17-48 所示。

17.9.2 修改商品信息

17.9.2.1 工作任务

用户修改商品信息的操作如下：发布商品后，查看“我的商品”页面，点击“修改商品”超链接，跳转到“修改商品”页面。本节迭代进行修改商品功能的页面设计和制作，该功能页面分为页头、正文、页脚、侧边栏 4 个部分。

（1）页头包含网站 Logo 和导航栏。

（2）正文部分包含商品信息表单，表单由以下表单项组成。

- 商品名称文本框。
- 价格文本框。
- 描述信息文本框。
- 图片选择框和视频选择框。
- “修改商品”按钮和“取消”按钮。

（3）页脚为版权声明。

（4）侧边栏为个人中心菜单栏，包括以下菜单项。

- 修改密码。
- 修改联系方式。
- 我的订单。
- 我的商品。
- 消费记录。
- 发布商品。
- 修改商品。

“修改商品”页面效果如图 17-53 所示。

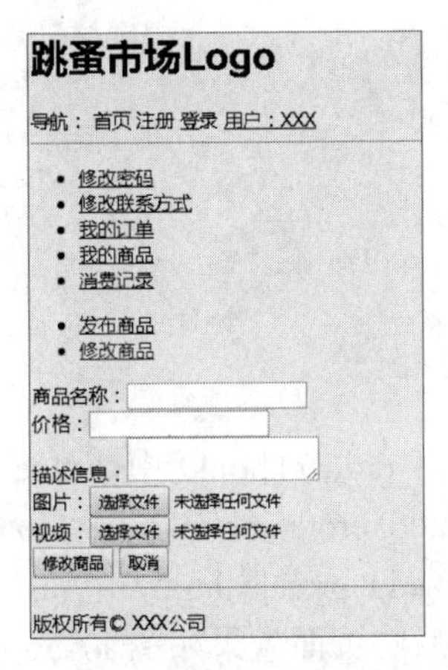

图 17-53

17.9.2.2　设计思路

（1）“修改商品”页面原型界面设计如图 17-54 所示。

（2）“修改商品”页面结构设计如图 17-55 所示。

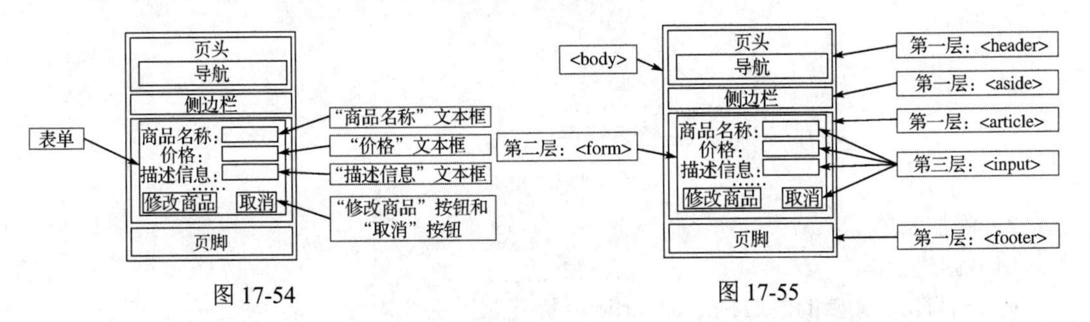

图 17-54　　　　图 17-55

（3）页面创建过程如下。

- 创建页头<header>。
- 创建页脚<footer>。
- 创建侧边栏<aside>。
- 创建正文<article>。
- 在正文部分创建表单<form>。
- 在表单中创建表单项<input>（商品名称文本框、价格文本框、文件提交栏、“修改商品”按钮、“取消”按钮）。
- 在表单中创建文本域<textarea>（描述信息文本框）。

（4）引入 CSS 样式。

- 引入 CSS 样式文件。
- 修改字体样式。

17.9.2.3　实现（跟我做）

1．创建“修改商品”页面

（1）创建页面。

- 在项目中，创建 edit_product.html 页面。
- 修改标题为“修改商品”。

```
<!DOCTYPE html>
<html>
   <head>
   <meta charset="utf-8">
   <title>修改商品</title>
   </head>
   <body>
   </body>
</html>
```

（2）页头：将“发布商品”（add_product.html）中<header></header>的内容复制到页面中。

（3）页脚：将“发布商品”（add_product.html）中<footer></footer>的内容复制到页面中。

（4）侧边栏：将“发布商品”（add_product.html）中<aside></aside>的内容复制到页面中。

添加页头、页脚和侧边栏之后的页面效果如图 17-56 所示。

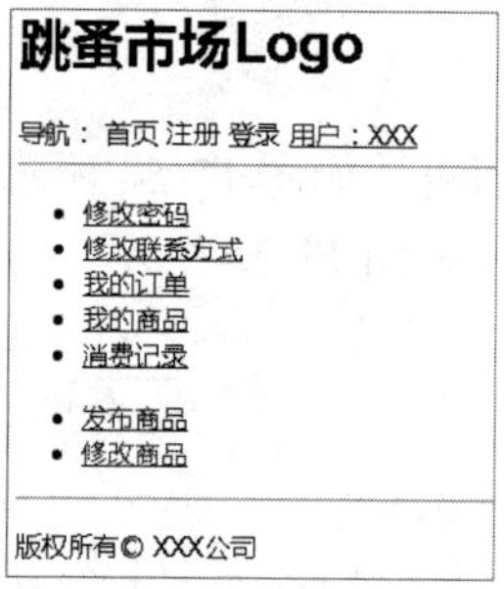

跳蚤市场Logo
导航：首页 注册 登录 用户：XXX
- 修改密码
- 修改联系方式
- 我的订单
- 我的商品
- 消费记录
- 发布商品
- 修改商品

版权所有© XXX公司

图 17-56

2．添加表单

（1）创建表单。

- 在 HTML 文档的侧边栏添加<article>标签表示主要内容。

- 在正文中使用<form>标签创建一个表单。
- 设置 form 表单提交路径 action="#"，method="get"。

```
<article>
   <form action="#" method="get" >
      ……
   </form>
</article>
```

（2）添加表单内容。

- 在 form 中添加商品名称信息。

中文“商品名称:”、一个<input>输入标签及一个
换行符，具体如下所示：

```
商品名称: <input type="text" name="name" value="ipad" /><br />
```

- 添加价格信息。

中文“价格:”、一个<input>输入标签及一个
换行符，具体如下所示：

```
价格: <input type="text" name="price" value="¥1300.00" /><br />
```

- 添加描述信息。

中文“描述:”、一个<textarea>多行文本标签及一个
换行符，具体如下所示：

```
描述: <textareacols="30" rows="5" name="description" >xxx 商品描述</textarea> <br />
```

- 添加图片选择。

中文“图片:”、一个<input>文件选择标签及一个
换行符。如下所示：

```
图片: <input type="file" name="picture" /><br />
```

- 添加视频文件选择信息。

中文“视频:”、一个<input>文件选择标签及一个
换行符，具体如下所示：

```
视频: <input type="file" name="video" /><br />
```

- “修改商品”按钮和“取消”按钮。

一个“修改商品”按钮，一个“取消”按钮，具体如下所示：

```
<input type="submit" value="修改商品" />
<input type="reset" value="取消" />
```

页面效果如图 17-57 所示。

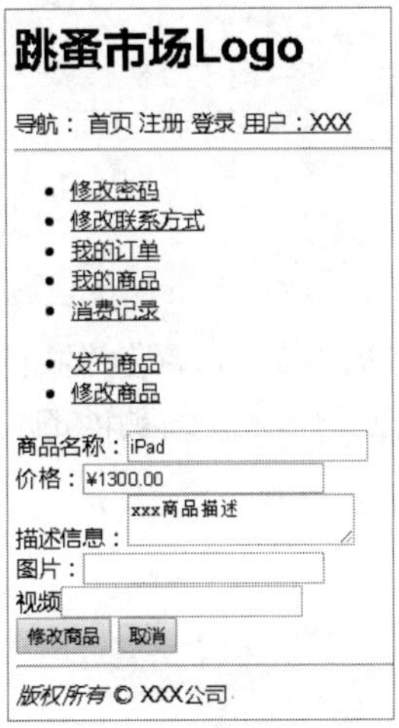

图 17-57

3．添加 CSS 样式

（1）为页面中的文字添加 CSS 样式。

在 css 文件夹中的 style.css 文件添加如下 CSS 代码：

```
body{
    font-size: 14px;
    font-family: '宋体', sans-serif;
    font-style: normal;
}
```

（2）CSS 字体样式。

CSS 字体属性定义字体、加粗、大小、文字样式。

font-size 属性设置文本的大小。

font-family 属性设置文本的字体系列。

font-style 主要用于指定斜体文字的字体样式属性。

运行效果如图 17-58 所示。

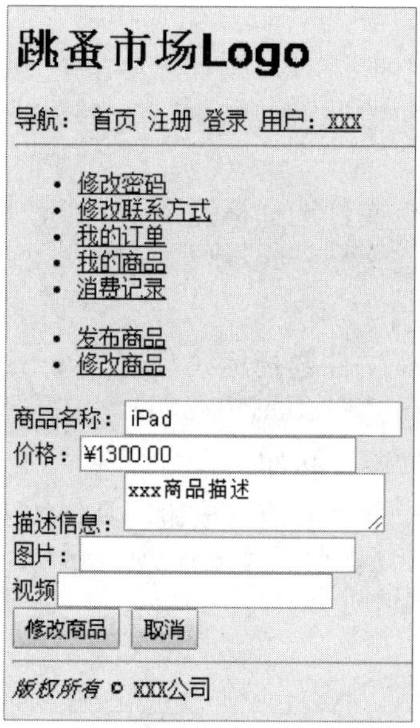

跳蚤市场Logo

导航： 首页 注册 登录 用户：xxx

- 修改密码
- 修改联系方式
- 我的订单
- 我的商品
- 消费记录

- 发布商品
- 修改商品

商品名称：iPad

价格：¥1300.00

描述信息：xxx商品描述

图片：

视频

修改商品 取消

版权所有 © xxx公司

图 17-58

17.9.3 删除商品

17.9.3.1 工作任务

用户删除商品的操作如下：发布商品后，查看“我的商品”页面，选择商品后单击“删除”按钮即可删除商品。本节迭代进行删除商品功能的页面设计和制作，该功能页面在“我的商品”页面上迭代开发。

页面效果如图 17-59 所示。

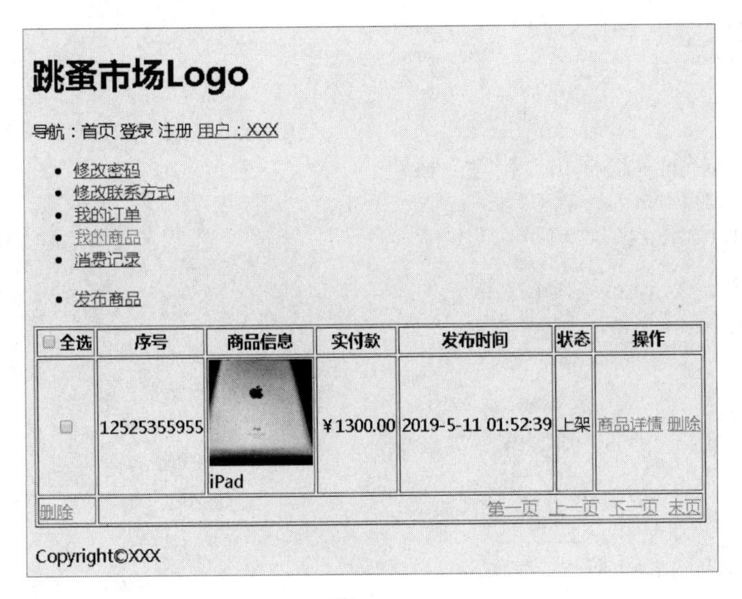

图 17-59

17.9.3.2　设计思路

（1）“删除商品”页面原型界面设计如图 17-60 所示。

（2）“删除商品”页面结构设计如图 17-61 所示。

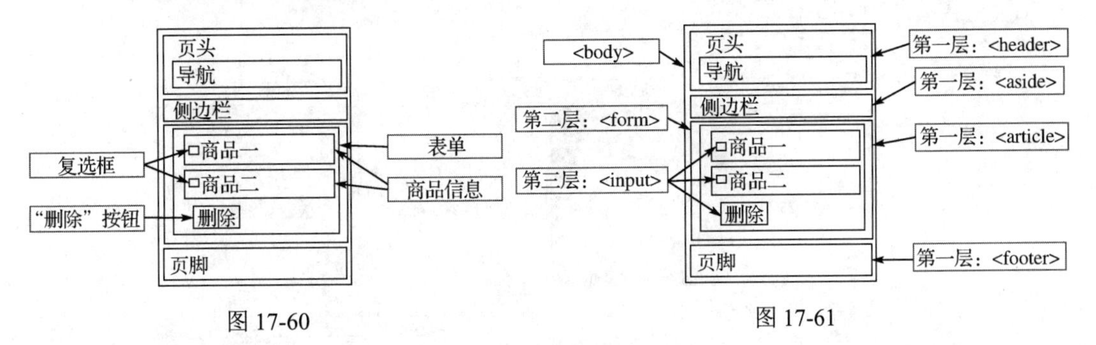

图 17-60　　　　图 17-61

（3）引入 CSS 样式。

- 引入 CSS 样式文件。
- 调整超链接状态。

17.9.3.3　实现（跟我做）

1．修改“我的商品”页面

在“我的商品”（my_product.html）页面中添加复选框，用于选择全部商品。

```
<form>
   ......
   <tr>
      <th><input type="checkbox">全部</th>
      <th>序号</th>
      <th>商品信息</th>
      <th>实付款</th>
      <th>发布时间</th>
      <th>状态</th>
```

```
        <th>操作</th>
    </tr>
    ......
</form>
```

添加商品选择的复选框和“删除”按钮。

```
<tr>
    <td> <input type="checkbox"> </td>
    ......
    <td>2019-5-11 01:52:39</td>
    <td>上架</td>
    <td><a href="">商品详情</a></td>
</tr>
<tr>
    <td> <button>删除</button> </td>
    ......
</tr>
......
```

页面效果如图 17-62 所示。

图 17-62

2．添加 CSS 样式

（1）为页面中的超链接添加 CSS 样式。

在 css 文件夹中的 style.css 文件添加如下 CSS 代码：

```
a:link {color:#FF0000;}     /*未访问超链接（红色）*/
a:visited {color:#00FF00;} /*已访问超链接（绿色）*/
a:hover {color:#FF00FF;}    /*鼠标移动到超链接上（粉红色）*/
a:active {color:#0000FF;}   /*鼠标点击时*/
```

（2）伪类选择器。

在支持 CSS 的浏览器中，超链接的不同状态都可以以不同的方式显示。

a:link 是用在未访问的超链接的选择器。

a:visited 是用在已访问过的超链接的选择器。

a:hover 是用在鼠标光标放在其上的超链接的选择器。

a:active 是用在获得焦点（如被点击）的超链接的选择器。

运行效果如图 17-59 所示。

17.9.4　商品分类列表

17.9.4.1　工作任务

（1）用户查看商品分类的操作如下：点击首页中的各个商品的超链接，跳转到“商品分类列表”页面。本节迭代进行商品分类列表功能的页面设计和制作，该功能页面分为页头、正文、页脚 3 个部分。

- 页头包含网站 Logo 和导航栏。
- 正文部分包含分类和商品信息。
- 页脚为版权声明。

（2）实现动态效果：当鼠标移入列表项时，该列表项背景色发生改变。

页面效果如图 17-63 所示。

图 17-63

17.9.4.2　设计思路

（1）“商品分类列表”页面原型界面设计如图 17-64 所示。

（2）“商品分类列表”页面结构设计如图 17-65 所示。

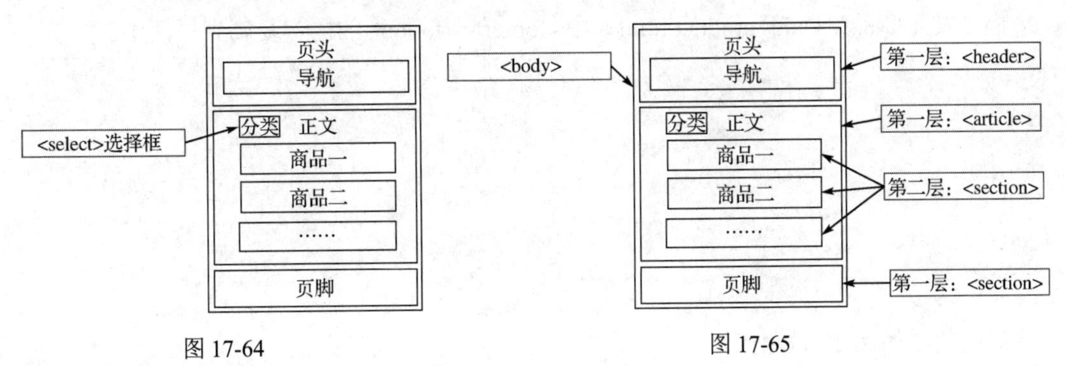

图 17-64　　　　图 17-65

（3）页面创建过程如下。

- 创建 product_list.html 文件。
- 创建页头<header>。

- 创建页脚<footer>。
- 创建正文<article>。
- 在正文部分创建<select>。
- 在正文部分创建<section>。

（4）添加 CSS 样式。

- 引入 CSS 样式文件。
- 调整表格列表项的显示类型。
- 使表格中元素向右平铺。

17.9.4.3 实现（跟我做）

1．创建页面

（1）创建“商品分类列表”页面。

- 在项目中创建 product_list.html 页面。
- 修改标题为“商品分类列表”。

```
<!DOCTYPE html>
<html>
    <head>
    <meta charset="utf-8">
    <title>商品分类列表</title>
    </head>
    <body>
    </body>
</html>
```

（2）页头。

将“发布商品”（add_product.html）中<header></header>的内容复制到页面中。

```
......
<body>
    <header>
        ......
    </header>
</body>
......
```

（3）页脚。

将“发布商品”（add_product.html）中<footer></footer>的内容复制到页面中。

```
......
<body>
    ......

    <footer>
        ......
    </footer>
</body>
......
```

页面效果如图 17-66 所示。

跳蚤市场Logo

导航： 首页 注册 登录 用户：XXX

版权所有© XXX公司

图 17-66

2．添加“商品分类列表”信息

（1）在<article>标签中添加类别选择菜单。

- 添加<section>标签，在<section>标签中添加<select>下拉列表标签。
- 在<select>中添加若干<option>标签作为列表项。

```
<section>
    类别:
    <select>
        <option>电子</option>
        <option>交通</option>
        <option>生活</option>
    </select>
</section>
```

（2）添加商品列表。

- 在<article>标签中添加<section>标签。
- 在<section>标签中添加<ul>列表标签。
- 在<ul>列表标签中添加若干<li>列表项标签。
- 在每个列表项中添加商品信息内容。

```
<section>
    <ul>
        <li>
            <img src="imgs/01.jpg">
            <p>MacBook</p>
            <p>¥6556.00</p>
        </li>
        <li>
            <a href="#"><img src="imgs/02.jpg"></a>
            <div class="title"><a href="#">MacBook</a></div>
            <div class="price">¥6556.00</div>
        </li>
        <li>
            <a href="#"><img src="imgs/02.jpg"></a>
            <div class="title"><a href="#">MacBook</a></div>
            <div class="price">¥6556.00</div>
        </li>
        <li>
            <a href="#"><img src="imgs/02.jpg"></a>
            <div class="title"><a href="#">MacBook</a></div>
            <div class="price">¥6556.00</div>
        </li>
        <li>
            <a href="#"><img src="imgs/02.jpg"></a>
            <div class="title"><a href="#">MacBook</a></div>
            <div class="price">¥6556.00</div>
```

```
        </li>
        <li>
            <a href="#"><img src="imgs/02.jpg"></a>
            <div class="title"><a href="#">MacBook</a></div>
            <div class="price">¥6556.00</div>
        </li>
        <li>
            <a href="#"><img src="imgs/02.jpg"></a>
            <div class="title"><a href="#">MacBook</a></div>
            <div class="price">¥6556.00</div>
        </li>
        <li>
            <a href="#"><img src="imgs/02.jpg"></a>
            <div class="title"><a href="#">MacBook</a></div>
            <div class="price">¥6556.00</div>
        </li>
    </ul>
</section>
```

（3）加入分页超链接：在<article>标签中添加<section>标签，在<section>标签中添加分页超链接。

```
<section>
    <a href="#">第一页</a> 
    <a href="#">上一页</a> 
    <a href="#">下一页</a> 
    <a href="#">末页</a>
</section>
```

页面效果如图 17-67 所示。

图 17-67

3．添加 CSS 样式

（1）为页面中的 ul、li 列表设置样式。

在 css 文件夹的 style.css 文件中添加如下 CSS 代码：

```
ul {list-style-type:circle;}
```

（2）在 HTML 中有两种类型的列表。

- 无序列表：列表项标记用特殊图形（如小黑点、小方框等）。
- 有序列表：列表项标记用数字或字母。

```
/*list-style-type 属性指定列表项标记的类型是空心圆圈或方块*/
ul {list-style-type: circle;}  /*空心圆圈*/
ul {list-style-type: square;}  /*方块*/

ol {list-style-type: upper-roman;}
ol {list-style-type: lower-alpha;}
```

运行效果如图 17-68 所示。

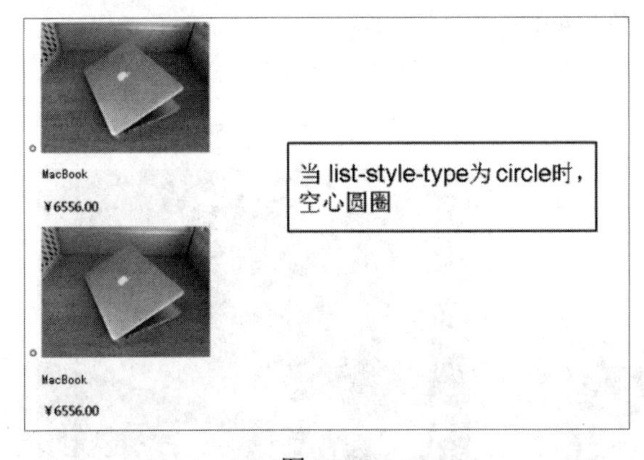

图 17-68

（3）设置列表由纵向转变为横向显示。

```
ul li{
   display:inline-block;
}
```

运行效果如图 17-63 所示。

4．添加 JavaScript 代码

在<body>部分添加 JavaScript 代码。

```
<script type="text/javascript">
   //根据 classname 找到列表元素
   var item = document.getElementsByClassName('item');
   //遍历所有列表项
   for (var i=0;i<item.length;i++) {
     //设置列表项移入、移出事件，改变列表项背景色
     item[i].onmouseover = function() {
        this.style.background = 'rgb(200,200,200)';
     }
     item[i].onmouseout = function() {
        this.style.background = 'rgb(255,255,255)';
     }
   }
</script>
```

设置<li>标签的 class 属性为 item。

```
<li class="item" >
   <img src="img/1.jpg">
```

```
    <p>MacBook</p>
    <p>¥6556.00</p>
</li>
```

17.9.5 搜索商品

17.9.5.1 工作任务

（1）用户在首页中点击“搜索商品”超链接，跳转到“搜索商品”页面，包括搜索栏和搜索结果列表。

（2）用户在商品列表中点击自己喜欢的商品的超链接可跳转到商品详情页面。

本节迭代进行搜索商品功能和商品详情功能的页面设计与制作。

“搜索商品”页面效果如图 17-69 所示。

“商品详情”页面上半部分效果如图 17-70 所示。

图 17-69

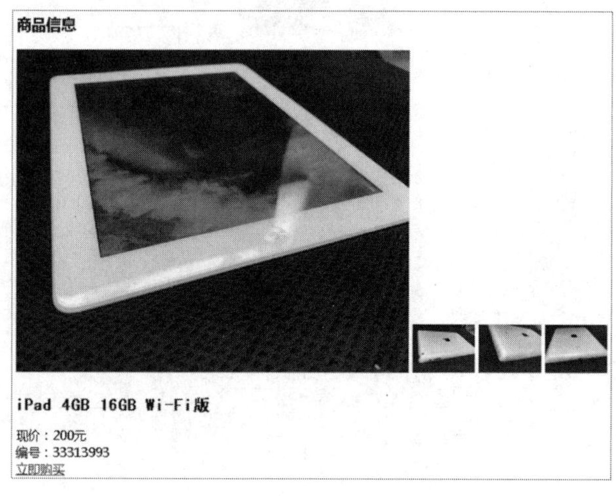

图 17-70

“商品详情”页面下半部分效果如图 17-71 所示。

图 17-71

17.9.5.2　设计思路

（1）“搜索商品”页面原型界面设计如图 17-72 所示。

（2）“搜索商品”页面结构设计如图 17-73 所示。

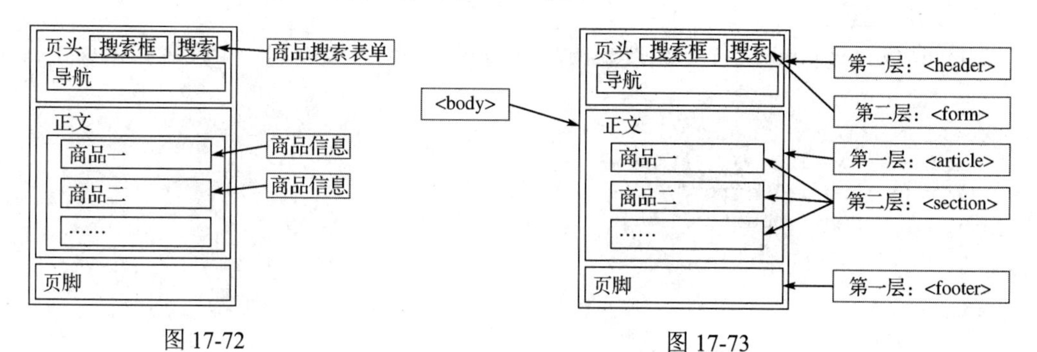

图 17-72　　　　图 17-73

（3）“商品详情”页面原型界面设计如图 17-74 所示。

（4）“商品详情”页面结构设计如图 17-75 所示。

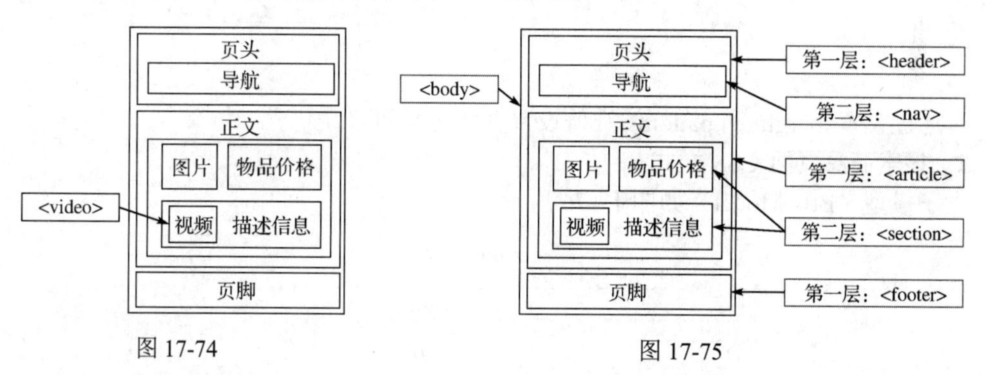

图 17-74　　　　图 17-75

（5）页面创建过程如下。

- 创建页头<header>。
- 创建页脚<footer>。
- 创建正文<article>。
- 在正文中创建<section>。

17.9.5.3　实现（跟我做）

1. 创建“搜索商品”页面

（1）创建页面。

- 在项目中创建 product_search.html 页面。
- 修改标题为“搜索商品”。

```
<!DOCTYPE html>
<html>
    <head>
    <meta charset="utf-8">
    <title>搜索商品</title>
    </head>
    <body>
    </body>
</html>
```

（2）页头和页脚。

将“发布商品”（add_product.html）中<header></header>的内容复制到页面中。

将“发布商品”（add_product.html）中<footer></footer>的内容复制到页面中。

（3）添加搜索栏。

在首页（index.html 文件）和搜索商品页面的<header>处添加一个搜索栏，用于搜索商品。

```
<header>
    <form >
        <input name="search">
        <input type="button" value="搜索" />
    </form>
    ......
</header>
```

（4）修改全局 margin、padding。

在 css 文件夹的 style.css 文件中添加如下 CSS 代码：

```
*{
    margin: 0;
    padding:0;
}
```

可通过设置 margin 和 padding 数值设置页面元素间隙。

2．搜索商品页面 CSS 样式

盒子模型（Box Model）如图 17-76 所示。

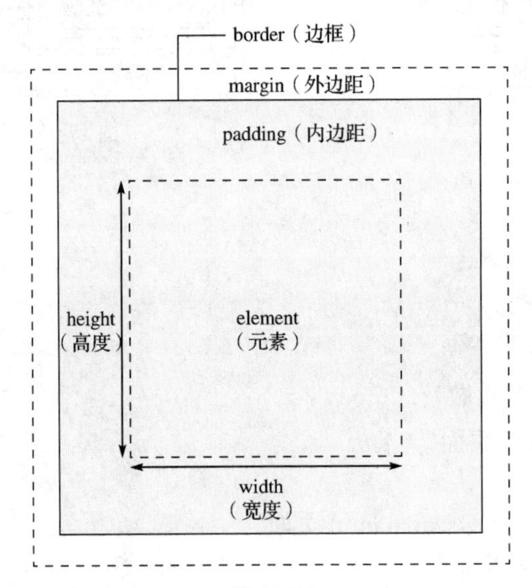

图 17-76

外边距 margin：围绕在元素边框的空白区域。

内边距 padding：定义元素边框与元素内容之间的空白区域。

还可以按照上、右、下、左的顺序分别设置各边的内边距，各边均可以使用不同的单位或百分比值。

3．创建“商品详情”页面

（1）创建页面。

- 在项目中创建 product_detail.html 页面。
- 修改标题为“商品详情”。

```
<!DOCTYPE html>
<html>
   <head>
   <meta charset="utf-8">
   <title>商品详情</title>
   </head>
   <body>
   </body>
</html>
```

（2）页头和页脚。

将“发布商品”（add_product.html）中<header></header>的内容复制到页面中。

将“发布商品”（add_product.html）中<footer></footer>的内容复制到页面中。

（3）添加商品信息。

在页面中的<article>部分使用<section>用于显示商品图片和价格信息。

```
......
<article>
   <section>
      <h3>商品信息</h3>
      <img src="imgs/01.jpg" width="500" height="400">
      <img src="imgs/02.jpg" alt="" /><img src="imgs/03.jpg" alt="" />
      <img src="imgs/04.jpg" alt="" />
      <h1>iPad 4GB 16GB Wi-Fi 版</h1>
      现价：200 元<br>
      编号：33313993<br>
      <a href="#">立即购买</a>
   </section>
</article>
......
```

页面效果如图 17-70 所示。

（4）添加视频信息。

在<article>标签中的<section>标签内添加视频控件。

```
......
<section>
   <h4>产品介绍</h4>
   <p>1、沿用风靡百年的经典全棉牛津纺面料，运用领先的液氨整理技术，面料的抗皱性能会更好。
延续简约、舒适、健康的设计理念，特推出免烫、易打理的精细免烫牛津纺长袖衬衫系列。
   2、正品，质量优良
   3、九成新
   </p>
   <video controls="controls" width="640" height="360">
   <source src="movie/1.mp4"></source>
   </video>
</section>
```

- <video>标签：定义视频，如电影片段或其他视频流，是 HTML5 的新标签。

```
<video src="视频文件路径" controls="controls">
</video>
```

- video 元素允许多个 source 元素，source 元素可以链接不同的视频文件。浏览器将使用第 1 个可识别的格式：

```
<video width="320" height="240" controls="controls">
   <source src="movie.ogg" type="video/ogg">
   <source src="movie.mp4" type="video/mp4">
</video>
```

页面效果如图 17-71 所示。

4. “商品详情”页面 CSS 样式

设置 CSS 的边框的样式。

（1）为<section>标签设置属性：

```
......
<article>
   <section id="detail">
       ......
   </section>
       ......
</article>
......
```

（2）在 css 文件夹的 style.css 文件中添加如下 CSS 代码：

```
#detail{
   border:2px solid red;
}
```

CSS 边框属性允许指定一个元素边框的样式和颜色。

border-width 属性为边框指定宽度。

border-color 属性用于设置边框的颜色。

border-style 属性用于定义边框的样式。

简写方式如下。

可以在 border 属性中设置：

```
   border-width
   border-style (required)
   border-color
```

页面效果如图 17-77 所示。

图 17-77

17.10　第二阶段 HTML5+CSS3+JS：订单管理

17.10.1　下订单

17.10.1.1　工作任务

用户在“商品详情”页面中点击“立即购买”超链接，即可跳转到“下订单”页面。本节迭代进行下订单功能的页面设计和制作，该功能页面分为页头、正文、页脚 3 个部分。

（1）页头包含网站 Logo、导航栏。

（2）正文部分包含商品信息。

- 商品信息。
- 订单表单。

（3）页脚为版权声明。

页面效果如图 17-78 所示。

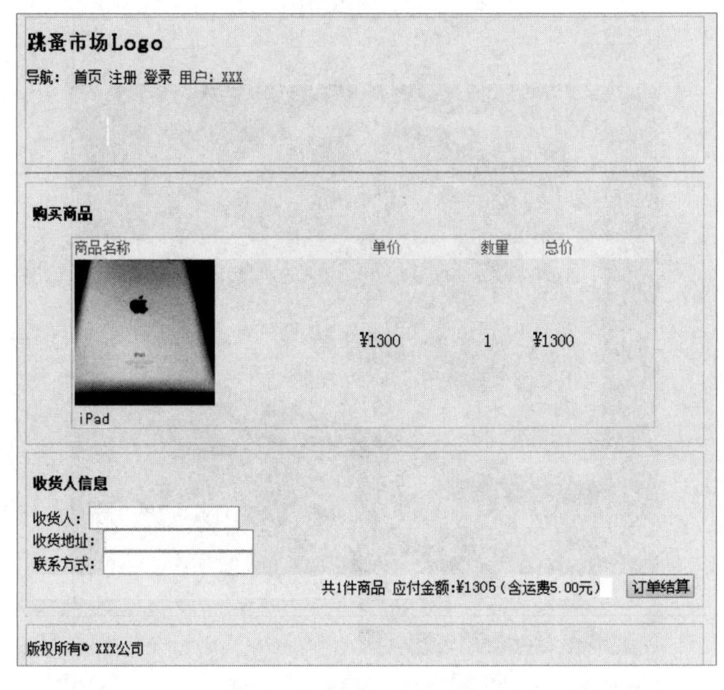

图 17-78

17.10.1.2 设计思路

（1）“下订单”页面原型界面设计如图 17-79 所示。

（2）“下订单”页面结构设计如图 17-80 所示。

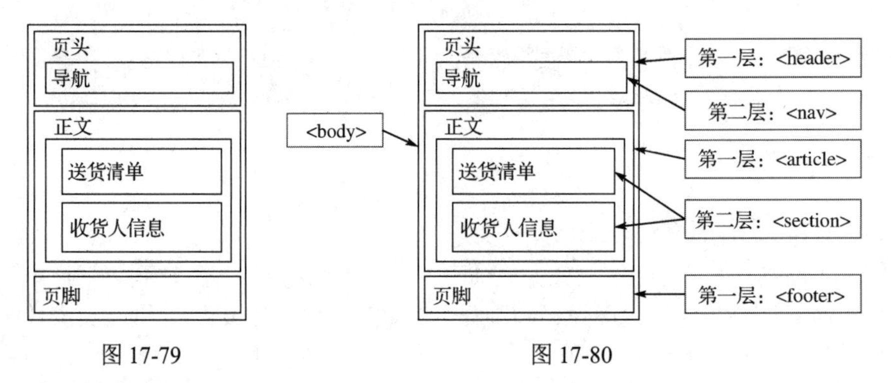

图 17-79　　　　图 17-80

（3）页面创建过程。

- 创建页头<header>。
- 创建页脚<footer>。
- 创建正文<article>。
- 在正文部分创建区域<section>。

（4）添加 CSS 样式。

- 导入样式文件。
- <body>部分水平居中。
- 设置<header>和<footer>部分的样式。
- 设置正文部分的样式。

17.10.1.3　实现（跟我做）

1．创建“下订单”页面

（1）创建页面。

- 在项目中创建 place_order.html 页面。
- 修改标题为“下订单”。

```
<!DOCTYPE html>
<html>
    <head>
    <meta charset="utf-8">
    <title>下订单</title>
    </head>
    <body>
    </body>
</html>
```

（2）页头。

将“发布商品”（add_product.html）中<header></header>的内容复制到页面中。

```
......
<body>
    <header>
        ......
    </header>
</body>
......
```

（3）页脚。

将“发布商品”（add_product.html）中<footer></footer>的内容复制到页面中。

```
......
<body>
    ......

    <footer>
        ......
    </footer>
</body>
......
```

2．添加购买商品部分

（1）添加购买商品信息。

在<article>标签下的<section>标签中添加购买的商品信息。

```
......
<article>
    <section>
        <h3>购买商品</h3>
          <table>
            <tr class="table_head">
                <td>商品信息</td>
                <td>单价</td>
                <td>数量</td>
                <td>总价</td>
            </tr>
            <tr>
```

```
                <td>
                <img src="imgs/ipad.jpg" width="54px" height="54px">iPad
                </td>
                <td>¥1300</td><td>1</td><td>¥1300</td>
            </tr>
          </table>
        应付金额: ¥1300
    </section>
</article>
```

（2）运行调试，效果如图 17-81 所示。

图 17-81

3．添加收货人部分

（1）添加收货人信息。

在<article>标签下的<section>标签中添加收货人信息。

```
......
<article>
    <section>
     <h3>收货人信息</h3>
     <form action="#" method="post">
        收货人: <input type="text" name="username"/><br>
        收货地址: <input type="text" name="addr"/><br>
        联系方式: <input type="text" name="phone"/><br>
        <div class="total">共 1 件商品 应付金额: ¥1305 (含运费 5.00 元)
            <input type="submit" value="订单结算">
        </div>
    </form>
</section>
</article>
```

（2）运行调试，效果如图 17-82 所示。

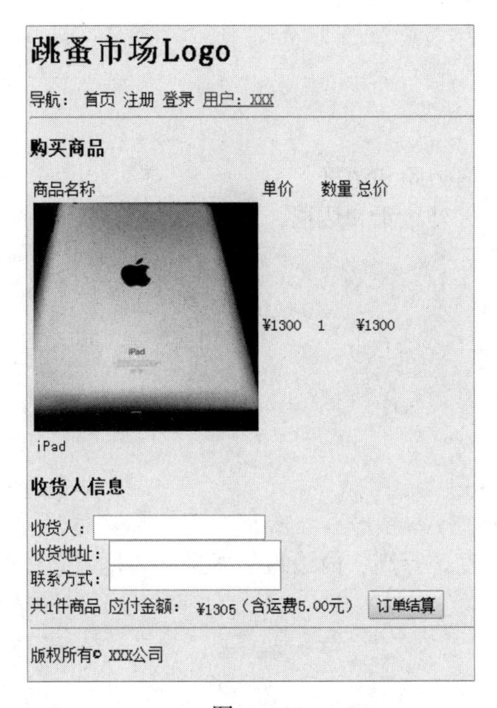

图 17-82

4．添加 CSS 样式

（1）为页面的元素设置样式。

在 css 文件夹的 style.css 文件中添加如下 CSS 代码（页面主体内容会居中显示）：

```
body{
   background-color: #F1F1F1;
   max-width: 960px;
   margin: 0 auto;
   padding: 0 auto;
}
```

（2）CSS 样式的含义。

- margin:0 auto。

margin 后面如果只有两个参数，则第 1 个表示 top 和 bottom，第 2 个表示 left 和 right。所以，0 auto 表示上、下边界为 0，而左、右边界则根据宽度自适应相同的值（即居中）。

- max-width 定义元素的最大宽度。

该属性值会对元素的宽度设置一个最高限制。因此，元素可以比指定值窄，但不能比其宽，不允许指定负值。

（3）设置 header 和 footer 的样式。

在 style.css 文件中为页头 header、页脚 footer 设置样式。

```
header{
   height: 100px;
   border: 2px solid #dfc9b2;
   margin-top: 5px;
   margin-bottom: 5px;
}
footer{
   height: 200px;
```

```
    border: 2px solid #dfc9b2;
    margin-top: 5px;
}
```

（4）美化内容。

- 设置段落外边距、内边距和边框。
- 设置表格总体宽度、外边距和边框。

```
section{
    margin: 10px auto;
    padding: 10px ;
    border:2px solid #dfc9b2;
}
article table {
    width: 925px;
    margin: 10px auto;
    border:2px solid #dfc9b2;
}
```

- 设置表格标题的高度、行高、内边距、背景、边框、字体颜色。

```
.table_head{
    height:26px;
    line-height:26px;
    padding:2px 0 0 0;
    background:#faf8f2;
    border-bottom:1px solid #eadbc9;
    border-top:1px solid #eadbc9;
    color:#8a7152;
}
```

- 设置金额部分文字对齐、外边距、背景。

```
.total{
    text-align:right;
    margin: auto;
    background:#f1f5f8;
}
```

（5）页面美化效果如图 17-78 所示。

17.10.2 支付

17.10.2.1 工作任务

用户在“下订单”页面中单击“订单结算”按钮，跳转到“支付”页面。本节迭代进行支付功能的页面设计和制作，该功能页面分为页头、正文、页脚 3 个部分。

（1）页头包含网站 Logo、导航栏。

（2）正文部分包含以下几项。

- 待支付订单。
- 支付方式。
- 支付。

（3）页脚为版权声明。

页面效果如图 17-83 所示。

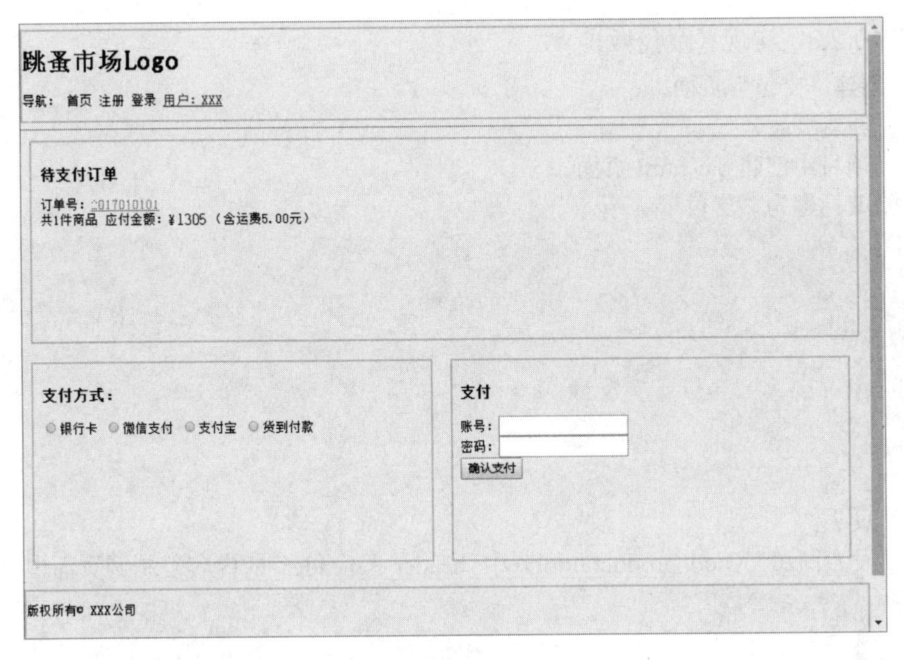

图 17-83

17.10.2.2 设计思路

（1）“支付”页面原型界面设计如图 17-84 所示。

（2）“支付”页面结构设计如图 17-85 所示。

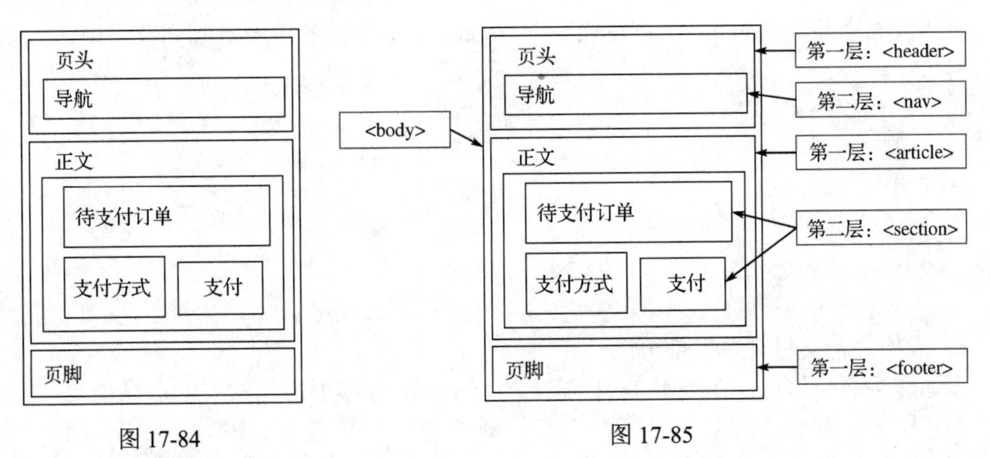

图 17-84　　图 17-85

（3）页面创建过程。

- 创建页头<header>。
- 创建页脚<footer>。
- 创建正文<article>。
- 在正文部分创建区域<section>。

（4）添加 CSS 样式。

- 导入样式文件。
- 使“支付方式”和“支付”部分横向并列。

17.10.2.3 实现（跟我做）

1．创建“支付”页面

（1）创建页面。

- 在项目中创建 pay.html 页面。
- 修改标题为“支付”。

```
<!DOCTYPE html>
<html>
    <head>
    <meta charset="utf-8">
    <title>支付</title>
    </head>
    <body>
    </body>
</html>
```

（2）页头。

将“发布商品”（add_product.html）中<header></header>的内容复制到页面中。

```
......
<body>
    <header>
    ......
    </header>
</body>
......
```

（3）页脚。

将“发布商品”（add_product.html）中<footer></footer>的内容复制到页面中。

```
......
<body>
    ......

    <footer>
        ......
    </footer>
</body>
......
```

2．添加“待支付订单”部分

添加购买商品信息：在<article>标签下的<section>标签中添加购买的商品信息。

```
......
<article>
    <section>
    <h3>待支付订单</h3>
    订单号：2017010101<br>
    共 1 件商品 应付金额：¥1305（含运费 5.00 元）
    </section>
......
```

3．添加“支付方式”部分

在<article>标签下的<section>标签中添加支付账号密码信息。

```
......
<section>
```

```
    <h3>支付方式：</h3>
    <input type="radio" name="pay_type1"/>银行卡
    <input type="radio" name="pay_type2"/>微信支付
    <input type="radio" name="pay_type3"/>支付宝
    <input type="radio" name="pay_type4"/>货到付款
</section>
```

4．添加表单

在<article>标签下的<section>标签中添加支付账号密码信息。

```
......
<section>
    <h3>支付</h3>
    <form action="">
        账号：<input type="text" name="account"/><br>
        密码：<input type="password" name="pwd"/><br>
        <input type="submit" value="确认支付">
    </form>
</section>
```

运行调试，效果如图 17-86 所示。

图 17-86

5．添加 CSS 样式

（1）为页面的元素设置样式。

- 为 HTML 元素添加 id 属性。

```
......
<article>
    <section id="pay_order" >
    <h3>待支付订单</h3>
    ......
    <section id="pay_type">
    <h3>支付方式：</h3>
    ......
    <section id="pay_info">
    <h3>支付</h3>
......
</article>
```

- 在 css 文件夹的 style.css 文件中添加如下 CSS 代码。

#pay_order 作为 id 选择器，可以对 id 属性为 pay_order 的元素设置 CSS 样式。

```
#pay_order{
  ......
}
```

id 选择器：#id 选择器指定具有 id 的元素的样式。

浮动应注意以下两点。

- float 属性指定一个盒子（元素）是否应该浮动。
- 用于实现多列功能，<div>标签默认一行只能显示一个，而使用 float 属性可以实现一行显示多个 div 的功能，最直接的解释方法就是能实现表格布局的多列功能。

需要注意的是，绝对定位的元素忽略 float 属性。

为“支付”的 section 设置浮动，并且添加一个 div，设置清除浮动。

```
#pay_order{
    height: 200px;
    margin: 10px;
}
#pay_type{
    float:left;
    width: 430px;
    height: 200px;
    margin: 10px;
}
#pay_info{
    float:left;
    width: 430px;
    height: 200px;
    margin: 10px;
}
.clear{
    clear: both;
}
......
```

（2）运行调试，效果如图 17-83 所示。

17.10.3 查询订单

17.10.3.1 工作任务

点击菜单中的“查询订单列表”可以跳转到该页面，再点击订单列表中的“详细信息”可以跳转到“订单详情”页面。

本节迭代进行“查询订单列表”和“订单详情”的页面设计与制作，功能页面分为页头、正文、页脚 3 个部分。

（1）页头包含网站 Logo、导航栏。

（2）正文部分以表格显示各个订单的数据。

（3）页脚为版权声明。

“查询订单列表”页面效果如图 17-87 所示。

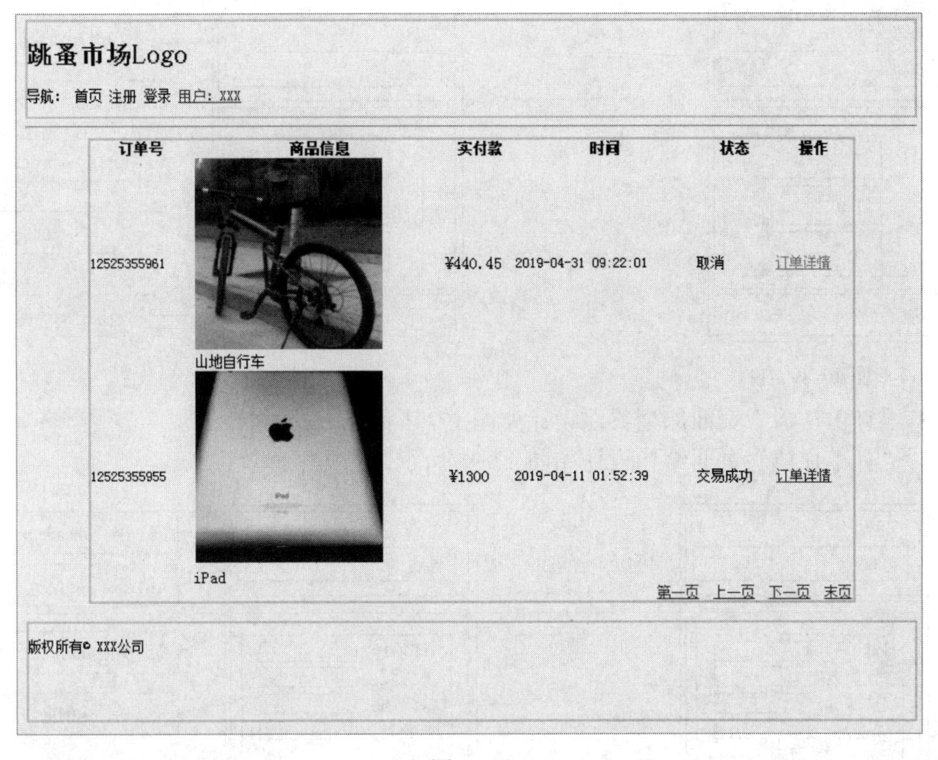

图 17-87

“订单详情”页面效果如图 17-88 所示。

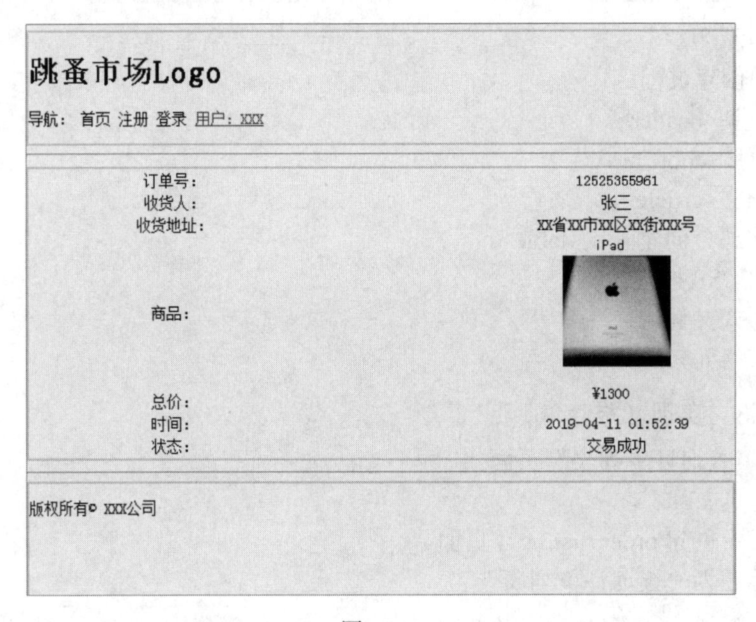

图 17-88

17.10.3.2　设计思路

（1）“查询订单列表”页面原型界面设计如图 17-89 所示。

（2）“查询订单列表”页面结构设计如图 17-90 所示。

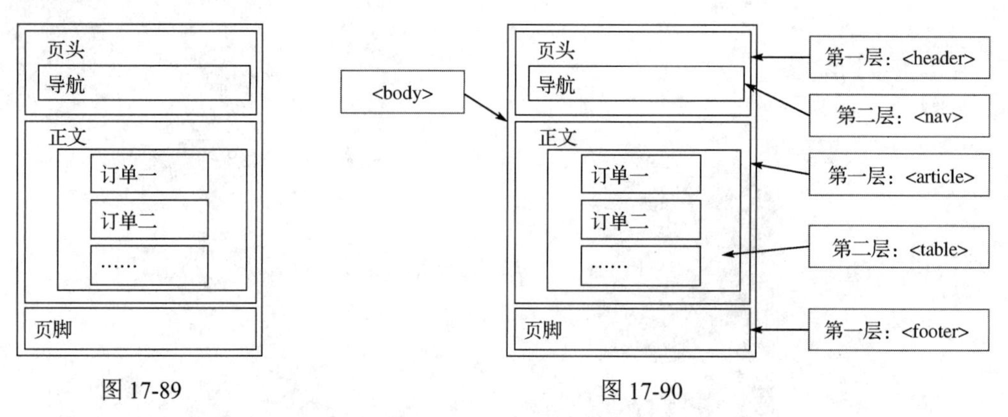

图 17-89　　图 17-90

（3）“订单详情”页面原型界面设计如图 17-91 所示。

（4）“订单详情”页面结构设计如图 17-92 所示。

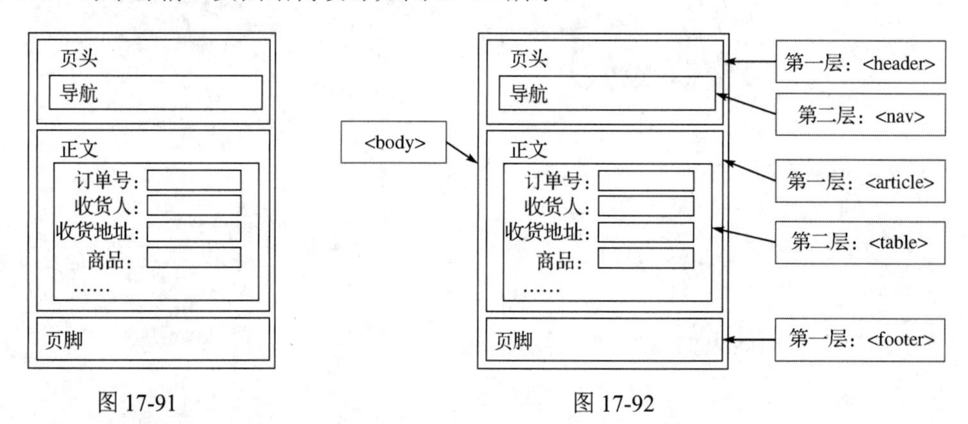

图 17-91　　图 17-92

（5）页面创建过程。

- 创建页头<header>。
- 创建页脚<footer>。
- 创建正文<article>。
- 在正文部分创建区域<table>。

（6）添加 CSS 样式。

- 导入样式文件。
- 修改表格元素选择器。

17.10.3.3　实现（跟我做）

1．创建“查询订单列表”页面

（1）创建页面。

- 在项目中创建 order_list.html 页面。
- 修改标题为“查询订单列表”。

```
<!DOCTYPE html>
<html>
   <head>
   <meta charset="utf-8">
   <title>查询订单列表</title>
   </head>
   <body>
```

```
    </body>
</html>
```

（2）页头和页脚。

将“发布商品”（add_product.html）中<header></header>的内容复制到页面中。

将“发布商品”（add_product.html）中<footer></footer>的内容复制到页面中。

（3）在<article>标签中添加<table>标签。

（4）表格分为 6 列，包括订单号、商品信息、实付款、时间、状态、操作，其中，商品信息为图片加文字，操作内容为超链接，其他列的内容都是文本。

（5）添加表格内容。

- 用<th>标签添加表头。

```
<table>
    <tr>
        <th>订单号</th>
        <th>商品信息</th>
        <th>实付款</th>
        <th>时间</th>
        <th>状态</th>
        <th>操作</th>
    </tr>
</table>
```

- 用<tr>标签添加每一行。
- 用<td>标签添加每一个单元格。

```
<table>
    ......
    <tr>
        <td>12525355961</td>
        <td><img src="imgs/product1.jpg"><br>山地自行车</td>
            <td>¥440.45</td>
        <td>2019-04-31 09:22:01
        </td>
        <td>取消</td>
        <td>
            <a href="">订单详情</a>|
        </td>
    </tr>
    ......
</table>
```

- 表格最后一行不分列，加入分页超链接。

```
<table>
    ......
    <tr>
        <td colspan="6" align="right">
            <a href="#">第一页</a> 
            <a href="#">上一页</a> 
            <a href="#">下一页</a> 
            <a href="#">末页</a>
        </td>
    </tr>
</table>
```

（6）正文效果如图 17-93 所示。

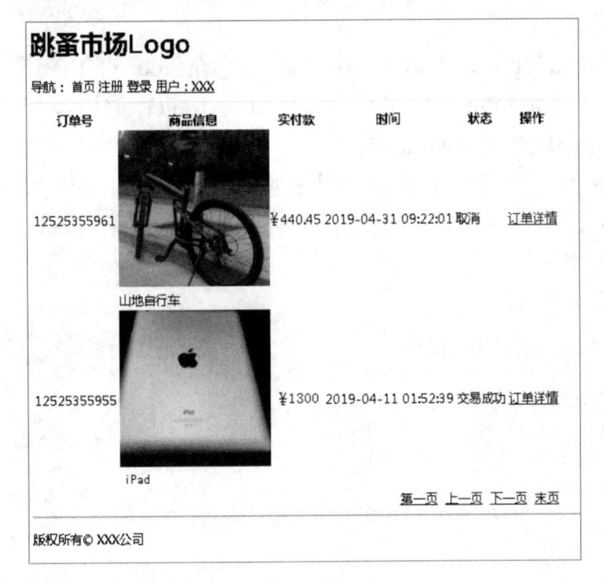

图 17-93

2．“查询订单列表”CSS 样式

（1）在 css 文件夹的 style.css 文件中编辑设置页面 CSS 样式。

（2）在 order_list.html 的<head>标签内引入 style.css 文件。

```
......
<head>
   ......
   <link rel="stylesheet" type="text/css" href="css/style.css">
</head>
......
```

（3）在 css 文件夹的 style.css 文件中，为 HTML 页面元素添加 CSS 样式。

（4）为 table 中的第一行<tr>添加 class="table_head"就可以使用（class 类选择器设置的样式可以复用）。

```
......
<table>
<tr class="table_head">
......
```

（5）在 css 文件夹的 style.css 文件中，将 article table 选择器中的 article 删除，改为 table。

（6）运行效果如图 17-87 所示。

3．创建“订单详情”页面

（1）创建页面。

- 在项目中创建 order.html 页面。
- 修改标题为“订单详情”。

```
<!DOCTYPE html>
<html>
   <head>
   <meta charset="utf-8">
   <title>订单详情</title>
```

```
    </head>
    <body>
    </body>
</html>
```

（2）页头和页脚。

将“发布商品”（add_product.html）中<header></header>的内容复制到页面中。

将“发布商品”（add_product.html）中<footer></footer>的内容复制到页面中。

（3）在<article>标签中添加<table>标签。

（4）<table>标签表格分为两列，左边一列为名称，右边一列为数据，结构如图 17-94 所示。

名称	数据
名称	数据
…	…

图 17-94

（5）在表格中添加订单号、收货人、收货地址、商品、总价、时间、状态 8 个订单信息。

```
<table>
    <tr>
        <td>订单号：</td>
        <td>12525355961<td>
    </tr>
    ......
</table>
```

表格效果如图 17-95 所示。

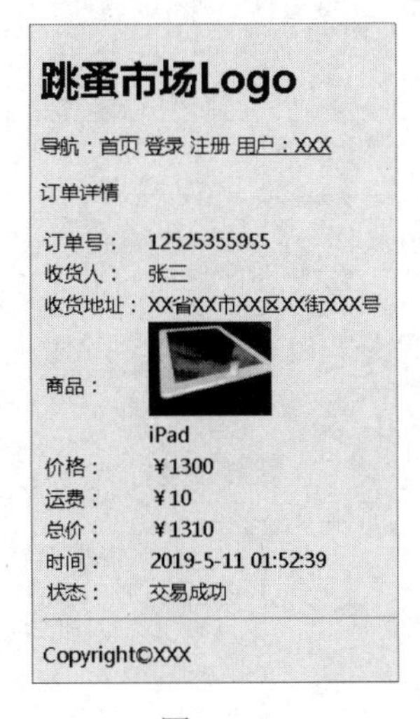

图 17-95

4．“订单详情”CSS 样式

（1）在 css 文件夹的 style.css 文件中编辑设置页面 CSS 样式。

（2）在 order.html 的<head>标签内引入 style.css。

```
......
<head>
    ......
```

```
    <link rel="stylesheet" type="text/css" href="css/style.css">
</head>
......
```

对 HTML 中的订单详情表格添加 id 属性，在 CSS 样式中使用 id 选择器，并设置文本内容居中、背景颜色样式。

CSS 样式中，已经有一些样式，再增加新的样式。

```
#order{
    text-align: center;
    background: #faf8f2;
}
```

设置表格 id 为 order。

```
<table id="order">
......
```

（3）运行效果如图 17-88 所示。

17.11 第二阶段 HTML5+CSS3+JS：留言管理

17.11.1 工作任务

（1）创建“发送留言”页面，页面中包括留言评价的商品信息和提交留言表单（表单项包括留言内容，单击“留言”按钮提交表单，以及单击“取消”按钮清除表单内容），页面效果如图 17-96 所示。

图 17-96

（2）创建一个“收件箱”页面，点击“用户中心”页面中的“收件箱”跳转到该页面，页面中以表格显示用户收到的留言列表，还可以选择并删除留言，页面效果如图 17-97 所示。

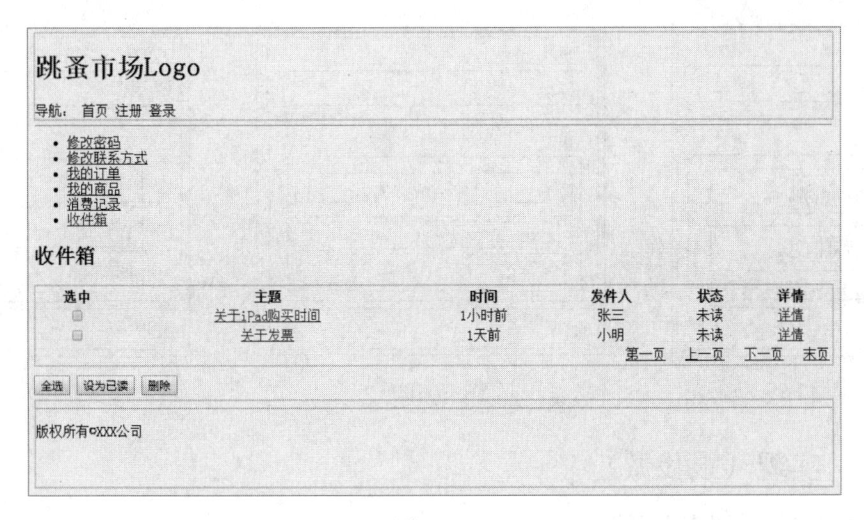

图 17-97

（3）创建一个“查看留言”页面，点击留言列表中“详情”跳转到该页面，页面中显示某一条留言的详细信息，可以回复留言，页面效果如图 17-98 所示。

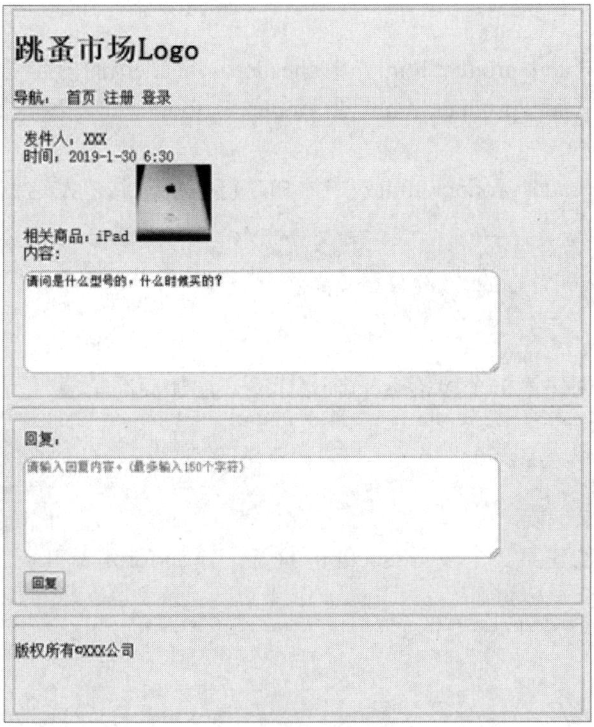

图 17-98

17.11.2　设计思路

（1）“发送留言”页面原型界面设计如图 17-99 所示。

（2）“收件箱”页面原型界面设计如图 17-100 所示。

（3）“查看留言”页面原型界面设计如图 17-101 所示。

图 17-99

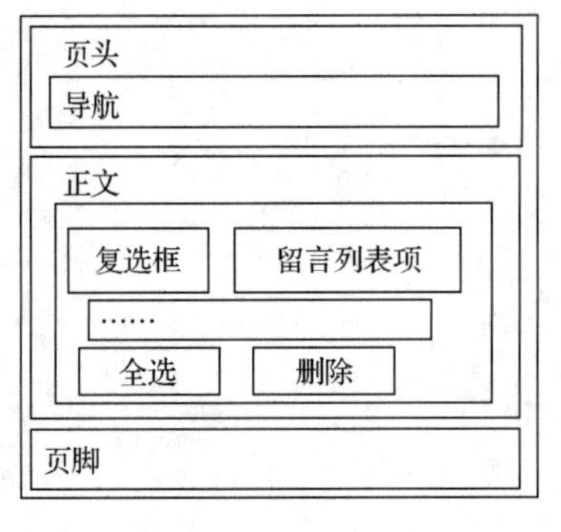

图 17-100

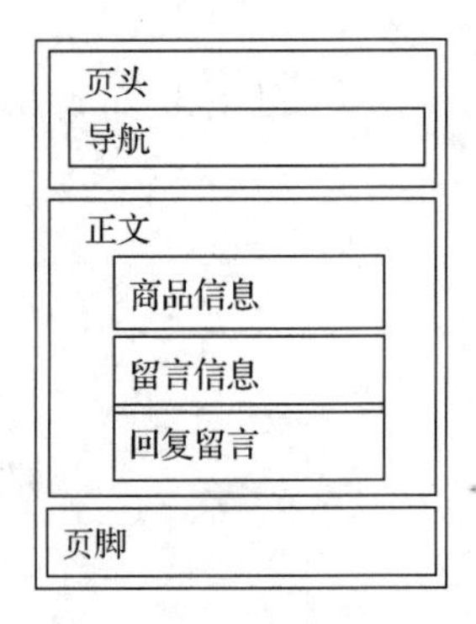

图 17-101

17.11.3 实现（跟我做）

1. 创建“发送留言”页面

（1）创建页面。

- 在项目中创建 add_msg.html 页面。
- 修改标题为“发送留言”。

（2）页头和页脚。

将“发布商品”（add_product.html）中<header></header>的内容复制到页面中。

将“发布商品”（add_product.html）中<footer></footer>的内容复制到页面中。

（3）页面入口。

在“商品详情”（add_product.html）中添加超链接跳转到“发送留言”页面。

```
......
<section>
   <a href="add_msg.html">发送留言</a>
</section>
......
```

（4）在 body 中创建第 1 个段落<section>标签，添加商品信息。

```
<section>
   商品编号：<a href="product_detail.html">100301</a><br>
   商品名称：iPad
</section>
```

（5）在 body 中创建第 2 个段落<section>标签，添加 form 表单。

```
<section>
   <form action="" method="post">
      ......
   </form>
</section>
```

（6）在 form 中创建<textarea>标签，用于存放留言内容。

```
...
<form action="#" method="post" >
   留言内容：<textarea name="msg" placeholder="请输入对该商品的留言(最多输入150个
字符)" required maxlength="150"></textarea><br>
   <input type="submit" value="留言"/>
   <input type="reset" value="取消"/>
</form>
```

```
...
```

（7）页面效果如图 17-102 所示。

图 17-102

（8）在 css 文件夹的 style.css 文件中编辑设置页面 CSS 样式。在 add_msg.html 的<head>标签内引入 style.css 文件。

```
......
<head>
    ......
    <link rel="stylesheet" type="text/css" href="css/style.css">
</head>
......
```

（9）通过选择器设置对应的 HTML 元素样式。

使用元素选择器对 textarea 设置样式。

```
......
textarea{
    width:500px;
    height:100px;
    border-radius:10px;
    margin: 10px auto;
}
......
```

border-radius 属性是一个最多可指定 4 个 border -*- radius 属性的复合属性。

另外，border-radius 属性允许为元素添加圆角边框。

（10）为<input type="submit" value="留言" **class="button"**/>添加 class 属性，并在 CSS 文件中通过类选择器设置按钮的背景颜色、边框圆角等样式。

```
......
.button{
    background-color: #3DE3E3;
    border-radius:10px;
}......
```

（11）在“留言”按钮和“取消”按钮外边添加一个<div>，并设置 class 属性。

```
......
<div class="submit">
    <input type="submit" value="留言" class="button"/>
    <input type="reset" value="取消"/>
</div>
......
```

在 CSS 文件中，通过类选择器设置内容居中。

```
……
.submit{
    text-align: center;
}
……
```

（12）运行效果如图 17-96 所示。

2．创建“收件箱”页面

（1）创建文件 massage_list.html 作为首页。

将“发布商品”（add_product.html）中<header></header>的内容复制到页面中。

将“发布商品”（add_product.html）中<footer></footer>的内容复制到页面中。

将“发布商品”（add_product.html）中<aside></aside>的内容复制到页面中。

（2）在<article>标签中添加<table>标签。

表格分为 5 列，包括主题、时间、发件人、状态、详情，其中，详情为超链接，其他列都是文本。

添加表格内容的操作如下。

- 用<th>标签添加表头。

```
<table>
    <tr>
        <th>主题</th>
        <th>时间</th>
        <th>发件人</th>
        <th>状态</th>
        <th>详情</th>
    </tr>
</table>
```

- 用<tr>标签添加每一行。
- 用<td>标签添加每一个单元格。

```
<table>
    ……
    <tr>
        <td>关于 iPad 购买时间</td>
        <td>1 小时前</td>
        <td>张三</td>
        <td>未读</td>
        <td><a href="">详情</a></td>
    </tr>
    ……
</table>
```

- 表格最后一行不分列，设置 colspan="6"，占 6 列，加入分页超链接，设置 align="right"，靠右显示。

```
<table>
    ……
    <tr>
        <td colspan="6" align="right">
            <a href="#">第一页</a> 
            <a href="#">上一页</a> 
            <a href="#">下一页</a> 
```

```
            <a href="#">末页</a>
        </td>
    </tr>
</table>
```

（3）在 css 下的 style.css 文件中，编辑设置页面 CSS 样式。

- 在 add_msg.html 的<head>标签内引入 style.css。

```
......
<head>
    ......
    <link rel="stylesheet" type="text/css" href="css/style.css">
</head>
......
```

- 在表头中添加“选中”列，每一行添加复选框。

```
<tr>
    <th>选中</th>
    <th>主题</th>
    <th>时间</th>
    <th>发件人</th>
    <th>状态</th>
</tr>
<tr>
    <td><input type="checkbox" name="choose" /> </td>
    <td>
        <a href="message.html">关于 iPad 购买时间</a>
    </td>
    <td>1 小时前</td>
    <td>张三</td>
    <td>未读</td>
</tr>
```

（4）在表格下方添加“全选”按钮和“删除”按钮。

```
...
<input type="button" value="全选" >
<input type="submit" value="删除">
...
```

（5）在<body>部分添加 JavaScript 代码，如图 17-103 所示。

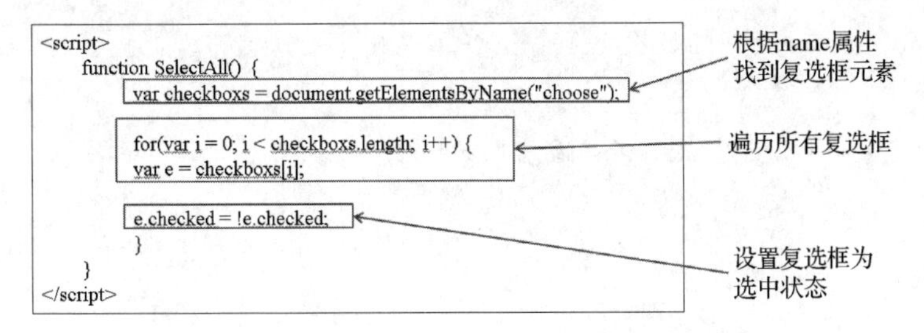

图 17-103

（6）在“全选”按钮中调用 JavaScript 方法，实现复选框全选。

```
<input type="button" value="全选" onclick="SelectAll()">
```

运行效果如图 17-97 所示。

3．创建“查看留言”页面

（1）创建文件 massage.html，作为首页。

将“发布商品”（add_product.html）中<header></header>的内容复制到页面中。

将“发布商品”（add_product.html）中<footer></footer>的内容复制到页面中。

（2）在<article>标签中添加<section>标签。

显示留言详细信息，包括发件人、时间、相关商品、内容，其中相关商品添加图片，内容显示在文本框标签中，其他信息直接用文本显示。

```
<section>
    发件人: XXX</br>
    时间: 2019-1-30  6:30</br>
    相关商品: iPad
    <img src="imgs/ipad.jpg" width="80" />
    </br>
    内容:<br />
    <textarea rows="4">
        请问是什么型号的，什么时候买的?
    </textarea>
</section>
```

（3）在 message.html 文件的<head>标签内引入 style.css。

```
......
<head>
    ......
    <link rel="stylesheet" type="text/css" href="css/style.css">
</head>
......
```

（4）在 body 中创建第 3 个段落<section>标签，添加 form 表单。

```
<section>
    <form action="#" method="post">
        ......
    </form>
</section>
```

（5）在 form 中创建<textarea>标签，用于存放留言内容。

```
...
<form action="#" method="post" >
    留言内容:
    <textarea name="msg" placeholder="请输入回复内容(最多输入150个字符)" required
maxlength="150"></textarea>
    <br>
    <input type="submit" value="留言"/>
</form>
...
```

运行效果如图 17-104 所示。

图 17-104

17.12　第二阶段 HTML5+CSS3+JS：系统管理

17.12.1　工作任务

创建 4 个可供管理员使用的后台管理页面："用户管理"页面、"商品审核"页面、"分类管理"页面、"配置管理"页面。

（1）"用户管理"页面如图 17-105 所示。

（2）"商品审核"页面如图 17-106 所示。

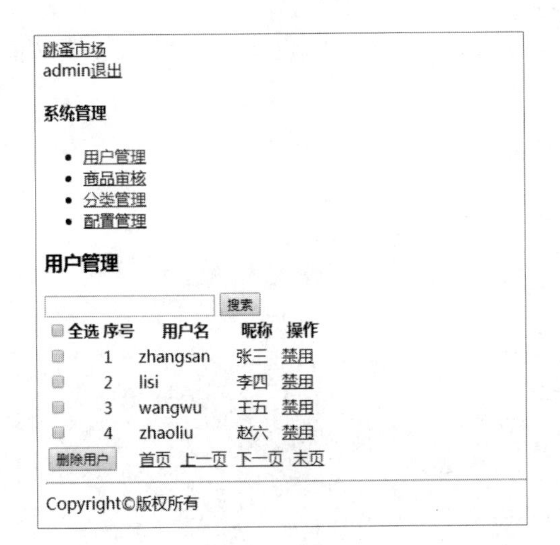

图 17-105

图 17-106

（3）"分类管理"页面。

- "分类管理"页面可进行删除操作，如图 17-107 所示。
- "新增分类"页面如图 17-108 所示。

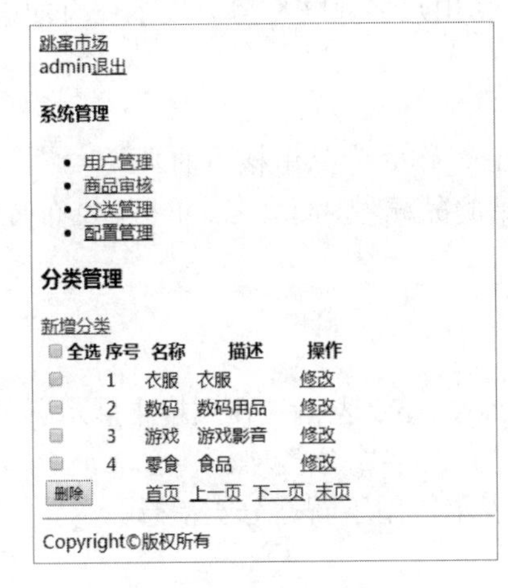

图 17-107

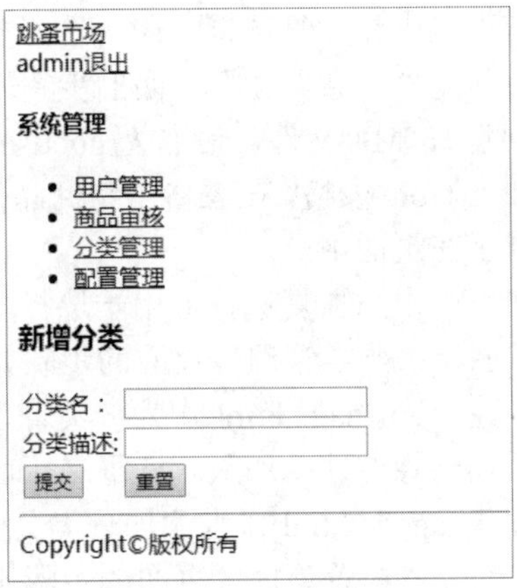

跳蚤市场
admin退出
系统管理
- 用户管理
- 商品审核
- 分类管理
- 配置管理

新增分类
分类名：
分类描述:
提交 重置
Copyright©版权所有

图 17-108

（4）"配置管理"页面包含 1 个具有配置信息的表单，如图 17-109 所示。

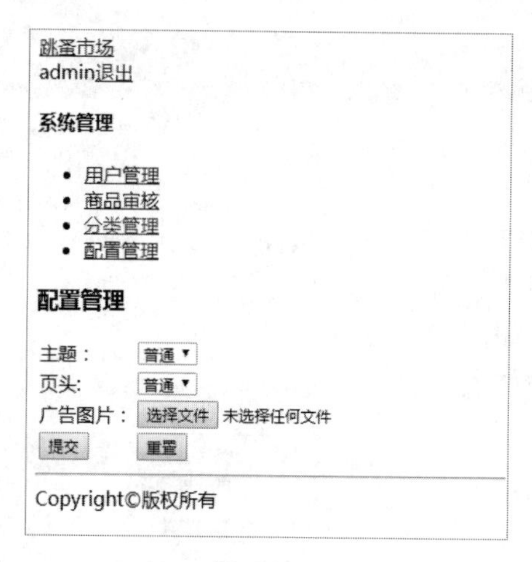

图 17-109

17.12.2 设计思路

（1）“用户管理”页面布局如图 17-110 所示。

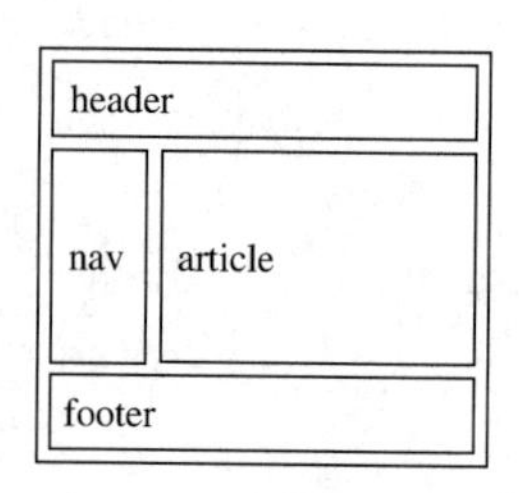

图 17-110

（2）创建“用户管理”页面的步骤如下。

- 创建 HTML 文件，命名为 usermanage.html，作为查询分类页面。
- 加入 table 表格，在表格中将用户信息（包括用户名、昵称等）展示在页面中。
- 在表格中添加复选框，用于选择多个用户。

（3）创建“商品管理”页面的步骤如下。

- 创建 HTML 文件，命名为 goodsmanage.html，作为商品审核页面。
- 加入 table 表格，在表格中将商品信息（包括商品编号、商品名、价格、发布时间等）展示在页面中。
- 在表格中添加复选框，用于选择多个商品。

（4）创建“分类管理”页面的步骤如下。

- 创建 tagmanage.html 作为分类管理页面；加入 table 表格，在表格中展示分类信息；添加删除控件；加入复选框 checkbox，用于选择多个分类项。
- 创建 tagadd.html 作为添加分类页面，加入表单，用于新增分类信息。

（5）创建“配置管理”页面的步骤如下。

- 创建 config.html，作为配置管理页面。
- 加入 table 表格，在表格中添加下拉框，用于选择配置信息。

17.12.3 实现（跟我做）

1．创建“系统管理”页面框架

（1）创建 sys_manage.html 文件，设置编码为 utf-8，定义文档基本结构。

```
<!DOCTYPE html>
<html>
   <head>
      <meta charset="utf-8">
      <title>跳蚤市场</title>
   </head>
   <body>
   ......
   </body>
</html>
```

（2）编写页面页头。在页面文档的<body>标签中定义<header>部分表示页头，用于存放页面的 Logo、超链接和管理员信息等内容。

```
<body>
   <header>
      <a href="admin.html">跳蚤市场</a>
      <div>
         <a>admin</a><a href="#">退出</a>
      </div>
   </header>
</body>
```

（3）编写页面页脚。在页面中添加<footer>标签，用于存放页脚信息。

```
<body>
   ......
   <hr/>
   <footer>
      Copyright&copy;XXX
   </footer>
</body>
```

（4）创建导航栏。在页面中添加<nav>标签，用于定义页面导航栏。在导航栏中添加如下超链接。

```
<body>
   ......
   <nav>
      <h4>系统管理</h4>
      <ul>
         <li><a href="usermanager.html">用户管理</a></li>
         <li><a href="#">商品审核</a></li>
         <li><a href="tagmanage.html">分类管理</a></li>
         <li><a href="#">配置管理</a></li>
      </ul>
   </nav>
   ......
</body>
```

页面效果如图 17-111 所示。

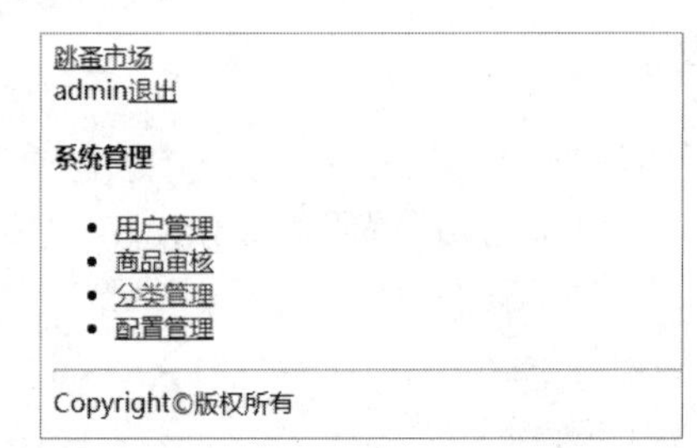

图 17-111

2．完成“用户管理”页面

（1）创建 usermanage.html 文件，将 sys_manage.html 文件中<body>标签的部分代码复制到 usermanage.html 文件的<body>中。

（2）添加搜索用户表单。在页面中添加<article>标签，并在标签中添加一个表单用于搜索用户。

```
<article>
   <h3>用户管理</h3>
   <div>
      <form action="#" method="post">
         <input type="text" name="search">
         <input type="submit" value="搜索">
      </form>
   </div>
</article>
```

（3）添加用户列表，使用一个表格展示用户所有信息。

```
<article>
   <table>
      <tr>
         <th><input type="checkbox" />全选</th>
         <th>序号</th><th>用户名</th><th>昵称</th><th>操作</th>
      </tr>
      <tr>
         <td><input type="checkbox" name="checkbox" /></td>
         <td>1</td><td>zhangsan</td><td>张三</td>
         <td><a href="#">禁用</a></td>
      </tr>
   </table>
</article>
```

（4）在表格底部添加一行，加入“删除用户”按钮和分页超链接。

```
<table>
......
   <tr>
      <td colspan="2">
         <input type="submit" value="删除用户" />
      </td>
      <td colspan="3">
         <a href="#">首页</a> 
         <a href="#">上一页</a> 
         <a href="#">下一页</a> 
         <a href="#">末页</a>
      </td>
```

```
    </tr>
</table>
```

页面效果如图 17-105 所示。

3．完成“商品审核”页面

（1）创建 goodsmanage.html 文件，将 sys_manage.html 文件中<body>标签的部分代码复制到 goodsmanage.html 文件的<body>中。

（2）在页面中添加<article>标签，并在标签中添加一个表单用于搜索商品。

```
<article>
    <h3>商品管理</h3>
    <div>
        <form action="#" method="post">
            <input type="text" name="search">
            <input type="submit" value="搜索">
        </form>
    </div>
</article>
```

（3）在表单后面使用表格展示所有商品信息。

```
<table>
    <tr>
        <th><input type="checkbox" />全选</th>
        <th>商品编号</th>
        <th>商品名</th>
        <th>价格</th>
        <th>发布时间</th>
        <th>操作</th>
    </tr>
    <tr>
        <td><input type="checkbox" name="checkbox" /></td>
        <td>10000</td>
        <td>iPod</td>
        <td>¥2208</td>
        <td>2019-1-22 10:10:10</td>
        <td>
            <a href="#">通过</a>
            <a href="#">禁用</a>
        </td>
    </tr>
    ......
</table>
```

（4）在表格底部添加 1 行，加入“批量通过”按钮和分页超链接。

```
<table>
    ......
    <tr>
        <td colspan="4">
            <input type="submit" value="批量通过" />
        </td>
        <td colspan="2">
            <a href="#">首页</a> 
            <a href="#">上一页</a> 
            <a href="#">下一页</a> 
            <a href="#">末页</a>
        </td>
```

```
    </tr>
</table>
```

页面效果如图 17-106 所示。

4．完成“分类管理”页面

（1）创建 tagmanage.html 文件，将 sys_manage.html 文件中<body>标签的内容复制到该文件中。

（2）在页面中添加<article>标签，并创建表格<table>存放分类信息。

```
<article>
    <table>
        <tr>
            <th>序号</th>
            <th>名称</th>
            <th>描述</th>
            <th>操作</th>
        </tr>
        <tr>
            <td>1</td>
            <td>衣服</td>
            <td>衣服</td>
            <td><a href="#">修改</a></td>
        </tr>
        <tr>
            <td>2</td>
            <td>数码</td>
            <td>数码用品</td>
            <td><a href="#">修改</a></td>
        </tr>
        <tr>
            <td>3</td>
            <td>游戏</td>
            <td>游戏影音</td>
            <td><a href="#">修改</a></td>
        </tr>
    </table>
</article>
```

（3）在表格的每项分类信息中，新增 1 个复选框，用于选择多个分类项。

```
......
<table>
    <tr>
        <th><input type="checkbox" >全选</th>
        <th>序号</th><th>名称</th><th>描述</th><th>操作</th>
    </tr>
    <tr>
        <td><input type="checkbox" name="checkbox" /></td>
    ......
</table>
......
```

（4）在表格的底部新增 1 行，添加 1 个“删除”按钮和分页超链接。

```
<table>
  ......
    <tr>
        <td colspan="2">
```

```
            <input type="submit" value="删除" />
        </td>
        <td colspan="3">
            <a href="#">首页</a> 
            <a href="#">上一页</a> 
            <a href="#">下一页</a> 
            <a href="#">末页</a>
        </td>
    </tr>
</table>
```

（5）修改“分类管理”页面，添加 1 个超链接，用于新增分类。

```
......
<article>
    <h3>分类管理</h3>
    <div><a href="tagadd.html">新增分类</a></div>
</article>
......
```

（6）创建 tagadd.html 文件，将 sys_manage.html 文件中<body>标签的内容复制到该文件中。

（7）在页面中添加<article>标签，并创建<form>表单和<table>表格新增分类。

```
......
<article>
    <h3>新增分类</h3>
    <form action="#" method="post">
        <table>
            <tr><td>分类名：</td>
                <td><input type="text" /></td></tr>
        <tr><td>分类描述:</td>
                <td><input type="text" /></td></tr>
        <tr><td><input type="submit" value="提交" /></td>
                <td><input type="reset" value="重置"></td></tr>
        </table>
    </form>
</article>
```

页面效果如图 17-112 所示。

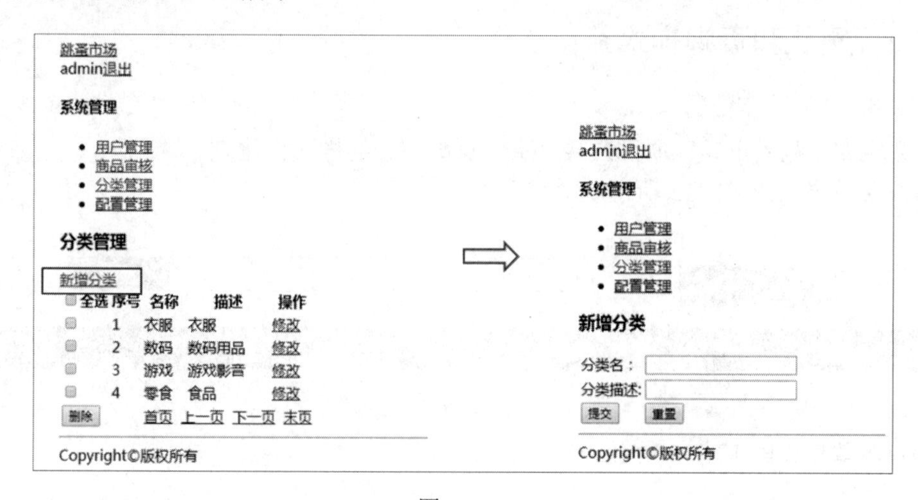

图 17-112

5．实现“配置管理”页面

（1）创建 config.html 文件，将 sys_manage.html 文件中<body>标签的内容复制到该文件中。

（2）添加<article>标签，在标签中创建 1 个表单，用于展现配置信息。

```
<form action="#" method="post">
    <table>
        <tr>
            <td>主题：</td>
                <td><select>
                <option>普通</option>
                <option>节日</option>
                <option>活动</option>
            </select></td>
        </tr>
        <tr>
            <td>页头：</td>
                <td><select>
                <option>普通</option>
                <option>节日</option>
                <option>活动</option>
            </select></td>
        </tr>
        <tr>
            <td>广告图片:</td>
            <td><input type="file" /></td>
        </tr>
        <tr><td><input type="submit" value="提交" /></td>
        <td><input type="reset" value="重置"></td></tr>
    </table>
</form>
```

页面效果如图 17-109 所示。

17.13 第三阶段 CSS 样式进阶+jQuery：网站样式优化

17.13.1 页头和页脚样式

17.13.1.1 工作任务

（1）完成“跳蚤市场”项目公共页头、页脚部分的样式优化。

- 页头效果如图 17-113 所示。

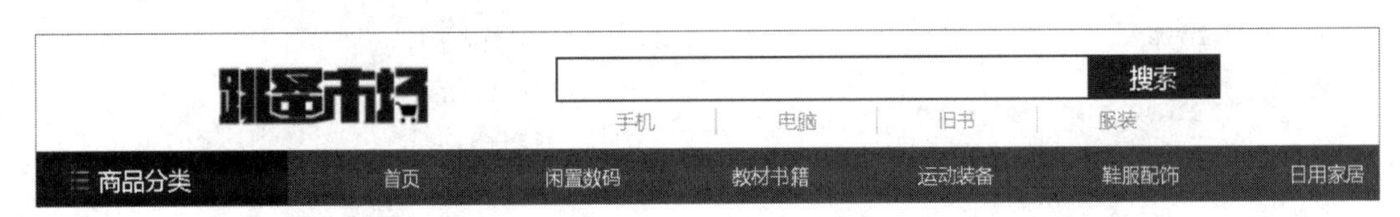

图 17-113

- 页脚效果如图 17-114 所示。

图 17-114

（2）添加动态效果：当鼠标移动到导航栏某一列表项时，该列表项宽度变大，如图 17-115 所示。

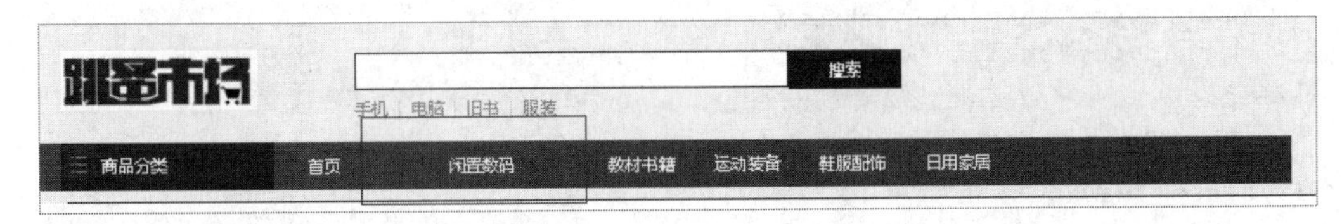

图 17-115

（3）替换所有用户页面的页头和页脚部分。

17.13.1.2 设计思路

（1）创建公共样式文件 main.css。

（2）编辑首页页头 CSS 样式。

（3）编辑首页页脚 CSS 样式。

（4）替换所有用户页面的页头和页脚。

17.13.1.3 实现（跟我做）

1. 创建 header 部分

打开 index.html 文件，清除<body>标签内的所有内容。

```
<!DOCTYPE html>
<html lang="zh">
<head>
    <meta charset="utf-8">
    <title>首页</title>
    <link rel="stylesheet" type="text/css" href="main.css"/>
</head>
<body>
    ......
</body>
</html>
```

添加<header>标签，并在<header>标签中添加元素。

添加页面最上方的 Logo、搜索栏、导航所需的元素，如图 17-116 所示。

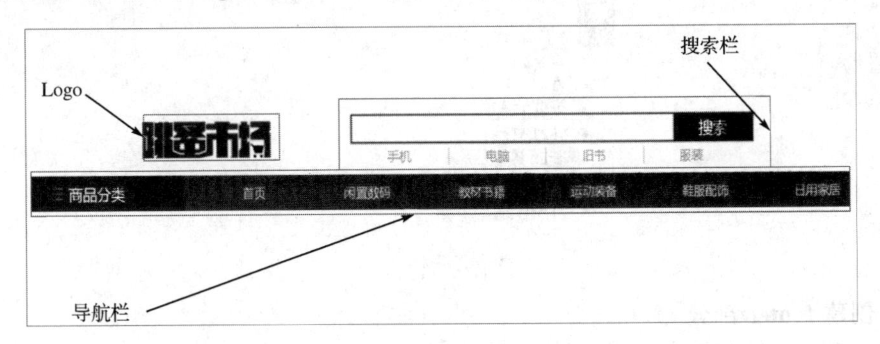

图 17-116

（1）添加 Logo。

```
<div class="logo"><img src="imgs/logo.png" /></div>
```

（2）添加搜索栏。

- 添加搜索表单，包括文本框和按钮。

```
<form class="searchform">
    <input type="text" name="search" id="search"/>
    <input type="submit" value="搜索" id="button"/>
</form>
```

- 添加搜索关键字超链接。

```
<div class="navigation">
    <a href="#">手机</a>  | 
    <a href="#">电脑</a>  | 
    <a href="#">旧书</a>  | 
    <a href="#">服装</a>
</div>
```

（3）添加导航栏。

```
<nav>
    <div class="nav">
        <img src="imgs/tag.png" />
        <a href="#">商品分类</a>
    </div>
    <div class="tag">
    <ul>
        <li><a href="#">首页</a></li>
        <li><a href="#">闲置数码</a></li>
        <li><a href="#">教材书籍</a></li>
        <li><a href="#">运动装备</a></li>
        <li><a href="#">鞋服配饰</a></li>
        <li><a href="#">日用家居</a></li>
    </ul>
    </div>
</nav>
```

页面效果如图 17-117 所示。

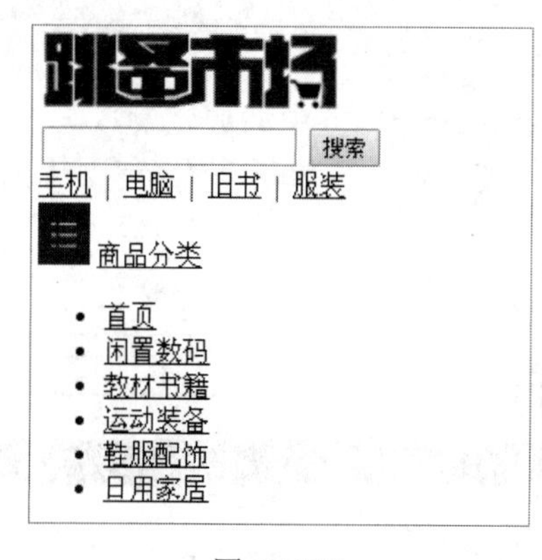

图 17-117

2．创建 footer 部分

添加<footer>标签作为页脚，页脚包括站内链接和版权声明。

```
<footer>
    <div class="navbar">
        <div class="link">
        <li><a href="#">关于我们</a></li>
        <li><a href="#">网站地图</a></li>
        <li><a href="#">联系客服</a></li>
        <li><a href="#">版权声明</a></li>
        </div>
    <p>Copyright&copyXXXX</p>
    </div>
</footer>
```

添加页脚元素后效果如图 17-118 所示。

- 关于我们
- 网站地图
- 联系客服
- 版权声明

Copyright©XXX

图 17-118

3．页面整体样式

（1）创建 main.css 文件，在 index.html 文件中引用该样式文件，接下来的公共样式编辑全部在 main.css 文件中进行。

```
<!DOCTYPE html>
<html lang="zh">
    <head>
        <meta charset="utf-8">
        <title>首页</title>
<link rel="stylesheet" type="text/css" href="main.css"/>
</head>
……
</html>
```

（2）添加 body 部分的样式。

```
body{
    margin: 0px;
    padding: 0px;
    background-color: #F5F5F5;
}
```

（3）添加超链接样式，去除超链接的下画线。

```
a{
    text-decoration:none;
}
```

4．页头样式

（1）添加 Logo 部分的样式，效果如图 17-119 所示。

- 使用类选择器设置样式 Logo 属性。

```
.logo{
    width: 300px;
    position: relative;
    left: 100px;
    top: 30px;
```

```
}
```

- 设置 Logo 对应 div 的 class 属性值为 logo。

```
<div class="logo"><img src="imgs/logo.png" /></div>
```

图 17-119

（2）添加搜索栏样式。

- 添加表单整体样式。

```
.searchform{
   width: 550px;
   position: relative;
   left:380px;
   top: -25px;
}
```

- 添加文本框样式。

```
/*文本框样式*/
#search{
   border: 2px #C40000 solid;
   width: 405px;
   height: 29px;
   font-size: medium;
}
```

- 设置<form>标签的 class 属性值为 searchform。

```
<form class="searchform">
   <input type="text" name="search" id="search"/>
   <input type="submit" value="搜索" id="button"/>
</form>
```

- 使用 id 选择器创建按钮样式。

```
#button{
   width:108px;
   height: 35px;
   background-color: #C40000;
   color: #FFFFFF;
   position: relative;
   left: -5px;
   font-size: medium;
   font-family: "times new roman";
   border: 3px #C40000 solid;
}
```

（3）添加搜索关键字样式，效果如图 17-120 所示。

- 添加关键字外层 div 样式。

```
navigation{
   width: 500px;
   position: relative;
   left: 380px;
```

```
    top: -20px;
    color: #E6E6E6;
}
```

- 设置关键字外层 div 的 class 属性。

```
<div class="navigation">
    <a href="#">手机</a>  | 
    <a href="#">电脑</a>  | 
    <a href="#">旧书</a>  | 
    <a href="#">服装</a>
</div>
```

- 添加关键字超链接样式。

```
.navigation a:link {color: #9A9A9A}
.navigation a:visited {color: #9A9A9A}
.navigation a:hover {color: #FF0000}
.navigation a:active {color: #9A9A9A}
```

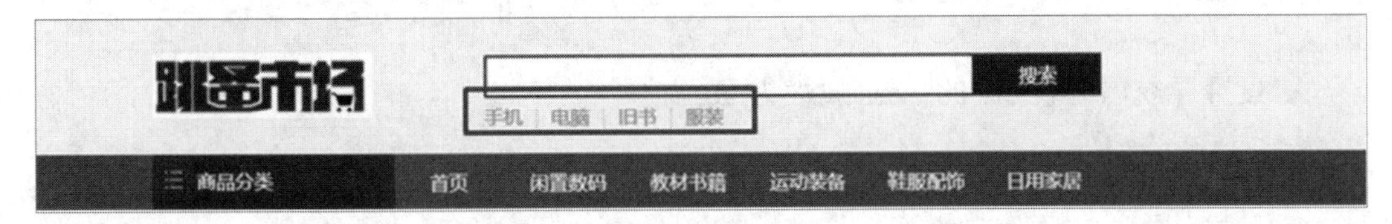

图 17-120

（4）添加导航栏样式，效果如图 17-121 所示。

- 添加“商品分类”菜单标题样式。

```
.nav{
    background-color: #C40000;
    width: 200px;
    font-size: medium;
    font-family: "times new roman";
    position: relative;
    left: 100px;
    border: 2px #C40000 solid;
}
.nav a{
position: relative;
top:-10px;
}
```

- 设置菜单 div 的 class 属性为 nav。

```
<div class="nav">
    <img src="imgs/tag.png" />
    <a href="#">商品分类</a>
</div>
```

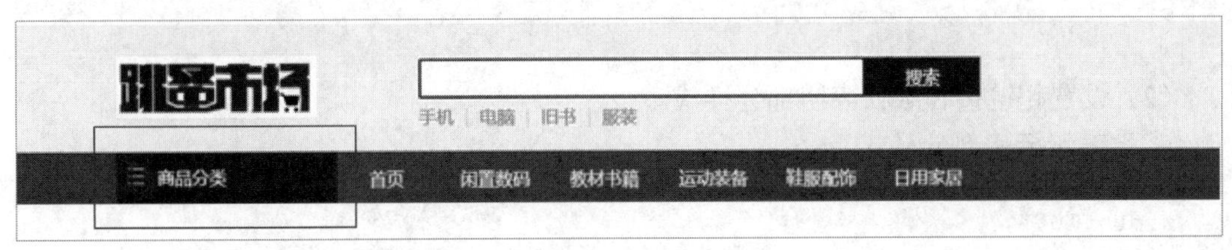

图 17-121

- 添加导航栏内列表样式，效果如图 17-122 所示。

```
.tag ul, .tag ul li{
    height:45px;
    list-style-type:none;
    text-align:center;
}
.tag ul li{
    width: 100px;
    float:left;
}
.tag{
    width:900px;
    height: 100%;
    position: relative;
    left: 260px;
    top:-48px;
    z-index: 1;
}
```

- 设置导航内列表 div 的 class 属性为 tag。

```
<div class="tag">
    <ul>
        <li><a href="#">首页</a></li>
        <li><a href="#">闲置数码</a></li>
        <li><a href="#">教材书籍</a></li>
        <li><a href="#">运动装备</a></li>
        <li><a href="#">鞋服配饰</a></li>
        <li><a href="#">日用家居</a></li>
    </ul>
</div>
```

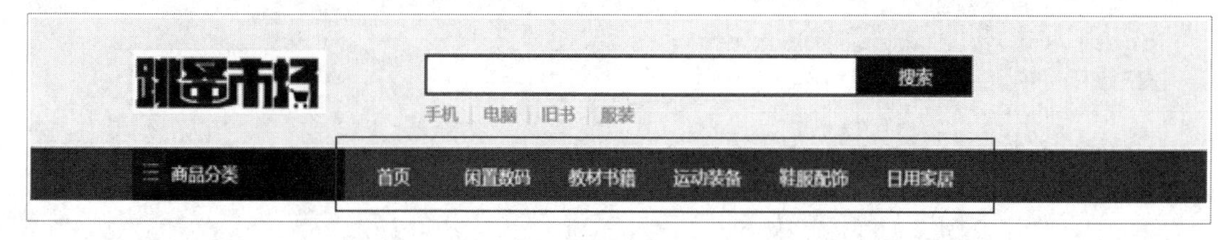

图 17-122

5. 页脚样式

（1）用元素选择器设置页脚最外层样式。

```
footer{
    width: 100%;
    height: 220px;
    position: relative;
    background-color: #333333;
}
```

（2）设置超链接和版权声明部分样式。

- 设置超链接部分样式。

```
.link{
    width:100%;
}
.link li{
```

```
    list-style-type:none;
    width: 130px;
    position: relative;
    left: 50px;
    top: 20px;
    float:left;
}
link li a:link {color: #FCF3F3}
link li a:visited {color: #FCF3F3}
link li a:hover {color: #F10214}
link li a:active {color: #FCF3F3}
```

- 设置超链接列表 ul 的 class 属性为 link。

```
<ul class="link">
<li><a href="#">关于我们</a></li>
<li><a href="#">网站地图</a></li>
<li><a href="#">联系客服</a></li>
<li><a href="#">版权声明</a></li>
</ul>
```

- 设置版权声明部分样式。

```
copyright p{
    color:#FEFEFE;
    font-size: x-small;
    position: absolute;
    left: 50px;
    top: 50px;
}
```

- 设置版权声明 div 的 class 属性为 link。

```
<div class="copyright">
    <p>Copyright&copy;XXX</p>
</div>
```

6．jQuery 动画效果

（1）导入 jQuery。

- 将 jQuery 文件和 UI 插件文件复制到 js 文件夹中，如图 17-123 所示。

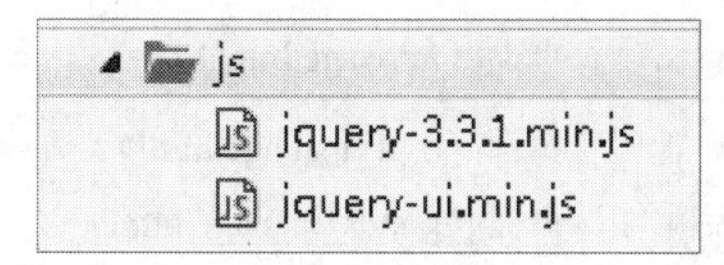

图 17-123

- 将 jQuery 文件和 UI 插件文件导入页面文件。

```
<script src="js/jquery-3.3.1.min.js"></script>
<script src="js/jquery-ui.min.js"></script>
```

（2）创建 js 函数，使用 jQuery 动画。

```
<script type='text/javascript'>
    $(document).ready(function() {          //ready 事件
        $("li").each(function(index) {      //遍历对象
            $(this).hover(function() {      //单击触发事件
                $("li").animate({
                    width: 100
                    }, 500);                //删除当前元素的样式
```

```
                    $("li").eq(index).animate({
                        width: 200
                    }, 500);
                });
            });
        });
</script>
```

7. 替换页头和页脚

将所有用户页面的页头和页脚进行替换，并引入 main.css 样式文件（见表 17-2）。

表 17-2

模　块	页　面
登录/注册	“登录”页面（login.html） “注册”页面（register.html）
用户中心	“修改密码”页面（edite_pwd.html） “修改联系方式”页面（edite_contact.html） “我的商品”页面（my_product.html） “我的订单”页面（my_order.html） “消费记录”页面（purchase_history.html）
商品管理	“发布商品”页面（add_product.html） “修改商品”页面（edite_product.html） “删除商品”页面（delete_product.html） “商品分类列表”页面（product_list.html） “搜索商品”页面（search_product.html） “商品详情”页面（product_detail.html）
订单管理	“下订单”页面（order.html） “支付”页面（pay.html） “查询订单列表”页面（order_list.html） “订单详情”页面（order_details.html）
留言管理	“收件箱”页面（massage_list.html） “查看留言”页面（massage.html）
系统管理	“用户管理”页面（user_manage.html） “商品审核”页面（goods_manage.html） “分类管理”页面（tag_manage.html） “配置管理”页面（config_manage.html）

以“修改联系方式”页面为例，替换效果如图 17-124 所示。

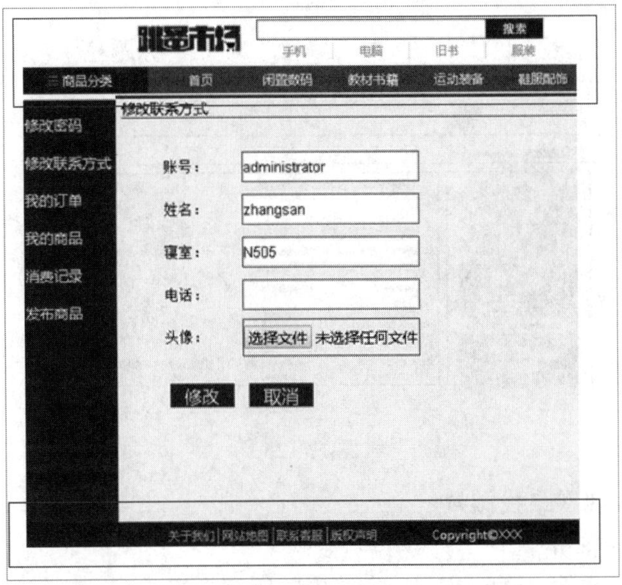

图 17-124

17.13.2　首页优化

17.13.2.1　工作任务

从本次迭代开始重构“跳蚤市场”项目的首页，实现效果如图 17-125 所示。

图 17-125

优化后的效果如图 17-10 所示。

17.13.2.2　设计思路

根据效果图分析页面结构，还是分为页头、正文、页脚 3 个大的部分，每个大的部分又可以划分为若干小的部分，分别应该添加元素<header></header>、<footer></footer>等。

（1）将首页页头和页脚部分替换成公共页头和页脚。

（2）添加首页页头中独有的。

（3）正文：正文由若干结构相同的段落组成，每个段落显示一个商品分类列表，每个段落结构的效果如图 17-126 所示。

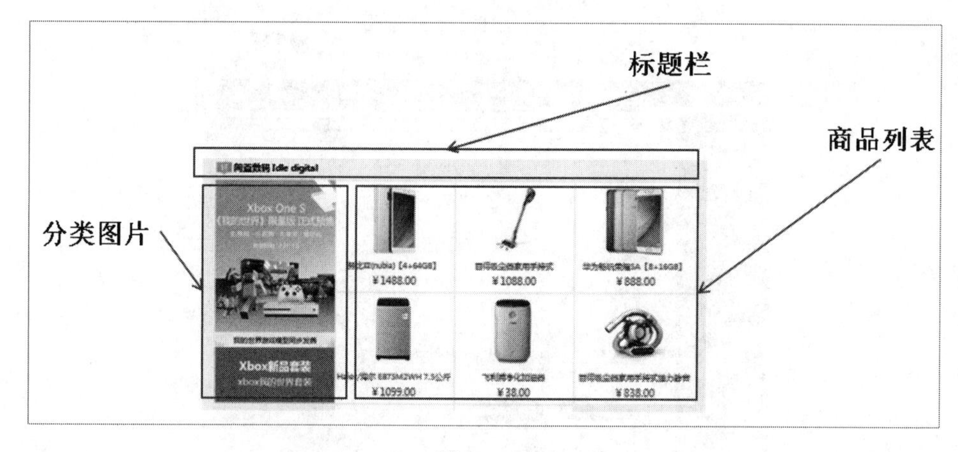

图 17-126

17.13.2.3 实现（跟我做）

1．创建 header 部分

打开 index.html 文件，清除<body>标签内的所有内容。

```
<!DOCTYPE html>
<html lang="zh">
   <head>
      <meta charset="utf-8">
      <title>首页</title>
   </head>
   <body>
      ......
   </body>
</html>
```

（1）将首页页头和页脚部分替换成公共页头和页脚。

（2）添加页头下半部分分类菜单、广告大图和登录表单所需的元素。

页面效果如图 17-127 所示。

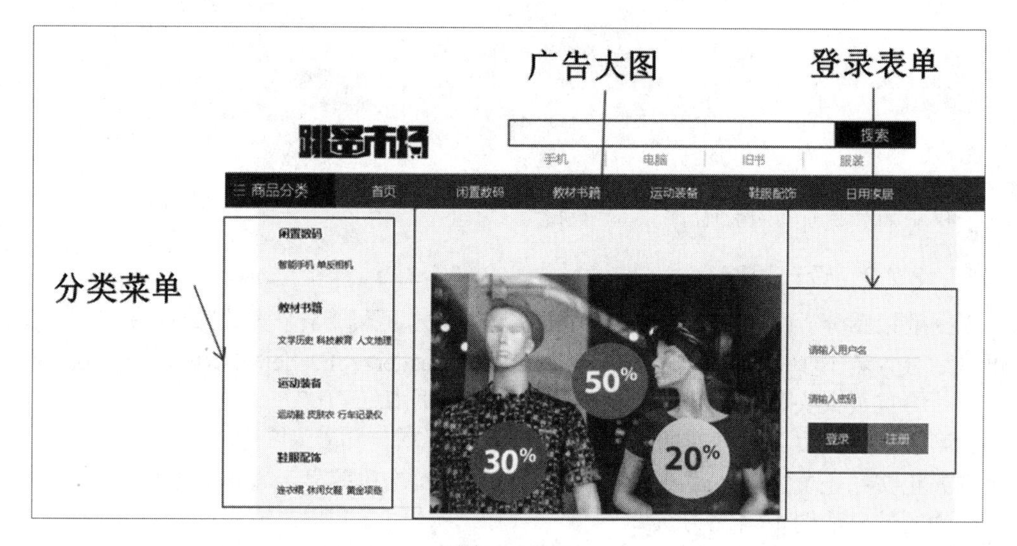

图 17-127

- 添加商品分类菜单。

```
<div class="tags">
<div class="link">
    <div class="item">
        <h3><a href="#">闲置数码</a></h3>
        <p>
            <a href="#">智能手机</a>
            <a href="#">单反相机</a>
        </p>
    </div>
    ……
</div>
```

- 添加广告大图。

```
<div class="index"><img src="imgs/index.png" /></div>
```

- 添加登录表单。

```
<div class="user">
<form action="#" class="account">
    <input type="text" name="username" placeholder="请输入用户名"/>
    <br />
    <input type="password" name="password" placeholder="请输入密码"/>
    <br />
    <input type="submit" id="login" value="登录"/>
    <div class="button"><a href="register.html">注册</a></div>
</form>
</div>
```

页面效果如图 17-128 所示。

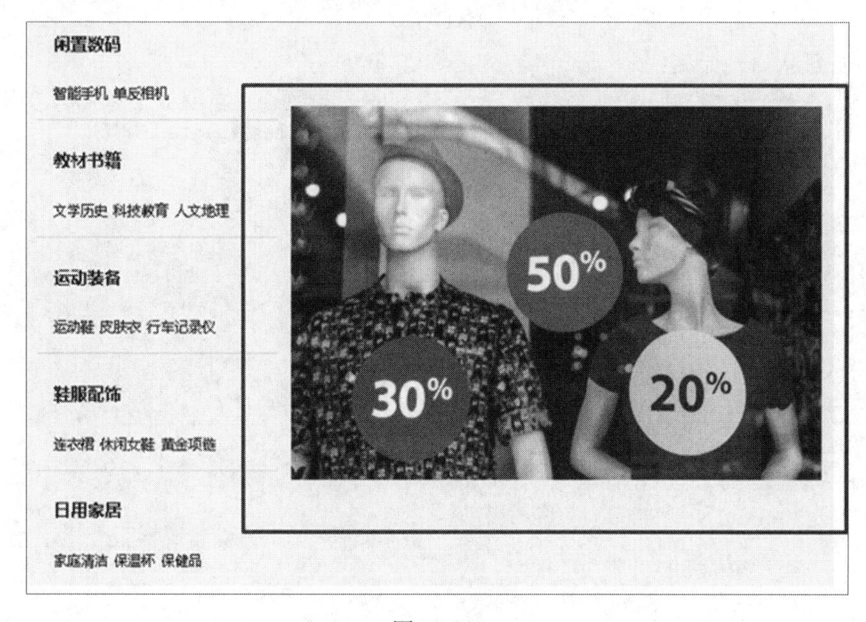

图 17-128

2．创建 article 部分

（1）在 HTML 文档的<body>中，定义<article>表示主要内容。

（2）在正文中添加段落。在<article>标签中添加若干个<section>标签，每个<section>

标签作为一个商品分类列表。

（3）在每个段落中添加如下元素。

- 添加标题栏元素。

```
<h3>
   <img src="imgs/louceng.png"/>
   闲置数码 Idle digital
</h3>
```

- 添加分类图片元素。

```
<div class="picture">
   <img src="imgs/nav1.png" />
</div>
```

页面效果如图 17-129 所示。

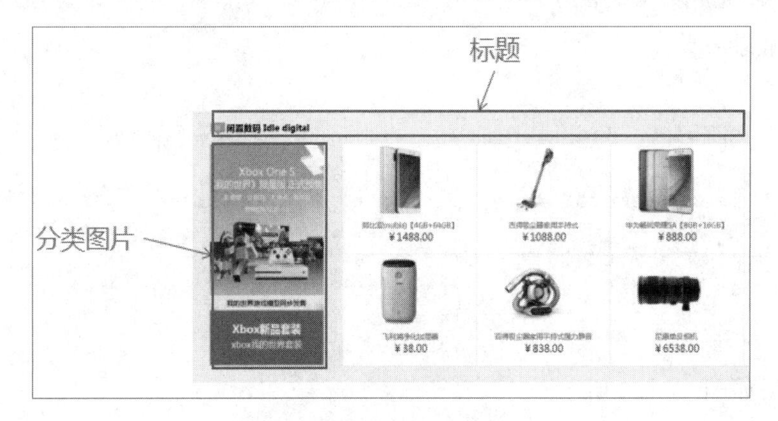

图 17-129

- 添加商品列表元素：

```
<section id="page">
   <h3><img src="imgs/louceng.png"/>闲置数码    Idle digital</h3>
   <div class="picture">
      <img src="imgs/nav1.png" />
   </div>
   <div class="commend">
   <div class="goods">
      <a href="#"><img src="imgs/goods1.png"/></a>
      <div class="title"><a href="#">努比亚(nubia)</a></div>
      <div class="price">¥1488.00</div>
   </div>
   <div class="goods">
      <a href="#"><img src="imgs/goods2.png"/></a>
      <div class="title"><a href="#">百得吸尘器家用手持式</a></div>
      <div class="price">¥1088.00</div>
   </div>
   <div class="goods">
      <a href="#"><img src="imgs/goods3.png"/></a>
      <div class="title"><a href="#">华为畅玩荣耀</a></div>
      <div class="price">¥888.00</div>
   </div>
   <div class="goods">
      <a href="#"><img src="imgs/goods4.png"/></a>
```

```
        <div class="title"><a href="#">Haier/海尔 </a></div>
        <div class="price">¥1099.00</div>
    </div>
    <div class="goods">
        <a href="#"><img src="imgs/goods5.png"/></a>
        <div class="title"><a href="#">飞利浦净化加湿器</a></div>
        <div class="price">¥38.00</div>
    </div>
    <div class="goods">
        <a href="#"><img src="imgs/goods6.png"/></a>
        <div class="title"><a href="#">手持式强力静音</a></div>
        <div class="price">¥838.00</div>
    </div>
    <div class="goods">
        <a href="#"><img src="imgs/goods7.png"/></a>
        <div class="title"><a href="#">尼康单反相机</a></div>
        <div class="price">¥6538.00</div>
    </div>
    <div class="goods">
        <a href="#"><img src="imgs/goods8.png"/></a>
        <div class="title"><a href="#">Sony/索尼 A6000 微单</a></div>
        <div class="price">¥4059.00</div>
    </div>
</section>
```

页面效果如图17-130所示。

图17-130

3．分类菜单部分CSS样式

（1）创建index.css文件，并在index.html文件中引用该样式文件。

由于分类菜单、广告大图、登录栏是首页特有部分，所以单独创建样式文件。

```
<!DOCTYPE html>
<html lang="zh">
   <head>
      <meta charset="utf-8">
      <title>首页</title>
      <link rel="stylesheet" type="text/css" href="index.css"/>
   </head>
......
</html>
```

（2）分类链接样式

- 添加最外层样式。

```
.tags{
   width: 1070px;
   height: 430px;
   background-color: #FEF9F4;
   position: relative;
   left: 100px;
   top:0px;
}
.link{
   width:200px;
   height: 100%;
}
```

- 设置最外层 div 的 class 属性为 tags，内层列表 div 的 class 属性为 link。

```
<div class="tags">
<div class="link">
   <div>
      <h3><a href="#">闲置数码</a></h3>
      <p>
         <a href="#">智能手机</a>
         <a href="#">单反相机</a>
      </p>
   </div>
   ......
</div>
```

- 添加菜单每一行的整体样式。

```
.link .item{
   width: 100%;
   height: 84px;
   position: relative;
   top:-60px;
   float: left;
   border-bottom: 1px #E6E6E6 solid;
}
```

- 设置菜单每一行 div 的 class 属性为 item。

```
<div class="tags">
<div class="link">
   <div class="item">
      <h3><a href="#">闲置数码</a></h3>
      <p>
```

```
            <a href="#">智能手机</a>
            <a href="#">单反相机</a>
        </p>
    </div>
    <div class="item">
        <h3><a href="#">教材书籍</a></h3>
        <p>
            <a href="#">文学历史</a>
            <a href="#">科技教育</a>
            <a href="#">人文地理</a>
        </p>
    </div>
    <div class="item">
        <h3><a href="#">运动装备</a></h3>
        <p>
            <a href="#">运动鞋</a>
            <a href="#">皮肤衣</a>
            <a href="#">行车记录仪</a>
        </p>
    </div>
    <div class="item">
        <h3><a href="#">鞋服配饰</a></h3>
        <p>
            <a href="#">连衣裙</a>
            <a href="#">休闲女鞋</a>
            <a href="#">黄金项链</a>
        </p>
    </div>
    <div class="item">
        <h3><a href="#">日用家居</a></h3>
        <p>
             <a href="#">家庭清洁</a>
             <a href="#">保温杯</a>
             <a href="#">保健品</a>
        </p>
    </div>
  </div>
</div>
```

- 添加菜单中各元素样式。

```
.link .item h3{
   height: 25px;
   padding-left:25px;
}
.link .item h3 a{
   color:#444241;
   font-size: 15px;
}
.link .item p{
   height: 18px;
   padding-left: 18px;
}
.link .item p a{
   font-size: 12px;
   position: relative;
   top: -10px;
```

```
    color:#444241;
}
```

效果如图 17-131 所示。

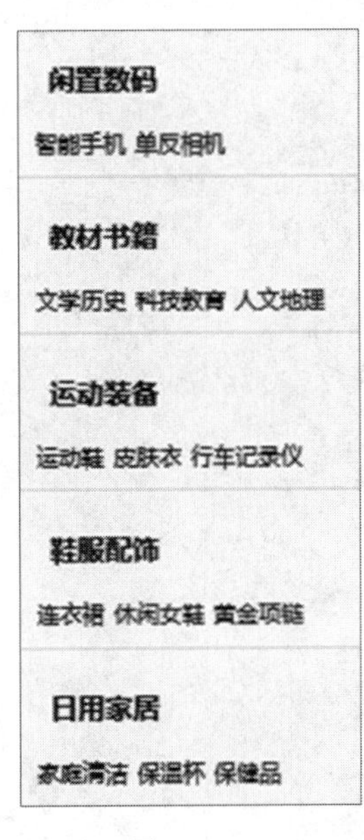

图 17-131

4．广告图片部分 CSS 样式

- 添加广告大图样式。

```
.index{
    width: 800px;
    position: relative;
    left: 203px;
    top: -486px;
}
```

- 设置广告大图<div>标签的 class 属性为 index。

```
<div class="index"><img src="imgs/index.png" /></div>
```

5．登录框部分 CSS 样式

（1）登录框样式。

- 添加登录框最外层样式。

```
.user{
    width: 200px;
    height: 100%;
    background-color: #FEF9F4;
    position: relative;
    left: 875px;
    top: -920px;
}
```

- 设置登录框最外层<div>标签的 class 属性为 user。

```
<div class="user">
    <form action="#" class="account">
        <input type="text" name="username" placeholder="请输入用户名"/><br />
```

```
        <input type="password" name="password" placeholder="请输入密码"/><br />
        <input type="submit" id="login" value="登录"/>
        <div class="button"><a href="register.html">注册</a></div>
    </form>
</div>
```

- 添加表单样式。

```
.account{
    position: relative;
    left: 20px;
    top: 70px;
}
```

- 添加文本框样式。

```
.account input{
    border: none;
    border-bottom: 1px #E6E6E6 solid;
    background-color: #FEF9F4;
}
```

- 添加“登录”按钮样式。

```
#login{
    width:80px;
    height: 40px;
    background-color: #DD2727;
    color: #FFFFFF;
    font-size: medium;
    font-family: "times new roman";
    border: 1px #DD2727 solid;
}
```

- 设置登录框<form>标签的 class 属性为 account。

```
<div class="user">
    <form action="#" class="account">
        ……
    </form>
</div>
```

- 注册超链接样式。

```
.button{
    width:80px;
    height: 38px;
    position: relative;
    left: 83px;
    top: -40px;
    background-color: #DD7D27;
    border: 1px #DD7D27 solid;
}
.button a{
    color: #FFFFFF;
    position: relative;
    left: 23px;
    top: 10px;
}
```

- 设置“注册”按钮外层<div>标签的 class 属性为 button。

```
<div class="user">
    <form action="#" class="account">
        <input type="text" name="username" placeholder="请输入用户名"/>
        <br />
        <input type="password" name="password" placeholder="请输入密码"/>
        <br />
        <input type="submit" id="login" value="登录"/><div class="button"><a
href="register.html">注册</a></div>
    </form>
</div>
```

（3）首页页头整体效果如图 17-10 所示。

6. 商品分类列表部分 CSS 样式

（1）正文和段落布局。

```
article{
    width:100%;
    height: 2100px;
}
article section{
    width: 1070px;
    height: 450px;
    position: relative;
    left: 100px;
    float: left;
}
article section h3{
    font-family: "宋体" "times new roman";
    font-size: medium;
}
article section h3 img{
    position: relative;
    top:8px;
}
```

（2）添加每个商品分类的商品列表整体样式。

```
.commend{
width: 855px;
height: 390px;
position: relative;
left:213px;
top:-400px;
}
```

（3）添加商品列表的列表项样式。

```
.goods{
    width: 210px;
    height: 190px;
    background-color: white;
    float: left;
    border: 1px #F5F5F5 solid;
}
```

商品分类的商品列表的列表项添加 class="goods"属性。

```
<div  class="commend">
   <div class="goods">
      <a href="#"><img src="imgs/goods1.png"/></a>
      <div class="title"><a href="#">努比亚(nubia)</a></div>
      <div class="price">¥1488.00</div>
   </div>
   ……
<div>
```

（4）首页正文部分的商品列表效果如图 17-11 所示。

17.13.3　表单样式优化

17.13.3.1　工作任务

（1）完成“跳蚤市场”项目表单的样式优化。

（2）表单整体大小和位置。

（3）各表单项的样式。

（4）按钮样式。

页面效果如图 17-132 所示。

优化后的页面效果如图 17-133 所示。

图 17-132

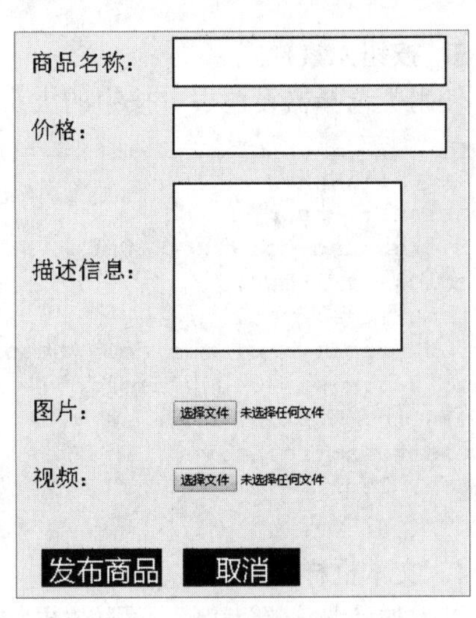

图 17-133

17.13.3.2　设计思路

（1）在 main.css 文件中用元素选择器选定各表单标签。

（2）为表单标签添加样式。

17.13.3.3　实现（跟我做）

1．表单最外层样式

使用元素选择器设置表单的位置、大小、字体样式。

```
form{
   margin-left: 1%;
```

```
    font-size: large;
    text-align: center;
    width: 98%;
    color: #3c3c3c;
}
```

2．文本框元素样式

使用元素选择器设置表单文本框的大小、边框、字体样式。

- 添加<input>标签样式。

```
input{
    border: 2px #C40000 solid;
    width: 200px;
    height: 29px;
    margin: 20px 0px;
    font-size: medium;
}
```

- 添加<textarea>标签样式。

```
textarea{
    resize:none;
    border: 2px #C40000 solid;
    max-width: 80%;
    margin: 20px 0px;
    font-size: medium;
}
```

3．按钮元素样式

使用类选择器设置表单按钮的大小、边框、字体样式。

```
.submit{
    width:110px;
    height: 35px;
    background-color: #C40000;
    color: #FFFFFF;
    font-size: medium;
    font-family: "times new roman";
    border: 1px #C40000 solid;
    margin: 10px;
    position: relative;
    top: 25px;
}
```

4．文本框样式

以添加商品表单为例，页面效果如图 17-133 所示。

17.13.4 菜单样式优化

17.13.4.1 工作任务

（1）完成“跳蚤市场”项目侧边栏菜单的样式优化。

（2）替换所有用户页面的侧边栏部分，如图 17-134 所示。

优化后的页面效果如图 17-135 所示。

- 修改密码
- 修改联系方式
- 我的订单
- 我的商品
- 消费记录
- 发布商品

图 17-134

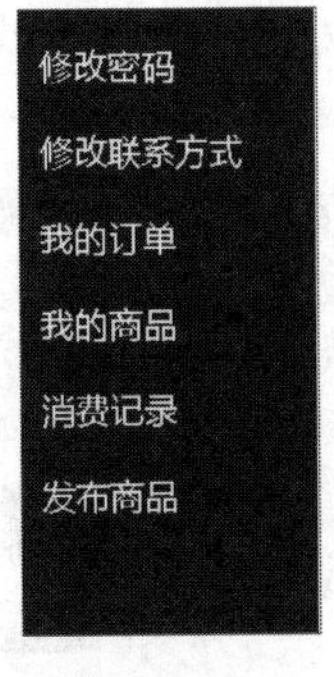

图 17-135

17.13.4.2 设计思路

（1）在 main.css 文件中添加侧边栏样式。

（2）替换所有用户页面侧边栏。

17.13.4.3 实现（跟我做）

1．侧边栏最外层样式

使用元素选择器设置侧边栏的大小、边框、背景色。

```
aside{
    width: 15%;
    height: 560px;
    border: 1px solid #C40000;
    background-color: #C40000;
}
```

2．侧边栏列表元素样式

（1）去除无序列表黑点。

（2）设定宽度。

（3）设定内边距。

```
aside ul li{
    list-style-type:none;
    width: 100px;
    padding: 15px;
}
```

3．侧边栏超链接元素样式

用伪类设置超链接不同状态时颜色不同。

```
aside ul li a:link {color: #FCF3F3}
aside ul li a:visited {color: #FCF3F3}
aside ul li a:hover {color: #F10214}
aside ul li a:active {color: #FCF3F3}
```

页面效果如图 17-135 所示。

17.13.5 表格样式优化

17.13.5.1 工作任务

（1）完成“跳蚤市场”项目表格的样式优化。

（2）表格每行整体样式。

（3）表头样式。

（4）单元格样式。

（5）表格内超链接样式。

页面效果如图 17-136 所示。

全选	序号	商品信息	实付款	发布时间	状态	操作
	12525355955	iPad	¥1300.00	2019-5-11 01:52:39	上架	商品详情 删除
	12525355955	iPad	¥1300.00	2019-5-11 01:52:39	上架	商品详情 删除
	12525355955	iPad	¥1300.00	2019-5-11 01:52:39	上架	商品详情 删除

删除　　第一页 上一页 下一页 末页

图 17-136

优化后的页面效果如图 17-137 所示。

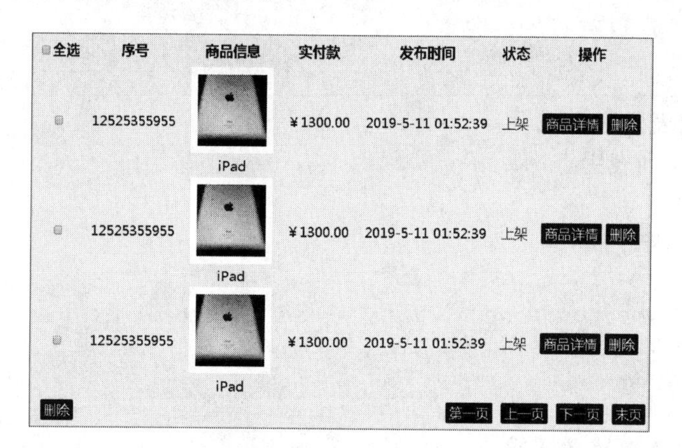

图 17-137

17.13.5.2　设计思路

（1）在 main.css 文件中用元素选择器选定各表格标签。

（2）为表格标签添加样式。

17.13.5.3　实现（跟我做）

1．表格每行整体样式

使用元素选择器设置表格每行高度。

```
table tr{
   height: 40px;
}
```

2．表头样式

使用元素选择器设置表格中的表头样式。

添加<input>标签样式。

```
tr th{
   background-color: #FFF2E8;
   font-family: "微软雅黑";
   font-size: 15px;
}
```

3．文本框样式

使用元素选择器设置表格中单元格样式。

```
tr td{
   width: 15%;
   font-family: "宋体";
   font-size: 15px;
}
```

4．按钮元素样式

使用类选择器设置表格中超链接的样式。

```
table td a{
   padding: 2px 5px;
   text-decoration: none;
   font-family: "微软雅黑";
   background-color: #C40000;
   border-radius: 2px;
   font-style: normal;
}
```

5．文本框样式

以“我的商品”页面为例，页面效果如图 17-137 所示。

17.14 第四阶段移动端页面 HTML5+CSS3：移动端页面设计

17.14.1 移动端首页设计

17.14.1.1 工作任务

创建移动端首页，页面分为页头、正文、移动端下方菜单栏 3 个部分。

（1）页头包含网站 Logo 和搜索栏。

（2）正文部分包含海报图和商品信息列表。

（3）移动端下方菜单栏为底部导航。

页面效果如图 17-138 所示。

图 17-138

17.14.1.2　设计思路

（1）页面原型界面设计如图 17-139 所示。

（2）页面结构设计如图 17-140 所示。

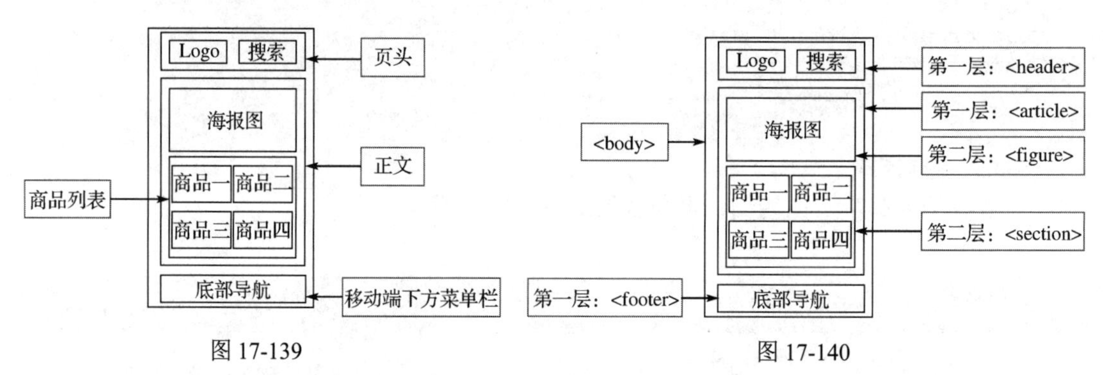

图 17-139　　　　图 17-140

（3）页面创建过程。

- 创建页头<header>。
- 创建正文<article>。
- 在正文部分创建海报图<figure>。
- 在正文部分创建列表<ul>和<li>。
- 创建移动端下方菜单栏<footer>。

17.14.1.3　实现（跟我做）

1．创建 header 部分

（1）创建移动端 index.html 文件。

在<head>标签内新增<meta>标签，并修改 name 和 content 属性。

```
<head>
    <meta charset="utf-8">
    <meta name="viewport" content="device-width,initial-scale=1.0">
```

```
    <title>跳蚤市场</title>
</head>
```

（2）添加<header>标签，并在<header>标签中添加元素。

```
<div class="logo">
    <img src="img/logo.png" />
</div>
<div class="search">
    <form><input type="search" placeholder="搜索" autocomplete="on" accesskey=
"g"/></form>
</div>
```

（3）创建 common.css 文件，引用该样式文件。

因为页头是页面共有部分，所以单独创建样式文件，以便后续复用。

```
<head>
    <meta charset="utf-8">
    <meta name="viewport" content="device-width,initial-scale=1.0" />
    <link rel="stylesheet" href="css/common.css" type="text/css">
    <title>跳蚤市场</title>
</head>
```

（4）添加样式内容。

- 添加全局样式。

```
@font-face {
    font-family:myFont;
    src: url('../font/STFANGSO.TTF');
}
body{
    margin: 0;
    padding: 0;
}
ul,li{
    list-style: none;
    margin: 0;
    padding: 0;
}
a{ text-decoration: none;}
img{ max-width: 100%;}
```

- 添加页头样式。

```
/* 顶部——Logo，搜索栏 */
header{
    margin-top: 5px;
    width: 100%;
    display: flex;
    align-items: center;
    justify-content: center;
}
.logo{ width: 50%;}
.search{ width: 50%;}
.search input{
    width: 98%;
    height: 30px;
    text-align: center;
    border: 1px solid gainsboro;
```

```
    border-radius: 25px;
}
```

（5）页头效果如图 17-141 所示。

图 17-141

2. 创建 article 部分

（1）添加<article>标签，并在<article>标签中添加元素。

- 添加<figure>标签，作为海报图。

```
<figure>
    <img src="img/index.png">
</figure>
```

- 添加<section>标签，作为商品列表，创建列表。

```
<section>
    <ul class="list_group">
        <li><img src="img/goods1.png" />
            <p><a href="#">手机</a></p>
        </li>
        <li>
            <img src="img/goods2.png">
            <p><a href="#">吸尘器</a></p>
        </li>
        <li>
            <img src="img/goods3.png">
            <p><a href="#">手机</a></p>
        </li>
        <li>
            <img src="img/goods4.png">
            <p><a href="#">洗衣机</a></p>
        </li>
        <li>
            <img src="img/goods7.png">
            <p><a href="#">镜头</a></p>
        </li>
        <li>
            <img src="img/goods8.png">
            <p><a href="#">相机</a></p>
        </li>
    </ul>
</section>
```

（2）创建 index.css 文件，引用该样式文件。

正文内容是该页面特有部分，所以单独创建样式文件。

```
<head>
    <meta charset="utf-8">
    <meta name="viewport" content="device-width,initial-scale=1.0">
    <link rel="stylesheet" href="css/common.css" type="text/css">
    <link rel="stylesheet" href="css/index.css" type="text/css">
    <title>跳蚤市场</title>
```

```
</head>
```

（3）添加样式内容。

```
article{ margin: 20px 0 10px 0;}
figure{ margin: 0 10px;}
.list_group{
   display: flex;
   flex-wrap: wrap;
}
.list_group li{
   box-sizing: border-box;
   width: 47%;
   margin:2% 2% 0 2%;
   text-align: center;
   border: 1px solid gainsboro;
}
ul li:nth-child(even){ margin-left: 0;}          /*使两边和中间间距相等*/
.list_group p{ text-shadow: 0px 0px 1px #c40000;} /*文本阴影*/
```

（4）样式效果如图 17-142 所示。

图 17-142

3．创建 footer 部分

（1）添加<footer>标签，并在<footer>中添加元素。

```
<footer>
   <ul>
      <li><a class="active" href="index.html">首页</a></li>
      <li><a href="add_product.html">商品管理</a></li>
      <li><a href="product_list.html">商品列表</a></li>
      <li><a href="#">个人中心</a></li>
   </ul>
   <div style="height:50px" hidden="hidden" ></div>
</footer>
```

（2）添加样式内容。

移动端下方菜单栏是页面共有部分，可以复用，所以在 common.css 文件中添加样式。

```
/*底部导航*/
footer ul{
   background-color:  #333;
   position: fixed;
   bottom: 0;
   width: 100%;
   font-family: "myFont";
   font-size: 1.125rem;
}
footer li{
   width: 25%;
   float: left;
   text-align: center;
}
/*导航选项链接*/
footer li a{
   display: block;
   padding: 12px 5px;
   color: white;
}
footer li a.active{ background-color: rgb(196, 0, 0);}
footer li a:active,
footer li a:link,
footer li a:visited{
   color: white;
}
```

（3）页面效果如图 17-138 所示。

17.14.2　移动端表单设计

17.14.2.1　工作任务

创建移动端“添加商品”页面，页面分为页头、正文、移动端下方菜单栏 3 个部分。

（1）页头包含网站 Logo 和搜索栏。

（2）正文部分包含商品信息表单，表单由以下表单项组成。

- 商品名称。
- 商品价格。
- 描述信息。
- “发布商品”按钮。

（3）移动端下方菜单栏为底部导航。

页面完成效果如图 17-143 所示。

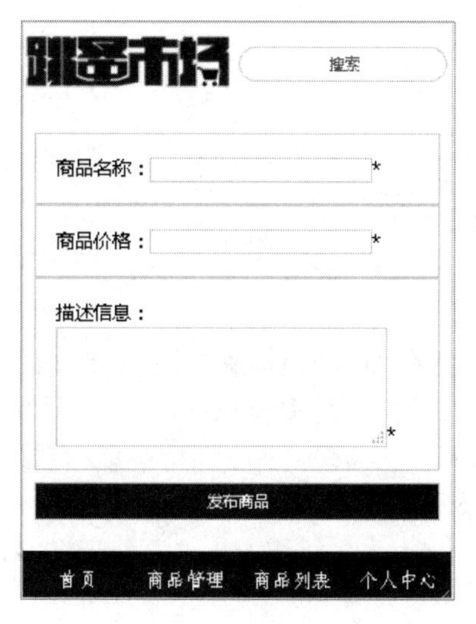

图 17-143

17.14.2.2　设计思路

（1）页面原型界面设计如图 17-144 所示。

（2）页面结构设计如图 17-145 所示。

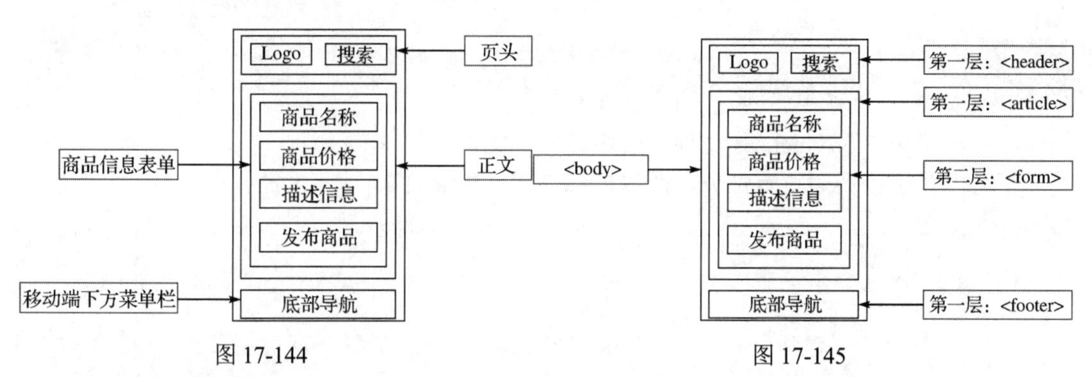

图 17-144　　　　图 17-145

（3）页面创建过程。

- 创建页头<header>。
- 创建正文<article>。
- 在正文部分创建表单<form>。
- 在表单中创表单项<input>和<textarea>。
- 创建移动端下方菜单栏<footer>。

17.14.2.3　实现（跟我做）

1．创建 header 部分

（1）创建移动端 add_product.html 文件。

```
<head>
   <meta charset="utf-8">
   <meta name="viewport" content="device-width,initial-scale=1.0">
   <title>发布商品</title>
</head>
```

（2）将移动端首页 index.html 文件中<header>标签的内容复制到页面中。

（3）引入 common.css 文件。

```
<head>
   <meta charset="utf-8">
   <meta name="viewport" content="device-width,initial-scale=1.0">
   <link rel="stylesheet" href="css/common.css" type="text/css"/>
   <title>发布商品</title>
</head>
```

2．创建 article 部分

（1）添加<article>标签，并在<article>标签中添加<form>表单。

为信息文本框分别添加“拼写检查”（spellcheck）和“可编辑”（contenteditable）属性。

```
<article class="add">
   <form action="#" method="get">
      <div>商品名称:
            <input id="name" type="text" spellcheck="true" required=
"required"/></div>
         <div>商品价格:
            <span contenteditable="true" >¥</span>
            <input id="price" type="text" required="required"/></div>
         <div>描述信息:
            <textarea id="information" cols="50" rows="5" spellcheck=
"true" required="required"></textarea></div>
         <input type="submit" class="submit" value="发布商品" onclick=
"upload()"/>
   </form>
</article>
```

（2）创建 add_product.css 文件，引用该样式文件。

正文内容是该页面特有部分，所以单独创建样式文件。

```
<head>
   <meta charset="utf-8">
   <meta name="viewport" content="device-width,initial-scale=1.0" />
   <link rel="stylesheet" href="css/common.css" type="text/css"/>
   <link rel="stylesheet" href="css/add_product.css" type="text/css"/>
   <title>跳蚤市场</title>
</head>
```

（3）添加样式内容。

```
article{ margin: 30px 10px 0;}
.add div{
   border: 1px solid gainsboro;
   padding: 5%;
}
.add div:after{content: "*";}
.add input,textarea{
   width: 60%;
   border: 1px solid gainsboro;
}
.add input[type=submit]{
   width: 100%;
   height: 2.5em;
   margin-top: 10px;
   background: linear-gradient(to right,#333,#c40000,#333);/*渐变背景色*/
   color: white;
```

```
}
textarea{ width: 100%;}
```

（4）样式效果如图 17-146 所示。

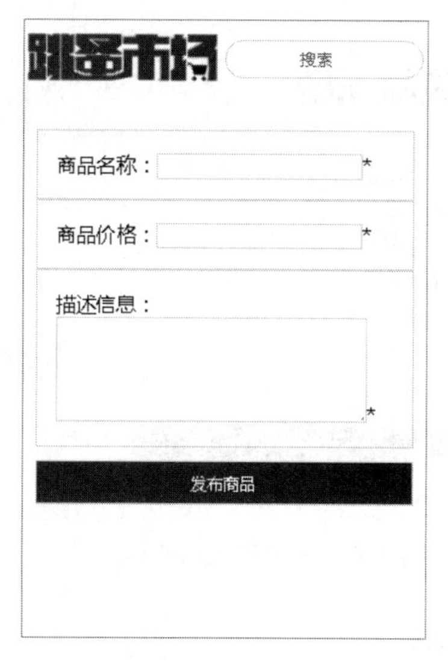

图 17-146

3．创建 footer 部分

（1）将移动端首页 index.html 文件中<header>标签的内容复制到页面中，并修改 class 属性。

```
<footer>
    <ul>
        <li><a href="index.html">首页</a></li>
        <li><a class="active" href="add_product.html">商品管理</a></li>
        <li><a href="product_list.html">商品列表</a></li>
        <li><a href="#">个人中心</a></li>
    </ul>
    <div style="height:50px" hidden="hidden"></div>
</footer>
```

页面效果如图 17-143 所示。

（2）表单数据的校验。

将商品信息封装，并对商品信息进行非空判断，若为空，则弹出提示信息并结束运行。

```
<script>
    var goods = {
        name:"",
        price:"",
        information:"",
    };
    function upload(){
        goods.name = document.getElementById("name").value;
        goods.price = document.getElementById("price").value;
        goods.information = document.getElementById("information").value;
        if(goods.name == ""||goods.price == ""||goods.information == ""){
            alert("商品信息不完整");
            return;
        }
```

```
        console.log(goods);
    }
</script>
```

（3）页面效果如图 17-147 所示。

图 17-147

17.14.3 移动端列表设计

17.14.3.1 工作任务

创建移动端“商品列表”页面，页面分为页头、正文、移动端下方菜单栏 3 个部分。

（1）页头包含网站 Logo 和搜索栏。

（2）正文部分包含商品类别导航栏和商品列表。

（3）移动端下方菜单栏为底部导航。

页面效果如图 17-148 所示。

图 17-148

17.14.3.2 设计思路

（1）页面原型界面设计如图 17-149 所示。

（2）页面结构设计如图 17-150 所示。

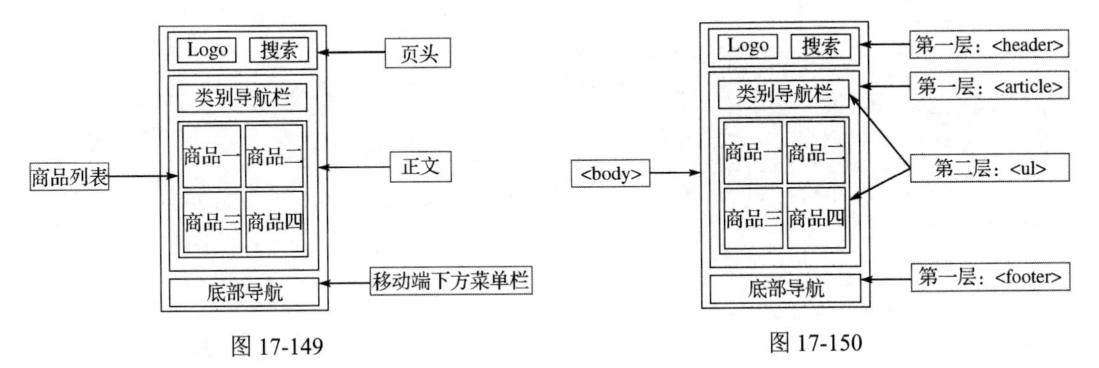

图 17-149　　图 17-150

（3）页面创建过程。

- 创建页头<header>。
- 创建正文<article>。
- 在正文部分创建列表<ul>。
- 在列表中创建列表项<li>。
- 创建移动端下方菜单栏<footer>。
- 创建商品详情页。

17.14.3.3 实现（跟我做）

1．创建 header 部分

（1）创建移动端 product_list.html 文件。

（2）将移动端首页 index.html 文件中<header>标签的内容复制到页面中。

（3）引入 common.css 文件。

2．创建 article 部分

（1）添加<article>标签，并在<article>标签中添加列表。

- 商品类别导航栏。

```
<article>
    <nav id="category">
        <ul class="list_side">
            <li class="active">手机</li>
            <li>家电</li>
            <li>相机</li>
            <li>电脑</li>
        </ul>
    </nav>
</article>
```

- 商品列表。

```
<div id="products">
    <ul class="list_group">
        <li>
            <img src="img/goods1.png" />
            <p><a href="#">华为 P30</a></p>
```

```
        </li>
        <li>
            <img src="img/goods1.png" />
            <p><a href="#">OPPO Reno</a></p>
        </li>
        <li>
            <img src="img/goods1.png">
            <p><a href="product_info.html">OPPO Reno</a></p>
        </li>
        <li>
            <img src="img/goods1.png">
            <p><a href="product_info.html">vivo X23</a></p>
        </li>
        <li>
            <img src="img/goods1.png">
            <p><a href="product_info.html">iPhone 8 </a></p>
        </li>
        <li>
            <img src="img/goods1.png">
            <p><a href="product_info.html">vivo X23</a></p>
        </li>
        <li>
            <img src="img/goods1.png">
            <p><a href="product_info.html">iPhone 8 </a></p>
        </li>
    </ul>
</div>
```

（2）创建 product_list.css 文件，并引用该样式文件。

由于商品列表样式与首页相同，所以引入首页 index.css 文件。

```
<head>
    <meta charset="utf-8">
    <meta name="viewport" content="device-width,initial-scale=1.0" />
    <link rel="stylesheet" href="css/common.css" type="text/css"/>
    <link rel="stylesheet" href="css/product_list.css" type="text/css">
    <link rel="stylesheet" href="css/index.css" type="text/css">
    <title>跳蚤市场</title>
</head>
```

（3）在 product_list.css 文件中添加商品类别导航栏样式。

```
.list_side{
    width: 96%;
    margin: 0 auto;
}
.list_side li{
    height: 2em;
    text-align: center;
    display: inline-block;
    width: 24%;
}
.list_side li.active{
    background-color: #fff;
    border-bottom: 4px solid rgb(196, 0, 0);
    color: rgb(196, 0, 0);
    font-weight: bold;
}
```

（4）页面效果如图 17-151 所示。

图 17-151

3．创建 footer 部分

（1）将移动端首页 index.html 文件中<header>标签的内容复制到页面中，并修改 class 属性。

```
<footer>
    <ul>
        <li><a href="index.html">首页</a></li>
        <li><a href="add_product.html">商品管理</a></li>
        <li><a class="active" href="product_list.html">商品列表</a></li>
        <li><a href="#">个人中心</a></li>
    </ul>
    <div style="height:50px" hidden="hidden"></div>
</footer>
```

（2）页面效果如图 17-148 所示。

4．完成商品详情页

（1）创建移动端 product_info.html 文件。

（2）将移动端首页 index.html 文件中<header>标签的内容复制到页面中。

（3）引入 common.css 文件。

（4）添加<video>标签，在页面中插入商品详情介绍视频，并添加样式。

```
<video controls="controls" src="img/video_1.mp4"
    style="width: 98%;margin: 2%;"></video>
```

（5）将 product_list.html 文件中<footer>标签的内容复制到页面中。

（6）页面效果如图 17-152 所示。

图 17-152

5. 项目页面汇总

参照上述移动端列表设计页面，制作其他所有功能的移动端页面（见表 17-3）。

表 17-3

模　块	页　面
登录/注册	"登录"页面（mobile_login.html） "注册"页面（mobile_register.html）
用户中心	"修改密码"页面（mobile_edite_pwd.html） "修改联系方式"页面（mobile_edite_contact.html） "我的商品"页面（mobile_my_product.html） "我的订单"页面（mobile_my_order.html） "消费记录"页面（mobile_purchase_history.html）
商品管理	"发布商品"页面（mobile_add_product.html） "修改商品"页面（mobile_edite_product.html） "删除商品"页面（mobile_delete_product.html） "商品分类列表"页面（mobile_product_list.html） "搜索商品"页面（mobile_search_product.html） "商品详情"页面（mobile_product_detail.html）

续表

模　块	页　面
订单管理	“下订单”页面（mobile_order.html） “支付”页面（mobile_pay.html） “查询订单列表”页面（mobile_order_list.html） “订单详情”页面（mobile_order_details.html）
留言管理	“收件箱”页面（mobile_massage_list.html） “查看留言”页面（mobile_massage.html）
系统管理	“用户管理”页面（mobile_user_manage.html） “商品审核”页面（mobile_goods_manage.html） “分类管理”页面（mobile_tag_manage.html） “配置管理”页面（mobile_config_manage.html）

17.14.4 自适应页面设计

17.14.4.1 工作任务

使“跳蚤市场”的网页能够适应不同的屏幕尺寸，包括 PC 端和移动端。

（1）PC 端如图 17-153 所示。

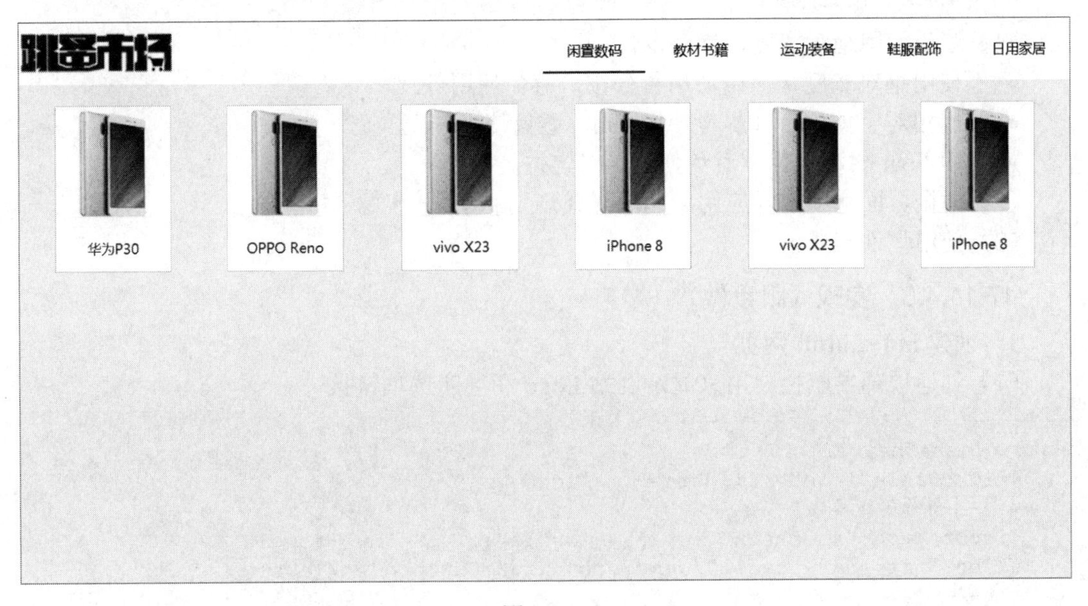

图 17-153

（2）移动端如图 17-154 所示。

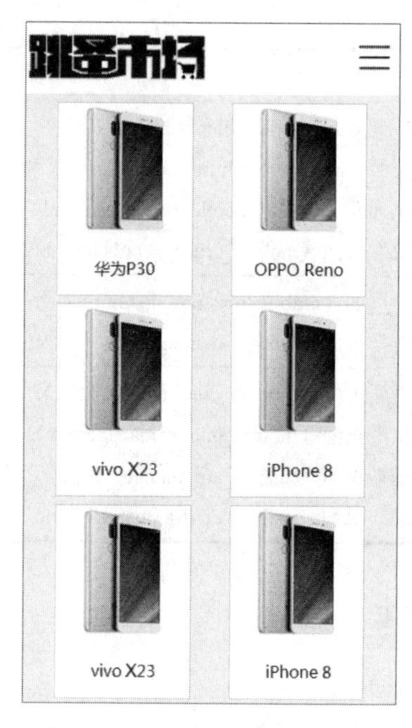

图 17-154

17.14.4.2 设计思路

（1）避免使用绝对宽度、绝对定位。

- 不使用绝对宽度（尽量使用百分比，避免使用 px）。
- 使用相对字体大小（尽量使用 em，避免使用 px）。
- 使用 float 相对定位，避免使用绝对定位。

（2）根据页面宽度选择应用不同的样式规则。

（3）使用弹性布局。

17.14.4.3 实现（跟我做）

1．创建 index.html 网页

（1）创建顶部导航栏，用来显示网站 Logo 和导航选项链接。

```
<!----------顶部导航栏---------->
<nav class="navbar">
   <div class="logo"><img src="img/logo.png"></div>
   <!--小屏幕时显示导航按钮-->
   <input type="checkbox" id="nav-toggle" class="nav-toggle"/>
   <label for="nav-toggle"><img src="img/MENU.png"></label>
   <!--导航列表-->
   <ul class="nav-list">
      <li><a class="current" href="#">闲置数码</a></li>
      <li><a href="#">教材书籍</a></li>
      <li><a href="#">运动装备</a></li>
      <li><a href="#">鞋服配饰</a></li>
      <li><a href="#">日用家居</a></li>
   </ul>
</nav>
```

（2）创建正文商品列表，用来显示商品信息，包括图片、商品名称。

```
<div id="products">
    <ul class="list_group">
        <li><img src="img/goods1.png">
            <p><a href="#">华为 P30</a></p></li>
        <li><img src="img/goods1.png">
            <p><a href="#">OPPO Reno</a></p></li>
        <li><img src="img/goods1.png">
            <p><a href="#">vivo X23</a></p></li>
        <li><img src="img/goods1.png">
            <p><a href="#">iPhone 8 </a></p></li>
        <li><img src="img/goods1.png">
            <p><a href="#">vivo X23</a></p></li>
        <li><img src="img/goods1.png">
            <p><a href="#">iPhone 8</a></p></li>
    </ul>
</div>
```

2．创建 main.css 样式

（1）设置网页整体样式。

网页底色淡灰，清除标签默认样式。

```
body,html{
    margin: 0;
    padding: 0;
    background-color: #F5F5F5;
}
```

```
ul,li{
    list-style: none;
    margin: 0;
    padding: 0;
}
a{
    text-decoration: none;
}
img{
    max-width: 100%;
    text-align: center;
    margin: 0 auto;
}
```

（2）设置顶部导航栏样式

- 设置 Logo 和菜单列表项样式。

```
.logo{
    max-width: 100%;
}
.navbar{
    background-color: white;
    height: 70px;
    position: sticky;
    top: 0;
    display: flex;
    align-items: center;
    justify-content: space-between;/*均匀排列每个元素，首元素置于起点，尾元素置于终点*/
```

```
}
.nav-list li{
   display: inline-block;
}
```

```
.nav-list a{
   color: #000;
   line-height: 50px;
   display: block;
   width: 120px;
   text-align: center;
}
.nav-list .current{
   font-size: 1.2em;
   border-bottom: 2px solid #c40000;
}
.nav-list li a:hover:not(.current){
   transform: scale(1.05);/*放大 1.05 倍*/
   border-bottom: 2px solid #c40000;
}
```

- 隐藏 label 和 checkbox。

```
label{
   display: none;
}
.nav-toggle{
   display: none;
}
```

- 设置正文部分商品列表样式。

```
.list_group{
   width: 100%;
   display: flex;
   flex-wrap: wrap;
   justify-content: space-evenly; /*均匀排列每个元素，每个元素之间的间隔相等*/
}
```

```
.list_group li{
   margin:2% 2% 0 2%;
   background: white;
   border: 1px solid gainsboro;
}
.list_group p{
   text-align: center;
}
```

（3）运行效果如图 17-155 所示。

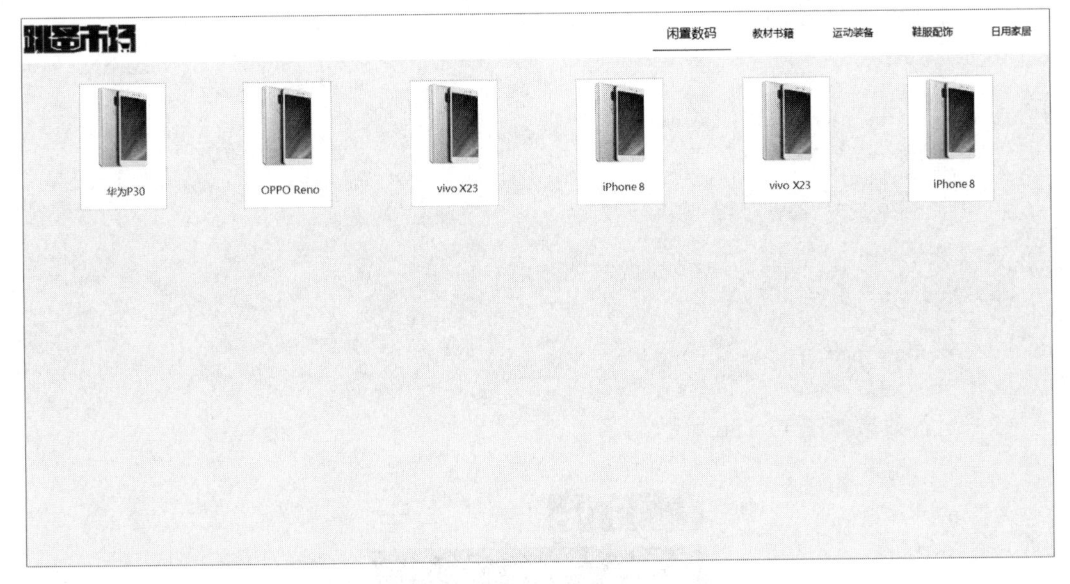

图 17-155

3．设定浏览器统一分辨率

在网页代码的头部加入 viewport 元素标签。

```
<head>
   <meta charset="utf-8">
   <meta name="viewport" content="width=<device-width>, initial-scale=1.0">
   <meta http-equiv="X-UA-Compatible" content="ie=edge">
   <link rel="stylesheet" type="text/css" href="css/main.css"/>
   <title>跳蚤市场</title>
</head>
```

4．设置低分辨率样式

（1）采用媒体查询功能，设置低分辨率时的菜单样式。

- 如果屏幕宽度小于 806px，则原菜单会自动收缩成一个按钮。

```
@media screen and (max-width: 806px) {
   .navbar .nav-toggle{display: none;}
   .navbar label{display: block;}
   .navbar .nav-list{display: none;margin-left: 0px;}
   .navbar .nav-list li{margin-left: 0px;}
   .navbar .nav-list a{width: 100%;}
}
```

- 单击按钮展开菜单。

```
input:checked~.nav-list {
   position: absolute;
   display: block;
   top: 70px;
   width: 100%;
   background: white;
}
input:checked~.nav-list li{
   color: white;
   clear: both;
   display: block;
```

```
    text-align: center;
}

input:checked~.nav-list .current{
    background: #c40000;
    color: white;
    border-bottom: 2px solid #333;
}
input:checked~.nav-list a:hover:not(.current){
    background: #c40000;
    color: white;
    border-bottom: 2px solid #333;
}
```

（2）运行效果如图 17-156 所示。

图 17-156